JN197933

入門 Prometheus

インフラとアプリケーションのパフォーマンスモニタリング

Brian Brazil　著
須田 一輝　監訳
長尾 高弘　訳

Prometheus: Up & Running

Infrastructure and Application Performance Monitoring

Brian Brazil

Beijing • Boston • Farnham • Sebastopol • Tokyo

監訳者まえがき

Prometheus（プロメテウス）は、メトリクスベースのモニタリングシステムだ。もしあなたが本番環境のCPU全体におけるアイドルではない時間の割合やアプリケーションの秒間リクエスト数が時間経過とともにどのように変化しているかを知りたければ、この本を読むべきだ。Prometheusならそういったシステムのパフォーマンスを簡単に計測できる。また、パフォーマンスに問題があればアラートとして通知することさえできる。この本を手に取ったものの、すでにSaaS型のサービスを利用してメトリクスモニタリングに取り組んでいる読者もいるだろう。そのような人はこの本を読む必要がないと考えるかもしれないが、それは早計である。それらのサービスは、Prometheusとの連携をサポートしていることが少なくない[†1]。そのため、この本でPrometheusを学ぶ価値がある。

Prometheusは、2012年にSoundCloud社が開発し、2015年1月にオープンソースソフトウェアとして公開された。2016年5月にはLinux Foundation傘下のCNCF（Cloud Native Computing Foundation）の2番目のプロジェクトとして加わり、2018年8月には、"卒業"（graduated）プロジェクトとなった。ここでの"卒業"は、PrometheusがCNCFを離れたということではない。プロジェクトのガバナンスや組織力、多くの企業での利用事例、そして活発なコミュニティなどから、成熟したプロジェクトとして認定されたということだ。

近年、Prometheusは、いわゆるクラウドネイティブと言われるスケーラブルでダイナミックな環境のメトリクスモニタリングにおいて、最初の候補に名が挙がるソフトウェアとなった。メトリクスを開示するターゲットをPrometheusサーバからスクレイプするプル型のアーキテクチャは、ダイナミックな環境との相性がよい。一方で、そのような環境でないと利用する価値がないかと言えばそんなことはない。数百あるexporter（エクスポータ）もPrometheusの強みだ。exporterは、他の形式のメトリクスデータをPrometheusで処理できる形式に変換する。Node exporterを使えば何もしなくても一般に必要とされるカーネルとマシンレベルのメトリクスが、SNMP exporterを使えば、ルータやスイッチな

†1　モニタリングサービスを提供するDatadogは、Prometheus連携をサポートしている。https://www.datadoghq.com/blog/monitor-prometheus-metrics/

どネットワーク機器のメトリクスが簡単に手に入る。MySQLやHAProxyといったミドルウェアのメトリクスを開示するexporterも探せばすぐに見つかるだろう。Blackbox exporterを使えば、Blackboxスタイルの死活監視をすぐに始められる。また、欲しいものが見つからなかったとしても、exporterは簡単に開発できる。もちろん本書でも開発方法を扱っている。そのほかにも、Prometheusには、自分たちのアプリケーションメトリクスを開示するためのライブラリやバッチジョブのメトリクスを開示するためのPushgateway（プッシュゲートウェイ）、集めたメトリクスを柔軟に集計できるクエリ言語のPromQL、アラート通知のためのAlertmanager（アラートマネージャ）といったメトリクスモニタリングのための一通りの道具が揃っており、すぐに始められる。また、みんなが大好きな可視化には、Grafanaとの強力な連携機能が使える。

私が初めてPrometheusに触れたのは、同じCNCFの卒業プロジェクトであるKubernetes（クーバネティス）との関わりからである。私は、2016年からKubernetesクラスタを作成、管理するプラットフォームの開発に携わっている。Kubernetesは、複数のマシンで構成されるクラスタに対してコンテナのデプロイ、管理を行ってくれるコンテナオーケストレーションと呼ばれるツールである。この環境でのモニタリングのターゲットは数百のマシンや数千にもなるコンテナであり、次から次へと再作成されるため、静的な設定ファイルとしてモニタリングターゲットを管理することは困難である。しかし、Prometheusを使えば、Kubernetesのサービスディスカバリ機構から得られるメタデータをリラベルで加工することで自由自在にターゲットを設定できる。サービスディスカバリ連携とリラベルというしくみを初めて知ったときの感動は今も覚えている。また、メトリクスを集計するためのクエリ言語にPromQLがある。PromQLは、とても強力で使いこなせばメトリクスを好きなように集計できる。当初はPromQLをとても難しく感じ苦労したため、当時から本書があればと思わずにはいられない（今でも簡単とは思わないので、本書が役に立つ）。

本書は、Prometheus界の有名人で開発者であるBrian Brazil氏が書き下ろした解説書だ。彼の会社であるRobust Perceptionのブログ（https://www.robustperception.io/blog）には、Prometheusに関するTipsや新バージョンの解説エントリが投稿されており、お世話になっている読者も多いだろう。そんな彼が書いた本書だからこそ、Prometheusでできることは本書で網羅されているのに加えて、Prometheusのアンチパターンや使うべきではないシーンについても学ぶことができる。

監訳にあたり、当然ながら訳の監修に加えて、見つけた原書の誤りを修正してある。また、原書が出版されてからのPrometheusの変更について、知りうる限りを監訳注として追加し、本書に登場するPrometheusの設定ファイルが2019年2月時点で最新のバージョン 2.7.1で問題なく利用できることを確認している。「9章 コンテナとKubernetes」では、私の得意とするところのKubernetesを扱っているが、残念ながら少し古いバージョンのKubernetesを対象としているため、そのままでは新しいバージョンで動作しない。ここには、現時点で最新のKubernetes 1.13.3で動作するサンプルコード（https://github.com/superbrothers/prometheus-up-and-running-ja-examples）を提供しているので、合わせて参照してほしい。

企業事例

さて、読者のなかには、Prometheusが比較的最近から利用され始めていることで、企業の本番環境で利用できるものなのか心配な人もいるだろう。ここでは、Prometheusがすでに企業で利用されていることを知ってもらうために、3社の企業事例を紹介したい。他の企業が利用しているからといって自社でもすぐ使えると判断できるものでもないが、参考にはなるだろう。実をいうと、邦訳の話を聞いたときからまえがきには企業事例を書こうと決めていたのだ。既にPrometheusを利用している読者も他社がどのような場面でどのように利用しているかは気になるところだろう。なお、事例に出てくる数字は2019年2月時点のものであることに注意していただきたい。

最初は、クックパッド株式会社である。クックパッドは、「毎日の料理を楽しみにする」をミッションとして、料理レシピの投稿・検索サービスを中心に、献立や料理動画といったサービスを運営する企業である。クックパッドでは、VMやコンテナ、アプリケーションとEnvoy[†2]などのミドルウェアのメトリクス収集、モニタリング基盤としてPrometheusを利用している。主なスクレイプターゲットは、Node exporterとコンテナのメトリクスを扱うcAdvisor、Envoyで、規模は2千である。それらを日本と海外とで2つずつのPrometheusサーバでスクレイプしている。拠点毎に2つのPrometheusサーバを利用しているのは冗長化が目的である。そのなかで海外拠点では長期記憶ストレージとしてInfluxDBを利用している。exporterは、先に挙げたNode exporter、cAdvisorに加えて、HAProxy exporterやElasticsearch exporter、mtailを利用しているそうだ。

mtail（https://github.com/google/mtail）は、一般に構造化されていないアプリケーションログからメトリクスを開示できるソフトウェアである。ダッシュボードには、Grafanaを利用しており、Envoyの秒間リクエスト数やレスポンスコード、Amazon ECS（EC2 Container Service）のCPUやメモリ、タスク数といったコンテナインスタンスの状態やコンテナのメトリクス、アプリケーションのガベージコレクションに関するメトリクスや開いているファイルディスクリプタ数などをみている。アラートするメトリクスは、エラー数やログの流量、Steady state（定常状態）をみており、通知先として、Slack、PagerDutyを利用している。また、Prometheusの利用で工夫している点として、2つ挙げてくれている。1つは、レコーディングルールやAlertmanagerの設定ファイルを宣言的に管理するために、docker-prometheus-mixinというJsonnet（https://github.com/google/jsonnet）のライブラリを開発している。これを利用して、設定ファイルが更新されるとPrometheusがそれを取得しリロードすることで、GitOps[†3]を実現している。GitHubにある設定例をみると、どのように利用できるのかがよくわかる（https://github.com/rrreeeyyy/docker-prometheus-mixin/tree/master/example）。もう1つは、VM上の複数のexporterを1つのポートから開示するためにexporter_proxy（https://github.

†2　CNCFプロジェクトのL7プロキシである。
†3　Gitリポジトリにコミットされたファイルを真として、リポジトリのファイル変更を契機にデプロイを実行すること。

com/rrreeeyyy/exporter_proxy）というシンプルなリバースプロキシを開発し利用している。どちらもOSSであるため、我々でもすぐに利用できる。

次は、株式会社Preferred Networks（PFN）である。PFNは、深層学習技術の実用化を進め、交通システム、製造業、バイオ・ヘルスケアの3つの重点事業領域を中心に、様々な分野でイノベーションの実現を目指している企業である。そのため、PFNでは社内に機械学習基盤を持ち、そのモニタリングにPrometheusを利用している。主なスクレイプターゲットは、ベアメタルサーバ、NVIDIA GPU、Kubernetesクラスタで、規模は3百である。Prometheusサーバは、Prometheus Operator（https://github.com/coreos/prometheus-operator）を利用してKubernetesクラスタ内にデプロイし、Amazon EC2上にデプロイされたPrometheusサーバからフェデレーションしてメトリクスを集約している。また、Prometheusサーバのスケーラビリティとアベイラビリティの向上のために、Thanos（https://github.com/improbable-eng/thanos）の導入を進めている。exporterには、Node exporterやkube-state-metrics（https://github.com/kubernetes/kube-state-metrics）などに加えて、NVIDIA GPUのメトリクスを取得するためにNVIDIA DCGM exporter（https://github.com/NVIDIA/gpu-monitoring-tools/tree/master/exporters/prometheus-dcgm）を利用している。また、Kubernetes PodとそのPodが利用しているGPUの組を出力するexporterを独自で開発し、先のNVIDIA DCGM exporterと組み合わせて利用しているそうだ。ダッシュボードには、こちらもGrafanaを利用しており、CPUやメモリ、GPUといったクラスタリソースの利用率やGPUの統計情報、リソースが確保できていないPod数、クラスタのユニークユーザ数などをみている。アラートは、GPU使用率の低いPodや実行に失敗したPodがある場合に通知しており、通知先には主にSlackを利用している。加えて、問題のあるPodの持ち主にのみSlackダイレクトメッセージで通知するためにWebhookを利用しているそうだ。工夫している点として、Prometheusのリバースプロキシキャッシュであるtrickster（https://github.com/Comcast/trickster）を利用して、ダッシュボード表示を高速化している。

最後は、私も所属するヤフー株式会社である。ヤフーは日本最大級のポータルサイトであるYahoo! JAPANを運営する企業である。Prometheusが対象とするのは、なにもVMやコンテナだけではない。ヤフーでは、複数の自社データセンタで使われるルータやスイッチなどのネットワーク機器のメトリクス監視や死活監視、サービス監視としてPrometheusを利用している。スクレイプターゲットの規模は1万であり、それらを数十のPrometheusサーバでスクレイプしている。各データセンタには、そのデータセンタのみを範囲としたデータセンタPrometheusを配置し、全体のメトリクスを集約するために各データセンタPrometheusをフェデレーションするグローバルPrometheusがいるといった構成になっている。また、グローバルPrometheusでは、長期記録用にメトリクスのダウンサンプリングを行っている。exporterには、Node exporterなどの一般的なものに加えてSNMP exporterやBind exporter（https://github.com/digitalocean/bind_exporter）、Blackbox exporter、mtailを利用している。その他、スイッチやロードバランサのメトリクスを開示するexporterを独自で開発し、利用している。また、スクレイプターゲットの情報をPrometheusに提供するのにFile SD（サービスディスカバリ）を利用している。これは、ファイルでターゲットリストを記述する方式で、社内のマシン管理システムのAPIを利用して情報を取得し、File SD形式でファイルを出力することで動的なターゲットの管理を実現している。ダッシュボードにはGrafanaを利用しており、トラフィック量やインタフェイスステータス、パケットドロップ量、ネットワークレイテンシのほか多くのメトリクスをみている。アラートにもそれらのメトリクスを利用しており、通知先はSlackとメールとなっている。

ネットワーク機器のモニタリングに加えて、私のヤフーでの業務であるKubernetesの事例も紹介したい。ヤフーは、200以上のKubernetesクラスタを利用しており[†4]、そのすべてのクラスタにPrometheusサーバを標準でデプロイしている。exporterには、Node exporterやkube-state-metrics、Blackbox exporterなどを利用している。ダッシュボードには、Grafanaを利用しており、一般に必要であろうコンテナのリソース使用状況などが分かるダッシュボードを標準で提供している。また、アラートもノードがダウンしているかどうかやコンテナのリスタートが頻発しているかといったものを標準で通知するようにしている。工夫している点として、KubernetesでL7ロードバランサに相当するIngressのメトリクスをクラスタレベルでみえるようにしており、HTTPリクエスト数やレイテンシ、ボディサイズなどをホストヘッダやHTTPパス毎に確認できるようにしている。これには、Fluentdのプラグインであるfluent-plugin-prometheus（https://github.com/fluent/fluent-plugin-prometheus）を利用している。

ここでは3社の事例を紹介した。実際にはPrometheusを利用している企業は他にも多くあるだろう。しかし、この3社の事例でPrometheusがすでに大規模なクラウドやオンプレの環境でVMやコンテナはもちろん、機械学習基盤やネットワーク機器のモニタリングにも利用されていることが分かっていただけたかと思う。

†4　なぜそんなに多くのクラスタを運用できるのかと思われるかもしれない。それは、Google Kubernetes Engine（GKE）のようなKubernetesクラスタの管理を自動化するソフトウェアを開発し利用しているからである。

最後に

最後に、本書の翻訳を担当いただいた長尾 高弘さん、レビュアとして協力いただき、また普段から同僚としてお世話になっているゼットラボ株式会社の石澤 基（@summerwind）さん、久住 貴史さん、高鷹 一雅（@kohtaka）さん、事例紹介の依頼を快く承諾してくれたクックパッド株式会社の吉川 竜太（@rrreeeyyy）さん、株式会社Preferred Networksの荒井 良太（@ryot_a_rai）さん、ヤフー株式会社の安藤 格也（@akakuya）さんに心より感謝したい。また、編集を担当いただいた高 恵子さん、本書に関わる機会を与えてくれた松浦 隼人さんにも感謝する。

私は、ここまで長いまえがきを見たことがないが言いたいとはすべて書くことができた。本書が、アプリケーションやインフラストラクチャのパフォーマンスや問題点を明らかにしたい読者の一助になれば幸いである。

2019年5月
須田 一輝

はじめに

本書は、Prometheusモニタリングシステムを使ってアプリケーションやインフラストラクチャのパフォーマンスをモニタリングしてグラフを作ったりアラートを送ったりする方法を詳しく解説する。本書はアプリケーション開発者、システム管理者、両者の中間のあらゆる人々を対象として書かれている。

既知を広げる

自分のシステムが動いているかどうかを把握することはモニタリングの重要な仕事だが、モニタリングの真価はほかにある。モニタリングのすばらしいところは、システムのパフォーマンス（性能）がわかることだ。

パフォーマンスという言葉で私が言いたいのは、個々のリクエストの応答時間やCPU使用率だけではない。もっと広い意味でのパフォーマンスである。たとえば、顧客注文の処理で必要とされるデータベースリクエストは何回か、もっとスループットの高いネットワーク機器を購入すべきときが来ているか、キャッシュミスで負担がかかっているマシンは何台か、ある複雑な機能には残しておいてもよいくらいのアクセス数があるかといったことだ。

これらの疑問はどれも、答えを出すのにメトリクスベースのモニタリングシステムが役に立つ。ただ答えを出すだけでなく、問題を掘り下げてなぜそのような答えになるのかを理解することさえできる。私は、モニタリングとは、広い視野で見た概要から、デバッグに有用な問題の核心に至る細部まで、システムのあらゆるレベルで知見を得ることだと考えている。デバッグと分析のためのモニタリングツールには、メトリクスだけではなく、ログ、トレース、プロファイリングも含まれる。しかし、システムレベルの問いに答えたいときに最初に向かうのはメトリクスである。

Prometheusを導入すれば、アプリケーションからベアメタルに至るまで、システムのあらゆる場所にふんだんにインストルメンテーション（測定装置を装備すること、計装）を配置しようという気持ちになるだろう。インストルメンテーションを使えば、サブシステムやコンポーネントがどのようにやり取りしているかを観測でき、未知を既知に変えていくことができる。

凡例

本書では次のような表記を使っている。

ゴシック

新しい用語や重要な言葉を示す。

等幅

プログラムリストに使うほか、本文中でも変数、関数、データベース、データ型、環境変数、文、キーワードなどのプログラム要素を示すために使う。

太字の等幅

ユーザがその通りに入力すべきコマンドやテキストを示す。

このアイコンはヒントや提案を示す。

このアイコンは一般的な注記を示す。

このアイコンは注意すべきこと、警告を示す。

コード例の利用について

本書には付属資料（コード例、構成ファイルなど）が用意されており、https://github.com/prometheus-up-and-running/examplesからダウンロードできる[†1]。

本書は、読者の仕事を手助けするためのものであり、一般に、本書のプログラム例は、読者のプログラムやドキュメントで自由に使ってよい。かなりの部分を複製するようなことがなければ、許可を取る必要はない。たとえば、本書の複数のコードを使ったプログラムを書くときには、許可は不要だが、

†1　監訳注：2019年2月時点で最新のKubernetes 1.13.3を使う手順がGitHub（https://github.com/superbrothers/prometheus-up-and-running-ja-examples）にある。合わせて参照してほしい。

O'Reillyの書籍に含まれているプログラム例のCD-ROMを販売、配布するときには許可が必要になる。本書の説明やプログラム例を引用して質問に答えるときには、許可は不要だが、製品のドキュメントに本書のプログラム例のかなりの部分を引用する場合は、許可が必要になる。

出典を示していただけるのはありがたいことだが、示すのを強制するつもりはない。出典を示す場合は、一般にタイトル、著者、版元、ISBNを表示していただきたい。たとえば、"Prometheus: Up & Running"（Brian Brazil、O' Reilly Media、978-1-492-03414-8、日本語版『入門 Prometheus』オライリー・ジャパン）のようにしていただけるとありがたい。

コード例の使い方が公正使用の範囲を越えたり、上記の説明で許可されていないのではないかと思われる場合は、permissions@oreilly.comに英語でご連絡いただきたい。

問い合わせ先

本書に関する意見、質問等は、オライリー・ジャパンまでお寄せいただきたい。連絡先は次の通り。

株式会社オライリー・ジャパン
電子メール japan@oreilly.co.jp

以下のWebサイトに正誤表やコード例などの追加情報が掲載されている。

http://shop.oreilly.com/product/0636920147343.do（原書）
https://www.oreilly.co.jp/books/9784873118772（和書）

この本に関する技術的な質問や意見は、次の宛先に電子メール（英文）を送付いただきたい。

bookquestions@oreilly.com

オライリーに関するその他の情報については、次のオライリーのWebサイトを参照してほしい。

https://www.oreilly.co.jp
https://www.oreilly.com（英語）

謝辞

本書が世に出たのは、Prometheusチームのあらゆる仕事とPrometheusエコシステムの数百人に上るコントリビュータのおかげだ。本書の初期の草稿に対してフィードバックしてくれたJulius Volz、Richard Hartmann、Carl Bergquist、Andrew McMillan、Greg Starkには特に感謝している。

目次

コラム目次

第I部
イントロダクション

第I部では、モニタリング全般について説明してからより具体的にPrometheusを紹介する。

1章では、モニタリングとそのアプローチが持つさまざまな意味、Prometheusが採用しているメトリクスアプローチ、Prometheusのアーキテクチャを説明する。

2章では、マシンのさまざまなメトリクスを収集し、クエリを評価し、アラート通知を送る単純な構成のPrometheusを実際に実行する。

1章
Prometheusとは何か

Prometheus（プロメテウス）はオープンソースのメトリクスベースモニタリングシステムである。もちろん、Prometheusはその種のプログラムとして唯一無二の存在であるわけではない。では、どのようなところが注目されているのだろうか。

Prometheusが行うのはひとつのことであり、それを見事にこなす。Prometheusは、アプリケーションとインフラストラクチャのパフォーマンスを分析するための単純だが強力なデータモデルとクエリ言語を持っている。メトリクスの分野以外の問題には手を出さず、それらはほかのもっと適切なツールに任せる。

2012年にSoundCloudの数名の開発者だけで開発されて以来、Prometheusのまわりにはコミュニティとエコシステムが育ってきた。Prometheusの主要開発言語はGoで、Apache 2.0ライセンスで提供されている。プロジェクト自体にコントリビュートした人は数百名に上り、ひとつの特定の会社がプロジェクトを支配しているわけではない。オープンソースプロジェクトのユーザ数がどれくらいかを調べるのは難しいが、私は2018年の時点で本番環境でPrometheusを使っている企業は数万に上ると見ている。2016年に、Prometheusプロジェクトは、CNCF（Cloud Native Computing Foundation）の2番目のメンバ[†1]になっている。

自作コードのインストルメンテーション（測定装置を装備すること、計装）で必要なクライアントライブラリは、Go、Java/JVM、C#/.Net、Python、Ruby、Node.js、Haskell、Erlang、Rustをはじめとして、人気のあるあらゆる言語、ランタイムを対象として作られている。KubernetesやDockerは、すでにPrometheusクライアントライブラリでインストルメントされている。Prometheusとは異なる形式でメトリクスを開示しているサードパーティソフトウェアについては、連携のためのexporter（エクスポータ）と呼ばれるソフトウェアが無数に作られており、たとえばHAProxy、MySQL、PostgreSQL、Redis、JMX、SNMP、Consul、Kafka用のものがある。私のある友人などは、FPS（1秒あたりのフレーム数）が気になるあまり、Minecraftサーバをモニタリングするためのexporterを作ってしまった。

†1　最初のメンバはKubernetesである。

単純なテキスト形式を使っているため、Prometheusにメトリクスを開示するのは簡単であり、オープンソース、商用を問わず、その他のモニタリングシステムも、この形式をサポートするようになってきている。そのため、これらのモニタリングシステムは、ユーザがモニタリングしたいと思うあらゆるソフトウェアをサポートするために重複した作業をすることなく、コア機能の開発に力を入れられる。

Prometheusのデータモデルは、個々の時系列データを識別するために、名前だけでなく、ラベルと呼ばれる順序のないキーバリューペアも使う。クエリ言語のPromQLは、これらのラベルに基づく集計をサポートするため、プロセスごとの集計だけに留まらず、データセンタごと、サービスごとなど、定義したさまざまなラベルごとの集計を取ることができる。得られた集計は、Grafanaなどのダッシュボードシステムでグラフ化できる。

アラートは、グラフ作成で使っているのと同じPromQLクエリ言語を使って定義できる。グラフを作れるクエリなら、それに基づいてアラートを定義できる。アラートの管理もラベルによって簡単になっている。ひとつのアラートであらゆるラベル値をカバーできるのである。ほかのモニタリングシステムのなかには、マシン/アプリケーションごとに別々にアラートを作らなければならないものもかなりある。これと関連するが、サービスディスカバリは、Kubernetes、Consul、Amazon Elastic Compute Cloud（EC2）、Azure、Google Compute Engine（GCE）、OpenStackなどのソースからスクレイプすべきアプリケーション、マシンを自動判定できる。

Prometheusは、これだけの機能と長所を持ちながら、パフォーマンスが高く、簡単に実行できる。ひとつのPrometheusサーバが1秒に数百万ものサンプルをインジェスト（取り込む、取り入れる）できる。Prometheusサーバは、設定ファイルを持つ1個の静的リンクされたバイナリである。Prometheusのあらゆるコンポーネントはコンテナで実行でき、設定管理ツールの邪魔になるおかしなことを一切しない。独自の管理プラットフォームになってしまうのではなく、既存のインフラストラクチャのなかに統合され、その基礎のもとで構築されるように設計されている。

Prometheusとは何かについておおよそのことを説明したので、Prometheusの背景を知るために、ここで1歩下がり、「モニタリング」とは何かについて広い視野で眺めておくことにしよう。そのあとで、Prometheusのメインコンポーネントは何か、Prometheusは何ではないかを説明したい。

1.1 モニタリングとは何か

高校時代、ある先生が言った。10人の経済学者に経済学とは何かを尋ねたら、11の答えが返ってくる。モニタリングも、正確な意味が定まらないということでは同じようなところがある。他人（ひと）に自分の仕事のことを話すと、相手は私のことを工場の気温を監視することから、勤務時間中にFacebookにアクセスしている人を摘発し、さらにはネットワークからの侵入者を見つけるところまであらゆる仕事をするのだと思う。

Prometheusは、こういったことを目的として作られたものではない[†2]。本番環境でコンピュータシステム（アクセスが多いウェブサイトを支えているアプリケーション、ツール、データベース、ネットワークなど）を運用するシステム管理者やソフトウェア開発者を助けるために作られたシステムである。

では、Prometheusが行っているモニタリングとは何だろうか。私は、コンピュータシステム運用上のモニタリングは、突き詰めれば次の4つの作業になると考えている。

アラート

モニタリングシステムに求められることのなかでも通常もっとも重要なのは、システムの状態が悪くなってきているのを知ることだ。それを知ったとき、モニタリングシステムは、人間に通報しなければならない。

デバッグ情報の提供

通報を受けて駆けつけた人々は、問題がどのようなものであっても、根本原因を突き止め、最終的に解決するためにシステムの状態を調査しなければならない。

トレンド調査

通常、アラートやデバッグは分単位、時間単位で対処しなければならない問題である。それと比べて緊急性は低いが、システムがどのように使われ、経時的に（時間の経過とともに）どのように変化しているかを知ることも大切である。トレンド調査は、設計判断やキャパシティプランニングなどのプロセスの根拠になる。

部品提供

トンカチを持つと、すべてのものが釘に見えてくる。あらゆるモニタリングシステムは、突き詰めればデータ処理パイプラインである。専用システムを構築しなくても、モニタリングシステムの適切な部分をほかの目的に転用できれば便利なことがある。これは厳密に言えばモニタリングではないが、よく行われていることなので、モニタリングシステムの一部として組み込んでおきたい。

どんな経歴を持つどんな人と話すかによるが、これらのうちの一部だけがモニタリングだと考えられている場合がある。そのため、モニタリングについての議論は堂々巡りになり、不満を残すことが多い。ほかの人々がどのようなところから議論に参加しているのかをある程度でも理解するために、モニタリングの歴史を簡単に振り返っておきたい。

---

†2　マシンやデータセンタの温度の監視は、実際は珍しいことではない。Prometheusユーザのなかには、趣味的に天気を追跡している人もいる。

1.1.1 簡単で不完全なモニタリング小史

ここ数年、モニタリングはPrometheusなどのツールに急速にシフトしてきているが、それでも主要なソリューションは依然としてNagiosとGraphite、またはその変種の組み合わせのままである。

本書でNagiosと言う場合は、Icinga、Zmon、Sensuなど、同じ広いくくりに入るすべてのソフトウェアを含んだものである。これらの仕事は、基本的にcheckと呼ばれるスクリプトを定期的に実行することだ。checkが0以外の終了コードを返して失敗した場合、アラートが生成される。Nagiosは、もともと1996年にEthan GalstadがpingをLP実行するためのMS-DOSアプリケーションとして開発したものだ。1999年にNetSaintという名前でリリースされ、2002年にNagiosに改名された。

Graphiteの歴史を語るためには、1994年に戻らなければならない。Tobias OetikerがあるPerlスクリプトを書き、それが1995年にはMRTG (Multi Router Traffic Grapher) 1.0になった。名前からもわかるように、MRTGは主としてSNMP (Simple Network Management Protocol) を介したネットワークのモニタリングのために使われていた。MRTGは、スクリプトの実行によりメトリクスを取得することもできた[†3]。1997年には大きな変更が加えられた。一部のコードをCに移行し、メトリクスデータを格納するためのRRD (Round Robin Database) が作られた。このシステム変更により、パフォーマンスは顕著に向上し、RRDはSmokeping、Graphiteなどのほかのツールの基礎となった。

Graphiteは、2006年以降、メトリクスの格納のためにRRDと同じような設計のWhisperを使うようになった。Graphiteは自分ではデータを集めず、データはcollectd (2005年制作) やStatsd (2010年制作) などの収集ツールから送られてきた。

ここで覚えておきたいのは、以前にはグラフ作成とアラートは別々のツールが行うまったく別の問題だったということである。Graphiteでクエリを評価し、それに基づいてアラートを生成するcheckスクリプトを書くことはできたが、ほとんどのcheckはプロセスが実行されていないなどの想定外の状態になっていた。

もうひとつ、この時代から持ち越されているのは、コンピュータサービスの管理が比較的手作業で行われていたことである。サービスは個々のマシンにデプロイされ、システム管理者が愛情を込めて世話をしていた。問題を示すかもしれないアラートには、専門の技術者がつきっきりで対応した。しかし、EC2やDocker、Kubernetesなどのクラウドやクラウドネイティブなテクノロジの存在感が増してくると、個々のマシンやサービスをペットのように扱って個別に対応していたのでは、大規模システムに対応できなくなる。マシンやサービスは群れと見られるようになり、集団として管理、監視されるようになった。運用が手作業の管理からChef、Ansibleなどのツールに移り、さらにはKubernetesなどのテクノロジを使うようになったのと同じように、モニタリングも、個別のマシンで動作する個別のプロセスをチェックすることを卒業し、サービス全体の健全性という観点からのモニタリングに移らなければ

†3 私には2000年代初めにMRTGをセットアップして自宅コンピュータの温度とネットワーク使用率を知らせてくるスクリプトを書いた懐かしい思い出がある。

ならない。

私がロギングに触れていないことに気付かれただろうか。長い間、ログはtail、grep、awkを使って手作業で見るものだった。あなたは、1時間や1日に1度レポートを作るAWStatsのような分析ツールを使ったことがあるかもしれない。最近では、ELKスタック（Elasticsearch、Logstash、Kibana）などを使ってモニタリングの重要な一部として活用されるようになってきている。

グラフ作成とアラートの歴史を簡単に見てきたので、次はメトリクスとログがグラフ作成やアラートとどのような関係を持つのかを見てみよう。モニタリングにはグラフ作成とアラート以外のカテゴリがあるのだろうか。

1.1.2 モニタリングのカテゴリ

突き詰めていくと、モニタリングはほとんどが同じもの、つまりイベントを相手にしている。イベントはほとんどあらゆるものであり、次のようなものを含む。

- HTTPリクエストの受信
- HTTP 400レスポンスの送信
- 関数の実行開始
- if文のelse部への到達
- 関数の実行終了
- ユーザのログイン
- ディスクへのデータの出力
- ネットワークからのデータの読み出し
- カーネルに対するメモリ割り当て要求

どのイベントにもコンテキストが含まれている。HTTPリクエストには、送信元、送信先のIPアドレス、URL、設定されたCookie、リクエストを発行したユーザなどがある。HTTPレスポンスには、レスポンスの作成にかかった時間、HTTPステータスコード、レスポンスボディのサイズなどがある。関数に関係するイベントは、その関数までのコールスタックと、HTTPリクエストのようなそのスタックの呼び出し元の情報を持つ。

すべてのイベントのすべてのコンテキストが揃えば、デバッグにも、システムの技術的、ビジネス的なパフォーマンスがどの程度かの理解にもすばらしく役立つだろうが、量が膨大過ぎてとても処理、格納できない。そこで、その膨大なデータを扱える大きさに削減するための方法がおおよそ4つある。すなわち、プロファイリング、トレーシング、ロギング、メトリクスである。

1.1.2.1 プロファイリング

プロファイリングは、いつもすべてのイベントのすべてのコンテキストを保持することはできないが、限られた時間であれば一部のコンテキストを残せるという考え方を取る方法である。

たとえば、tcpdumpはプロファイリングツールだ。tcpdumpは、指定したフィルタに基づいてネットワークトラフィックを記録できる。必要不可欠なデバッグツールではあるが、ディスクスペースがなくなってしまうので、四六時中オンにしておくわけにはいかない。

プロファイリングデータを追跡するデバッグビルドのバイナリも、プロファイリングツールである。役に立つ情報が大量に得られるが、すべての関数呼び出しのタイミング情報などを集めることによるパフォーマンスへの影響のことを考えると、本番システムで常時実行することは一般に考えられない。

Linuxカーネルでは、eBPF (enhanced Berkeley Packet Filters) を使えば、ファイルシステム操作からネットワークの奇妙な挙動まで、カーネルイベントの詳細なプロファイリングができる。eBPFは、以前なら誰もが手に入れられるとはとても言えなかったような知見を与えてくれる。これについてはBrendan Greggの説明 (http://www.brendangregg.com/ebpf.html) を読むことをお勧めする。

プロファイリングは、主として短期的戦術的なデバッグのためのものである。長期的に使おうと思うなら、モニタリングのほかのカテゴリのどれかに収まるようにデータ量を削減しなければならない。

1.1.2.2 トレーシング

トレーシングはすべてのイベントを見るわけではない。たとえば、注目している何らかの関数を通過する100回のイベントのうちのひとつというように、イベントの一部だけを見る。トレーシングは、注目している時点でスタックトレースに含まれている関数がどれとどれかを記録し、多くの場合は1つひとつの関数の実行時間も記録する。これを見ると、プログラムが手間取って多くの時間を費やしている部分はどこか、レイテンシをもっとも増やしているコードパスはどれかがつかめる。

一部のトレーシングシステムは、注目している場所でのスタックトレースのスナップショットを作成するのではなく、注目している関数を起点とするすべての関数呼び出しの時間情報をトレース、記録する。たとえば、ユーザの100回のHTTPリクエストからひとつをサンプリングし、それらのリクエストについて、データベースやキャッシュなどのバックエンドとのやり取りでどれだけの時間がかかっているかを調べることができる。こうすると、キャッシュヒットとキャッシュミスとで時間のかかり方にどのような違いが現れるかがわかる。

分散トレーシングは、さらに1歩進んでプロセスの壁を越える。リクエストがトレースすべきものかどうかを判断した上で、RPC (リモートプロシージャコール) で別のプロセスに渡されるリクエストに一意なIDを与えるのである。リクエストIDのおかげで、異なるプロセス、マシンから返されたトレースをひとつに縫い合わせることができる。これは、分散マイクロサービスアーキテクチャのデバッグには欠かせないツールである。この分野には、OpenZipkin、Jaegerなどのツールがある。

トレーシングの場合、サンプリングによってデータ量とインストルメンテーションがパフォーマンスに及ぼす影響を合理的な範囲内に留めている。

1.1.2.3 ロギング

ロギングは、イベントの一部を対象として、それらのイベント1つひとつのコンテキストの一部を記録する。たとえば、送られてくるすべてのHTTPリクエストや、発行するすべてのデータベース呼び出しを記録する。リソースの過度な消費を防ぐために、ログエントリあたりのフィールド数は百程度までに制限する。それを越えると、帯域幅やストレージ領域が気になってくる。

たとえば、1秒に1000リクエストを処理するサーバで、1リクエストに10バイトずつの百個のフィールドを持つログエントリは、1秒で1MBになってしまう。これは100Mビットのネットワークカードのかなりの割合を占め、ロギングだけで1日に84GBものストレージを消費することになる。

ロギングの大きな利点は、(通常)イベントをサンプリングしないので、フィールド数に制限はあっても、低速なリクエストが特定のAPIエンドポイントに通信している特定のユーザに与えている影響がどの程度のものかを判断できるところである。

モニタリングの意味が人によって違うのと同じように、ロギングの意味も話す相手によって違うので、混乱の原因になることがある。ロギングのタイプによって、用途、期間、保存の要件などが異なる。私から見て、一般に次の4つのカテゴリに分類されるが、重なり合う部分も多い。

トランザクションログ

これはきわめて重要なビジネス記録であり、おそらく永遠に、何がなんでも残しておかなければならないものである。お金に関係のあるログ、ユーザが直接操作する重要機能で使われるログはこのカテゴリに含まれる。

リクエストログ

すべてのHTTPリクエストやすべてのデータベース呼び出しを追跡しているなら、それはリクエストログである。ユーザが直接使う機能の実装や内部の最適化のために使われる。この種のログは一般に失いたくないものだが、一部がなくなってもそれほど重大なことにはならない。

アプリケーションログ

ログはリクエストについてのものだけではない。プロセス自体についてのログもある。起動メッセージ、バックグラウンドの保守タスク、その他のプロセスレベルのログがこれに含まれる。これらのログは人間が直接読むことが多いので、通常の運用では、1分あたり数エントリに抑えるようにしたい。

デバッグログ

デバッグログは非常に詳細になることが多く、作成、格納コストが高くなる。デバッグが必要な非常に短い期間だけで使われることが多い。データ量が膨大になるため、プロファイリングに近づく傾向がある。信頼性や保存の要件は低くなる。生成されたマシンから外に出ない場合もある。

異なるタイプのログをどれも同じように扱えば、デバッグログの膨大な量とトランザクションログのきわめて厳しい信頼性要件を組み合わせるという世界最悪の組み合わせを生み出すことになる。そのため、システムが大きくなってきたときには、デバッグログを切り分け、ほかのログとは別に処理できるようにすることを考えるべきだ。

ロギングシステムの例としては、ELKスタックやGraylogが挙げられる。

1.1.2.4 メトリクス

メトリクスは基本的にコンテキストを無視し、代わりにさまざまなタイプのイベントの集計を経時的に（時間の経過とともに）管理する。リソースの使用量を適正な水準に保つために、追跡する数値の数には制限を加える必要がある。1プロセスあたり1万個が妥当な上限であり、覚えておくとよい。

よく使われるメトリクスの例としては、HTTPリクエストを受け付けた回数、リクエストの処理に使った時間、現在処理中のリクエストの数などがある。コンテキストについての情報を排除することにより、必要なデータ量と処理が合理的な線に保たれる。

しかし、コンテキストがいつも無視されるというわけではない。HTTPリクエストの場合、URLパスごとにメトリクスを管理することにしてもよい。しかし、こうすると、個々のパスが1個のメトリクスとして数えられることになるので、メトリクスの個数を1万個に抑えるというガイドラインを忘れてはならない。カーディナリティ（取りうる値の数）が無限になるユーザのメールアドレスのようなコンテキストは使わない方が賢明である[†4]。

メトリクスを使えば、レイテンシとアプリケーションの個々のサブシステムが処理するデータボリュームを追跡でき、速度低下の正確な原因を把握しやすくなる。ログはこれほど多くのフィールドを記録できないが、いったんどのサブシステムに問題があるかがわかれば、問題に関係のあるユーザリクエストがどれかを知るために役に立つ。

ログとメトリクスの対照的な性格がもっともよく現れるのがこの場面だ。メトリクスなら、プロセス全体のイベントについての情報を集められるが、一般にコンテキストはカーディナリティが制限されている1、2フィールドまでが限界である。それに対し、ログはひとつのタイプのイベントについてならすべての情報を集められるが、カーディナリティに制限のない百個のフィールドを追跡するだけである。このカーディナリティの概念とメトリクスにおけるカーディナリティの制限は、しっかりと理解しておきたいところであり、あとの章でもまた触れる。

Prometheusは、メトリクスベースのモニタリングシステムで、個別のイベントではなく、システム全体の健全性、挙動、パフォーマンスを追跡するように設計されている。言い換えれば、Prometheusが教えてくれるのは、この1分間に15のリクエストが届き、処理に4秒かかり、40回のデータベース

---

†4 メールアドレスは、コンプライアンスやプライバシの問題をともなう個人情報（PII、personally identifiable information）でもあるので、モニタリングでは避けた方がよい。

呼び出しがあり、17回のキャッシュヒットがあって、顧客の購入回数が2回だといったことである。それに対し、個別の呼び出しのコストやコードパスは、プロファイリングやロギングの問題になる。

Prometheusがモニタリング全体のなかでどのような位置を占めるのかを説明したので、次はPrometheusのさまざまなコンポーネントを見てみよう。

1.2 Prometheusのアーキテクチャ

Prometheusの全体的なアーキテクチャは、**図1-1**のようになっている。Prometheusは、サービスディスカバリでスクレイプするターゲットを見つける。ターゲットは、自分でインストルメントしているアプリケーションでも、exporter経由でスクレイプできるサードパーティアプリケーションでもよい。スクレイプされたデータは格納され、PromQLでダッシュボードに表示したり、Alertmanagerにアラートを送って、オンコール呼び出し、メール、その他の通知に変換したりできる。

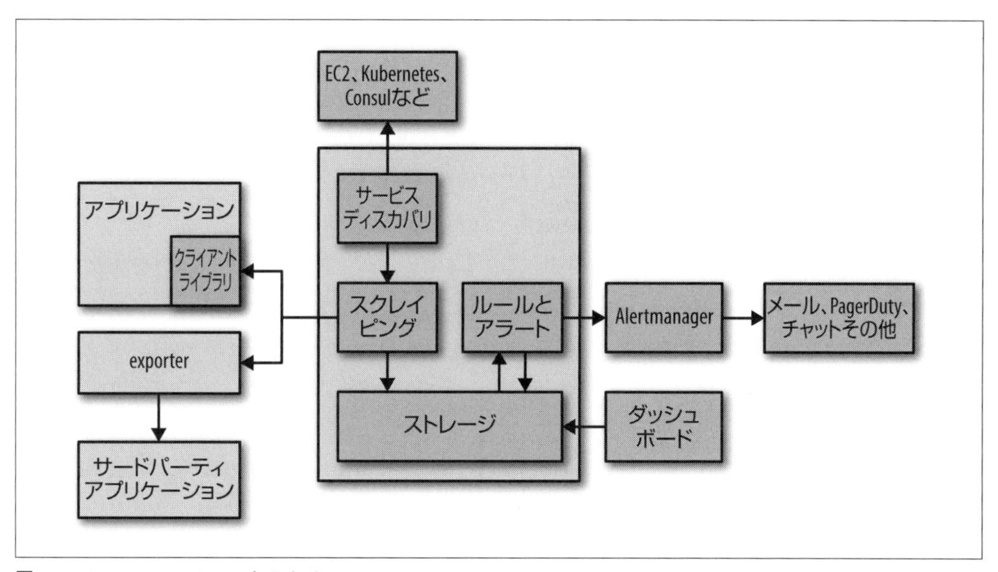

図1-1　Prometheusのアーキテクチャ

1.2.1 クライアントライブラリ

一般に、メトリクスはアプリケーションから魔法のように湧き出てくるわけではない。誰かがメトリクスを生成する装置（インストルメンテーション）を追加しなければならないのである。その誰かになるのがクライアントライブラリである。通常、たった2、3行のコードでメトリクスを定義するとともに、あなたの管理下のコードに直接メトリクス生成装置を追加できる。これをダイレクトインストルメンテーション（direct instrumentation）と呼ぶ。

すべてのメジャーな言語、ランタイムには、クライアントライブラリが用意されている。Go、Python、Java/JVM、Rubyには、Prometheusプロジェクトが公式クライアントライブラリを提供している。さらに、C#/.Net、Node.js、Haskell、Erlang、Rustなどを対象として多彩なサードパーティクライアントライブラリが作られている。

公式ライブラリと非公式ライブラリ

クライアントライブラリが、サードパーティによる非公式のものだからといって、連携を躊躇してはならない。人々がPrometheusと連携させたいと思うアプリケーションやシステムは何百種とあり、Prometheusのプロジェクトチームには、それらすべてを作成、維持する時間と能力はない。エコシステムの連携ツールの大多数がサードパーティ製なのはそのためである。連携ツールに十分な整合性を持たせ、期待通りに動かすために、ツールの書き方にはガイドラインが設けられている。

クライアントライブラリは、スレッドセーフティ、記録管理、HTTPリクエストに対する応答としてのPrometheusテキスト開示形式のデータ生成などの細かい作業をすべて行う。メトリクスベースのモニタリングは、個別のイベントを記録しないので、イベントの数が増えても、クライアントライブラリが消費するメモリは増えない。メモリ消費量を左右するのは、イベント数ではなくメトリクス数である。

アプリケーションの依存ライブラリのひとつがPrometheusインストルメンテーションを持っていれば、インストルメンテーションは自動的に組み込まれる。そのため、RPCクライアントなどの重要ライブラリをインストルメントすれば、アプリケーション全体でインストルメンテーションを手に入れられる。

クライアントライブラリやランタイム環境によって差はあるが、CPU使用率やガベージコレクション関係の統計情報といったメトリクスは、クライアントライブラリが最初から提供している。

クライアントライブラリは、Prometheusテキスト形式でしかメトリクスを出力できないわけではない。Prometheusはオープンなエコシステムであり、テキスト形式を生成するために使っているAPIで他の形式のメトリクスを生成したり、ほかのインストルメンテーションシステムにデータを送り込んだりすることもできる。同様に、まだPrometheusインストルメンテーションへの変換が完全に終わっていない場合でも、ほかのインストルメンテーションシステムが生成したメトリクスを取り込み、Prometheusクライアントライブラリに送り込むことができる。

1.2.2 exporter

実行するコードのなかには、自分の自由にはならないものはもちろん、アクセスすることさえできないものも含まれている。それらにダイレクトインストルメンテーションを追加することはできない。たとえば、近い将来にOSカーネルがPrometheus形式のメトリクスをHTTPで配信することは考えられない。

しかし、そのようなソフトウェアであっても、メトリクスにアクセスするためのインタフェイスを持っていることは多い。それらのメトリクスには、Linuxのメトリクスの多くのようにカスタムパースと処理を必要とする特殊な形式のものもあれば、SNMPのように標準仕様として確立しているものもある。

このような場合は、メトリクスを入手したいアプリケーションとともにexporterをデプロイする。exporterは、Prometheusからリクエストを受け取り、アプリケーションから必要なデータを収集し、正しい形式に変換して、Prometheusに対するレスポンスとして返す。exporterは、アプリケーションのメトリクスインタフェイスとPrometheus開示形式の間でデータを変換する一対一の小さなプロキシと考えることができる。

管理下のコードで使うダイレクトインストルメンテーションとは異なり、exporterは**カスタムコレクタ**（custom collector）や**ConstMetrics**[†5]と呼ばれる別のスタイルのインストルメンテーションを使う。

Prometheusコミュニティは大規模なので、あなたが必要とするexporterはおそらくすでに存在し、特に苦労せずに使えるはずである。exporterが知りたいメトリクスをサポートしていない場合でも、プルリクエストを送って改善を求めることができ、新しく使う人にとってexporterはよりよいものになっていく。

1.2.3 サービスディスカバリ

自前のすべてのアプリケーションをインストルメントし、exporterを実行させたら、それらがどこにあるのかをPrometheusがわかるようにする必要がある。それがわからなければ、Prometheusは、何をモニタリングしようとしているのかがわからず、モニタリングの対象が応答してこなくてもそのことに気付けなくなってしまう。ダイナミック（動的）な環境では、単純にアプリケーションとexporterのリストを渡すわけにはいかない。そのリストはいずれ無意味になってしまう。

マシンとアプリケーション、そしてそれらの役割を格納したデータベースはすでにあるだろう。Chefのデータベース、Ansibleのインベントリファイル、EC2インスタンスのタグ、Kubernetesのラベルとアノテーションという形になっているかもしれないし、ドキュメントウィキの記述かもしれない。

Prometheusは、Kubernetes、EC2、Consulなどのさまざまなサービスディスカバリ機構と連携する機能を持っている。さらに、セットアップ方法があまり知られていない汎用的な連携機能もある（「8.1.2　ファイル」参照）。

しかし、それでもまだ問題が残っている。Prometheusがマシンとサービスのリストを持っているか

---

†5　ConstMetricという用語は口語的な砕けた表現で、Goで書かれたexporterがメトリクスを生成するために使うGoクライアントライブラリの`MustNewConstMetric`関数が名前のもとになっている。

らといって、リストに書かれているものがアーキテクチャのなかでどのような意味を持っているかまでわかるとは限らないのである。たとえば、マシンで実行されているアプリケーションを示すためにEC2 Nameタグ[†6]を使っている人もいれば、appというタグを使っている人もいるだろう。

企業によってやり方は少しずつ異なるので、Prometheusは、サービスディスカバリから得られたメタデータがモニタリングターゲットやそのラベルとどのように対応しているのかを**リラベル**によって設定できるようにしている。

1.2.4 スクレイピング

サービスディスカバリとリラベルによってモニタリングの対象のリストは手に入った。Prometheusは、そのリストに基づいて実際にメトリクスを読み出さなければならない。Prometheusは、**スクレイプ**（scrape）と呼ばれるHTTPリクエストを送ってメトリクスを手に入れる。スクレイプの応答はパースされ、ストレージに送られる。応答には、スクレイプが成功したかどうかやどれだけの時間がかかったかなどの役に立つメトリクスが追加される。スクレイプは定期的に行われる。通常、ターゲットごとに10秒から60秒に1回スクレイプが行われるように設定する。

プルとプッシュ

Prometheusはプルベースのシステムである。自分の設定に基づいていつ何をスクレイプするかを決める。プッシュベースのシステムというものもあり、そのようなシステムではモニタリング対象のアプリケーションの方がモニタリングの要不要、頻度などを決める。

ネットでは、このふたつの設計方法について活発な議論が行われており、論争はVimかEmacsかの論争に似ているように見えることが多い。どちらにも長所、短所があり、全体として大きな差はない。

Prometheusユーザは、プル方式はPrometheusの芯まで貫かれており、プッシュ方式に変えようとしてもろくなことはないということを理解すべきだ。

1.2.5 ストレージ

Prometheusは、データをローカルのカスタムデータベースに格納する。分散システムにすると信頼性を確保するのが難しくなるので、Prometheusはいかなる形でもクラスタリングを行っていない。クラスタリングしていないことで、Prometheusは信頼性が上がるだけでなく、実行が簡単になっている。

†6　EC2のNameタグは、EC2ウェブコンソールにおけるEC2インスタンスの表示名である。

ストレージは、何年もかけてたびたび設計し直されており、Prometheus 2.0のストレージシステムは第3世代になっている。このストレージシステムは1秒あたり数百万のサンプルをインジェストできるため、Prometheusサーバがひとつあれば数千台のマシンをモニタリングできる。ストレージで使われている圧縮アルゴリズムは、実世界のデータをサンプルあたり1.3バイトに圧縮できる。SSDが推奨されているが、どうしても必要だというわけではない。

1.2.6 ダッシュボード

Prometheusは、複数のHTTP APIを持っており、未加工のデータをリクエストすることも、PromQLクエリを評価することもできるようになっている。これらのAPIは、グラフとダッシュボードの作成に利用できる。また、Prometheusは、内蔵する形で式ブラウザ（expression browser）を提供している。式ブラウザはこれらのAPIを使っており、その場限りのクエリ、データ探索には役立つが、汎用のダッシュボードシステムではない。

ダッシュボードとしてはGrafanaを使うことが推奨されている。Grafanaは、データソースとしてPrometheusを正式サポートするほか、さまざまな機能を提供する。たとえば**図1-2**のようなさまざまなダッシュボードを作れる。Grafanaは、1枚のダッシュボードパネルのなかでも複数のPrometheusサーバとのやり取りをサポートしている。

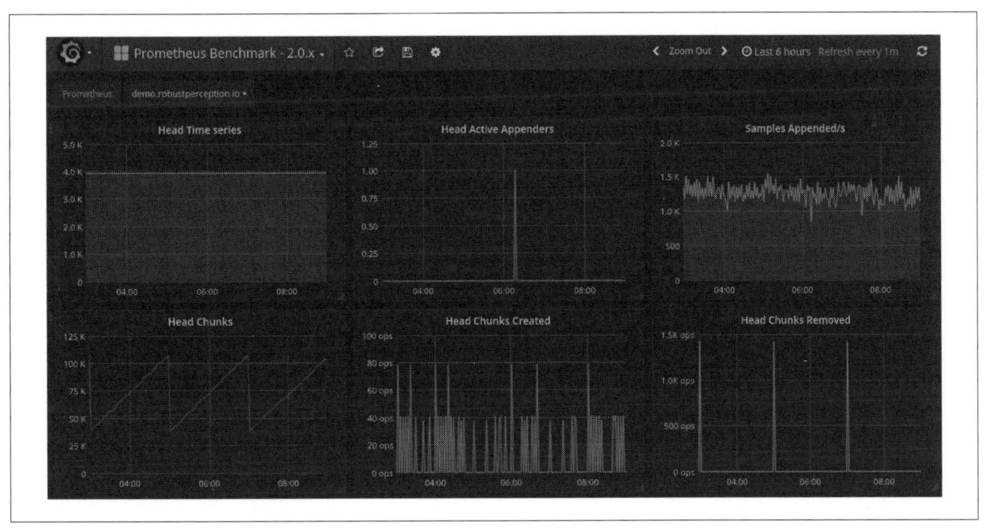

図1-2　Grafanaのダッシュボード

1.2.7 レコーディングルールとアラート

PromQLとストレージエンジンは強力で効率がよいが、グラフを描くたびにその場で数千台のマシンのメトリクスを集計すると、少し動きがぎこちなくなる。レコーディングルールは、PromQL式を定期的に評価し、その結果をストレージエンジンにインジェストできるようにしている。

アラートルールはレコーディングルールが取る形態のひとつである。アラートルールも定期的にPromQL式を評価し、評価結果がアラートになる。アラートはAlertmanager（アラートマネージャ）に送られる。

1.2.8 アラート管理

Alertmanagerは、Prometheusサーバからアラートを受信し、それを通知に変換する。通知の手段には、メール、Slackのようなチャットアプリケーション、PagerDutyのようなオンコール呼び出しサービスが含まれている。

Alertmanagerは、ただ機械的に一対一でアラートを通知に変換する以上のことをしている。関連するアラートをひとつの通知にまとめたり、呼び出しの嵐[†7]にならないように通知を抑制したり、チームごとに別々のルーティング、通知出力を設定したりできる。アラートはサイレンスにすることもできる。たとえば、すでに問題があることに気付いており、保守作業の日程が組まれているときには、その問題の一時的な通知停止（スヌーズ）のためにサイレンス機能を使える。

Alertmanagerの役割は、通知を送ると終わる。インシデントに対する担当者の行動を管理するためには、PagerDutyとチケットシステムといったサービスを使うようにする。

アラートとその閾値は、AlertmanagerではなくPrometheusで設定される。

1.2.9 長期記憶ストレージ

Prometheusは、ローカルマシンにしかデータを格納しないので、残せるデータの量は、そのマシンのディスク容量に制限される[†8]。通常は、昨日とか今日といった短期間のデータしか意識しないが、長期的なキャパシティプランニングのためにもっと長い間データを残すようにすべきだ。

Prometheusは、複数のマシンにまたがってデータを格納するストレージクラスタを提供していないが、リモート読み出しと書き込みのAPIがあるので、ほかのシステムをつなげてストレージクラスタの役割を担わせることができる。こうすると、PromQLクエリは、ローカルとリモートの両方のデータに対して透過的に実行できる。

---

†7　**呼び出し**（page）は、オンコールエンジニアに対する通知で、呼び出しを受け取ったときにはただちに調査、または対処することが求められる。呼び出しには、昔ながらのポケベルが使われることもあるが、今は携帯電話のSMS、通知、電話等の形の方が一般的だろう。呼び出しの嵐とは、呼び出しが連続で次々に届くことである。

†8　ただし、現代のマシンはローカルにかなり大量のデータを保存できるので、クラスタリングされたストレージシステムを別個に用意する必要はないかもしれない。

1.3 Prometheusは何ではないか

この章では、モニタリングのより大きな見取り図のなかでPrometheusがどのような位置を占めるか、Prometheusの主要なコンポーネントは何かを説明してきた。ここで、Prometheusには不向きなユースケースを見ておこう。

Prometheusはメトリクスベースのシステムなので、イベントログや個別のイベント情報の格納には適していない。また、メールアドレスやユーザ名といったカーディナリティの高いデータの監視には不向きである。

Prometheusは、運用のモニタリング用に設計されているため、カーネルのスケジューリングや失敗したスクレイプなどによる小さな誤差や競合は避けて通れない。Prometheusは、データの提供と精度を秤にかけ、完璧なデータを待つためにモニタリングを途切れさせることよりも、99.9%正しいデータを送り届けることを選んでいる。そのため、現金や請求書を扱うアプリケーションでPrometheusを使うときには注意が必要である。

次章では、Prometheusの実行方法を説明し、実際に初歩的なモニタリングを実行する。

2章 初めてのPrometheus

この章では、Prometheus、Node exporter、Alertmanagerをセットアップ、実行する。この章のサンプルは1台のマシンをモニタリングするだけの単純なものだが、本格的なPrometheusシステムがどのようなものになるかの片鱗を伝えてくれるはずだ。あとの章では、この構成に含まれる個々の要素を詳しく見ていく。

この章では、比較的新しいバージョンのLinuxを実行するマシンがひとつ必要である。ベアメタルでも仮想マシンでもかまわない。コマンドラインを使うとともに、ウェブブラウザでマシンのサービスにアクセスする。話を単純にするために、すべてのものがlocalhostで実行されていることを前提とする。そうでない場合は、URLを適宜修正していただきたい。

この章で使われているものとよく似た基本構成は、http://demo.robustperception.io/で公開されている。

2.1 Prometheusの実行

Prometheusとその他のコンポーネントのビルド済みバージョンは、Prometheusのウェブサイト、https://prometheus.io/download/で入手できる。このページに行き、amd64アーキテクチャのLinux OS用のPrometheusの最新バージョンをダウンロードしよう。ダウンロードページは、図2-1のようになっている。

prometheus

The Prometheus monitoring system and time series database. prometheus/prometheus

2.2.1 / 2018-03-13 Release notes

File name	OS	Arch	Size	SHA256 Checksum
prometheus-2.2.1.darwin-amd64.tar.gz	darwin	amd64	25.15 MiB	70166d0ca2f77d788e3a6a528765c17132f8f89ae681783fe5f76ff314f89993
prometheus-2.2.1.linux-amd64.tar.gz	linux	amd64	25.21 MiB	ec1798dbda1636f49d709c3931078dc17eafef76c480b67751aa09828396cf31
prometheus-2.2.1.windows-amd64.tar.gz	windows	amd64	25.07 MiB	03cf9f24a160944333e4db4358182b9e2d713872d27f126f7493e574493ae2c2

図2-1 Prometheusダウンロードページの一部。Linux/amd64バージョンは中央にある

本書では、Prometheus 2.2.1を使う。ファイル名はprometheus-2.2.1.linux-amd64.tar.gzである。

安定性の保証

Prometheusのアップグレードは、マイナーバージョンが変わっても安全になるように考えられている。2.0.0から2.0.1、2.1.0、2.3.1に移っても、問題は起きない。とは言っても、あらゆるソフトウェアの常として、ChangeLogは読んでおいた方がよい。

Prometheusの2.x.xバージョンなら、この章で問題が起きることはないはずだ[†1]。

コマンドラインでtarボールを展開して、そのディレクトリのなかに入ろう[†2]。

```
hostname $ tar -xzf prometheus-*.linux-amd64.tar.gz
hostname $ cd prometheus-*.linux-amd64/
```

次に、prometheus.ymlというファイルの内容を次のように書き換える。

```
global:
  scrape_interval: 10s
scrape_configs:
 - job_name: prometheus
   static_configs:
    - targets:
       - localhost:9090
```

†1 監訳注：2.5.0、2.6.1、2.7.1でも問題なく動作することを確認している。

†2 このコマンドラインは、読者が私とは別のバージョンを使っていても動作するように、バージョン番号のところでワイルドカードを使っている。*は任意のテキストにマッチする。

YAML

Prometheusエコシステムは、設定ファイルとして人間が理解できてツールが簡単に処理することもできるYAML（Yet Another Markup Language）形式を使っている。しかし、この形式は空白に敏感なので、書かれている例を正確にコピーし、タブではなくスペースを使うようにしていただきたい[†3]。

Prometheusは、デフォルトでTCPポート9090を使う。この設定ファイルは、自分自身を10秒ごとにスクレイプせよと指示している。これで、**./prometheus**コマンドでPrometheusバイナリを実行できる。

```
hostname $ ./prometheus
level=info ... msg="Starting Prometheus" version="(version=2.2.1, branch=HEAD,
    revision=bc6058c81272a8d938c05e75607371284236aadc)"
level=info ... build_context="(go=go1.10, user=root@149e5b3f0829,
    date=20180314-14:15:45)"
level=info ... host_details="(Linux 4.4.0-98-generic #121-Ubuntu..."
level=info ... fd_limits="(soft=1024, hard=1048576)"
level=info ... msg="Start listening for connections" address=0.0.0.0:9090
level=info ... msg="Starting TSDB ..."
level=info ... msg="TSDB started"
level=info ... msg="Loading configuration file" filename=prometheus.yml
level=info ... msg="Server is ready to receive web requests."
```

ご覧のように、Prometheusは、自分自身の正確なバージョン、実行しているマシンの詳細など、役に立つさまざまな情報を起動時にログに書き込む。起動後、ブラウザでhttp://localhost:9090/に移動すると、図2-2のようなPrometheusのUIにアクセスできる。

†3　PrometheusがJSONを使わないのはなぜだろうと思われるかもしれない。JSONはJSONで、カンマに小うるさいという問題がある上に、YAMLのようにコメントをサポートしていない。JSONはYAMLのサブセットなので、どうしてもJSONを使いたければ使うことができる。

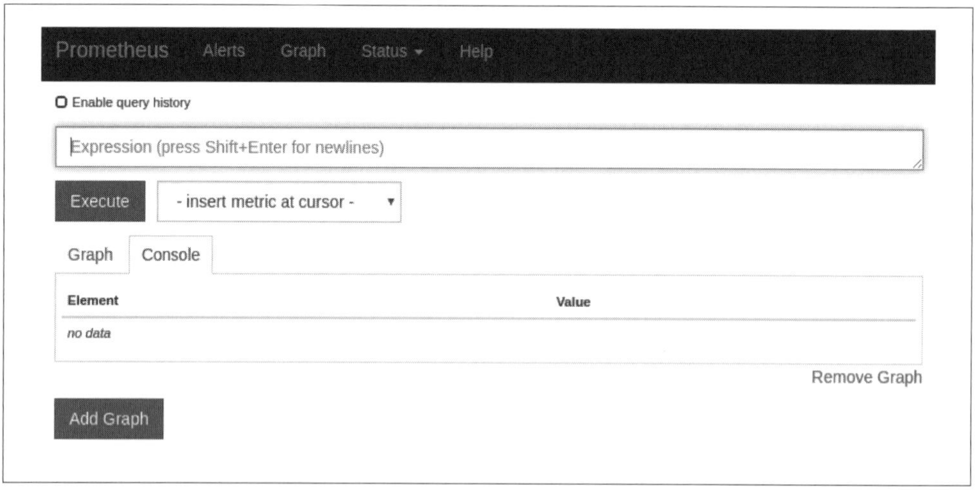

Prometheus Alerts Graph Status Help

Enable query history

Expression (press Shift+Enter for newlines)

Execute - insert metric at cursor -

Graph Console

Element	Value
no data	

Remove Graph

Add Graph

図2-2 Prometheusの式ブラウザ

このUIはPromQLクエリを実行できる**式ブラウザ**（expression browser）である。UIには、Statusタブの Targetsページ（**図2-3**参照）のように、Prometheusが何をしているのかがわかるページも含まれている。

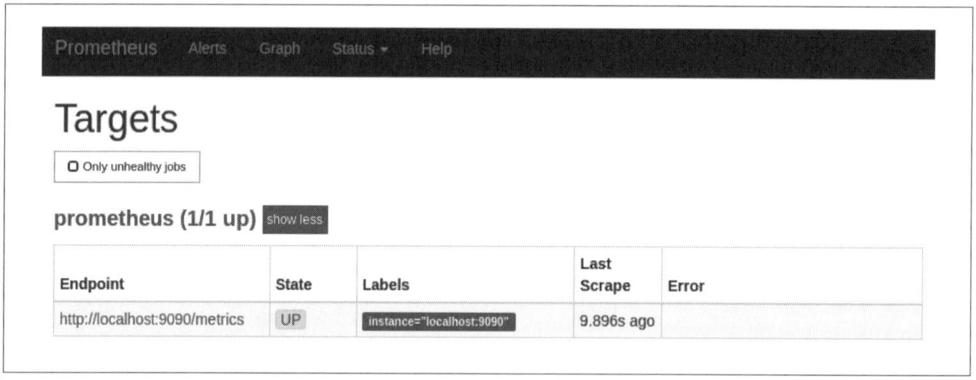

Prometheus Alerts Graph Status Help

Targets

Only unhealthy jobs

prometheus (1/1 up) show less

Endpoint	State	Labels	Last Scrape	Error
http://localhost:9090/metrics	UP	instance="localhost:9090"	9.896s ago	

図2-3 ターゲットステータスページ

このページによれば、UP状態のPrometheusサーバはひとつだけで、最後のスクレイプが成功していることがわかる。最後のスクレイプで問題が起きた場合には、Errorフィールドにメッセージが書かれている。

Prometheus自身の/metricsのページも見ておきたい。意外なことではないが、Prometheusは自分自身のPrometheusメトリクスのインストルメンテーション（測定装置を装備すること、計装）を行っているのである。メトリクスは、http://localhost:9090/metricsで参照でき、**図2-4**に示すように人間が読める形式になっている。

```
# HELP go_gc_duration_seconds A summary of the GC invocation durations.
# TYPE go_gc_duration_seconds summary
go_gc_duration_seconds{quantile="0"} 2.8479e-05
go_gc_duration_seconds{quantile="0.25"} 6.2474e-05
go_gc_duration_seconds{quantile="0.5"} 9.5289e-05
go_gc_duration_seconds{quantile="0.75"} 0.000230219
go_gc_duration_seconds{quantile="1"} 0.000652444
go_gc_duration_seconds_sum 0.002677241
go_gc_duration_seconds_count 17
# HELP go_goroutines Number of goroutines that currently exist.
# TYPE go_goroutines gauge
go_goroutines 112
# HELP go_memstats_alloc_bytes Number of bytes allocated and still in use.
# TYPE go_memstats_alloc_bytes gauge
go_memstats_alloc_bytes 2.6763616e+07
# HELP go_memstats_alloc_bytes_total Total number of bytes allocated, even if freed.
# TYPE go_memstats_alloc_bytes_total counter
go_memstats_alloc_bytes_total 1.59820128e+08
# HELP go_memstats_buck_hash_sys_bytes Number of bytes used by the profiling bucket hash table.
# TYPE go_memstats_buck_hash_sys_bytes gauge
go_memstats_buck_hash_sys_bytes 1.475242e+06
# HELP go_memstats_frees_total Total number of frees.
# TYPE go_memstats_frees_total counter
go_memstats_frees_total 884863
```

図2-4　Prometheusの/metricsの最初の部分

ここにはPrometheusコード自身のメトリクスだけではなく、Goランタイムやプロセスについてのメトリクスも含まれていることに注意していただきたい。

2.2　式ブラウザの使い方

式ブラウザは、思いついたクエリの実行、PromQL式の開発、Prometheus内部のデータとPromQLのデバッグで役に立つ。

まず、Consoleビューにいることを確認してから、**up**式を入力し、Executeをクリックしよう。

図2-5が示すように、名前が`up{instance="localhost:9090",job="prometheus"}`で値が1の1個の実行結果が表示される。`up`は、Prometheusがスクレイプを実行したときに追加する特殊メトリクスで、1はスクレイプが成功したことを示している。`instance`は、スクレイプした対象を示すラベルで、この場合はPrometheus自身だということを示している。

ここの`job`ラベルは、prometheus.ymlの`job_name`から取り出したものである。Prometheusは、自分がスクレイプしているのがPrometheusで、`job`ラベルとして`prometheus`という値を使うべきだということを魔法のように突き止めるわけではない。これはユーザによる設定が必要な慣習である。`job`ラベルは、アプリケーションのタイプを示す。

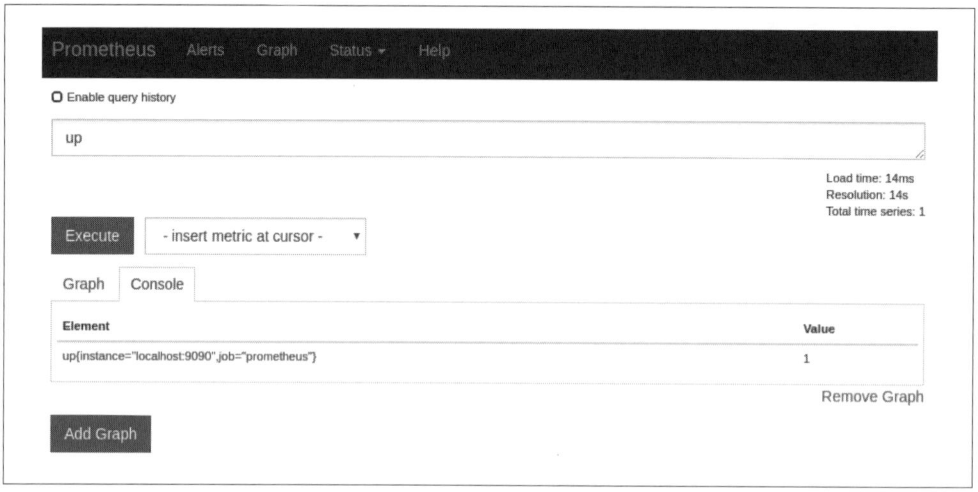

図2-5 式ブラウザでupを実行した結果

次に、図2-6のように、**process_resident_memory_bytes**を評価する。

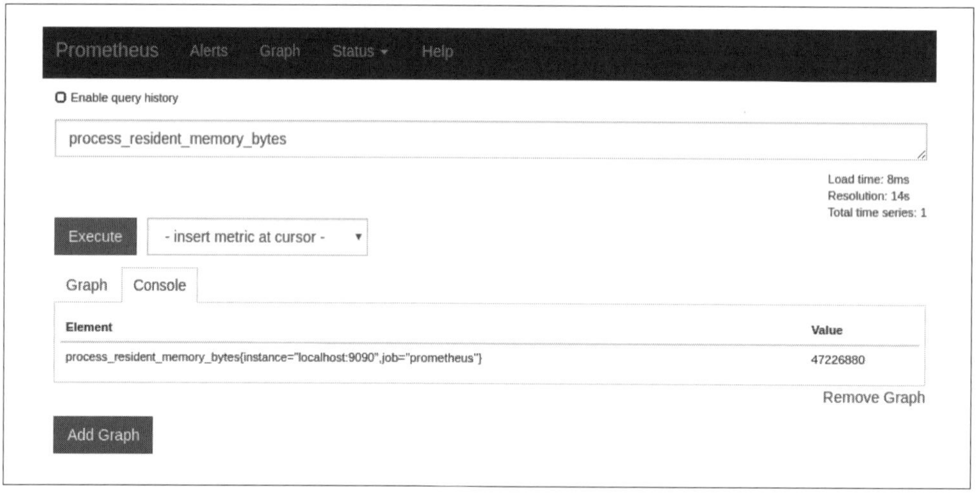

図2-6 式ブラウザでprocess_resident_memory_bytesを実行した結果

私のPrometheusは、約44MBのメモリを使っている。バイトではなく、MBやGBを使って開示した方が読みやすいのにそうしないのはなぜかと思われるかもしれない。どちらが読みやすいかは状況によって大きく左右される。同じバイナリが対象でも、環境が異なれば値は何桁も異なることがある。内部のRPCにかかる時間はマイクロ秒単位かもしれないが、長時間実行されるプロセスのポーリングには数時間、あるいは数日かかることがある。そういうわけで、Prometheusはバイトや秒といった基本単位（base unit）を使うことにしている。人間が見やすいように表示するのは、Grafanaなどのフロントエンドツールに任せるのである[†4]。

現在のメモリ使用量がわかるのはすばらしいことだが、メモリ使用量が経時的（時間の経過とともに）にどのように変化しているかがわかればもっとすばらしいのではないだろうか。そのためにはGraphをクリックして、**図2-7**のようなGraphビューに切り替えればよい。

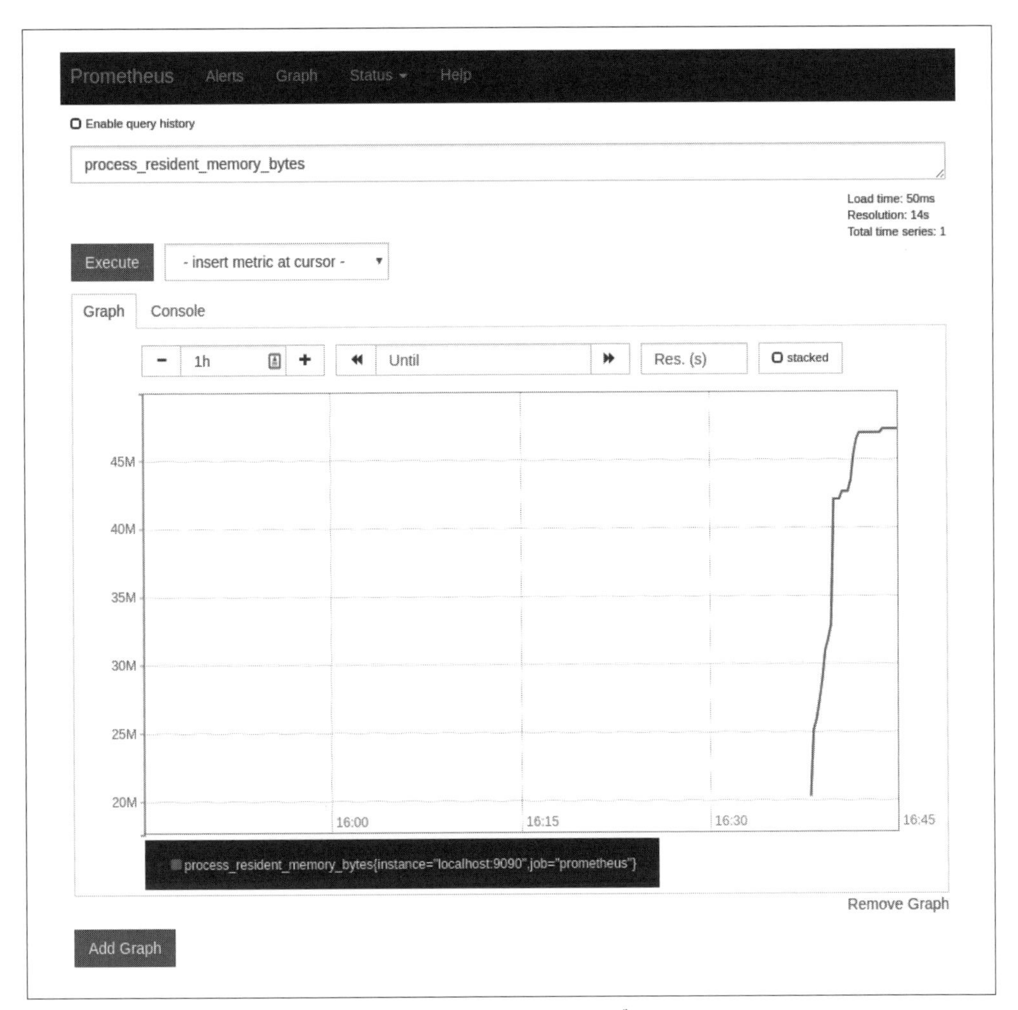

図2-7　式ブラウザに表示されたprocess_resident_memory_bytesのグラフ

†4　これは、一般に日時はUTCで格納すべきだということと論理としては同じである。タイムゾーンの変換は、人間のために表示する直前にのみ行われる。

process_resident_memory_bytesのようなメトリクスは**ゲージ**（gauge）と呼ばれる。ゲージで重要なのは、現在の絶対的な数値である。メトリクスには**カウンタ**（counter）と呼ばれる第2のタイプもある。カウンタは、何個のイベントが発生したか、つまり発生したすべてのイベントの合計件数を追跡する。カウンタの例として、Prometheusがインジェスト（取り込む、取り入れる）したサンプル数である**prometheus_tsdb_head_samples_appended_total**のグラフを見てみよう（図2-8参照）。

図2-8　式ブラウザに表示されたprometheus_tsdb_head_samples_appended_totalのグラフ

カウンタは増加する一方であり、見事な右肩上がりのグラフになるが、カウンタの値自体はあまり役に立たない。本当に知りたいのは、カウンタがどのようなペースで増えていくかである。rate関数を使えばそれがわかる。式を**rate(prometheus_tsdb_head_samples_appended_total[1m])**に書き換えてみよう。こうすると、Prometheusが過去1分間に毎秒平均何個のサンプルをインジェスト（取り込む、取り入れる）しているかが計算され、**図2-9**のようなグラフが作られる。

図2-9　式ブラウザに表示されたrate(prometheus_tsdb_head_samples_appended_total[1m])のグラフ

ここでは、Prometheusが毎秒平均で68個前後のサンプルをインジェストしていることがわかる。`rate`関数は、プロセスの再スタートによるカウンタのリセットとタイミングが正確に揃っていないサンプルの問題を自動的に処理する[†5]。

---

†5　そのため、整数のレートは整数ではない結果になることがあるが、結果は平均的に正しい。詳しくは、「16.8.1 rate」を参照していただきたい。

2.3 Node exporterの実行

Node exporter（ノードエクスポータ）は、Linux[†6]などのUnixシステムのカーネル、マシンレベルのメトリクスを開示する。CPU、メモリ、ディスクスペース、ディスクI/O、ネットワークの帯域幅など、すべての標準的なメトリクスが提供される。さらに、ロードアベレージからマザーボードの温度まで、カーネルが持っている膨大な数のメトリクスも開示される。

Node exporterでは開示されないのは、個別のプロセスのメトリクス、ほかのexporterやアプリケーションからのプロキシメトリクスである。Prometheusのアーキテクチャでは、アプリケーションやサービスは、マシンのメトリクスと絡ませたりせず、直接モニタリングする。

Node exporterのビルド済みバージョンは、https://prometheus.io/download/で入手できる。このページに行き、amd64アーキテクチャのLinux OS用Node exporterの最新バージョンをダウンロードしよう。

今回もtarボールの展開は必要だが、設定ファイルは不要なので、プログラムは直接実行できる。

```
hostname $ tar -xzf node_exporter-*.linux-amd64.tar.gz
hostname $ cd node_exporter-*.linux-amd64/
hostname $ ./node_exporter
INFO[0000] Starting node_exporter (version=0.16.0, branch=HEAD,
    revision=d42bd70f4363dced6b77d8fc311ea57b63387e4f)
    source="node_exporter.go:82"
INFO[0000] Build context (go=go1.9.6, user=root@a67a9bc13a69,
    date=20180515-15:52:42)
    source="node_exporter.go:83"
INFO[0000] Enabled collectors:                    source="node_exporter.go:90"
INFO[0000]  - arp                                 source="node_exporter.go:97"
INFO[0000]  - bacahe                              source="node_exporter.go:97"
...
various other collectors
...
INFO[0000] Listening on :9100                      source="node_exporter.go:111"
```

これでブラウザでhttp://localhost:9100/metricsに行けば、Node exporterにアクセスできる。

PrometheusでNode exporterをモニタリングするには、prometheus.ymlに次のスクレイプ設定を追加する。

```
global:
  scrape_interval: 10s
scrape_configs:
 - job_name: prometheus
   static_configs:
    - targets:
```

†6　Windowsユーザは、Node exporterではなく、wmi_exporter（https://github.com/martinlindhe/wmi_exporter）を使っていただきたい。

```
      - localhost:9090
  - job_name: node
    static_configs:
     - targets:
       - localhost:9100
```

[Ctrl-C]キーでPrometheusをシャットダウンしてPrometheusを起動し直すと、新しい設定が参照される[†7]。Targetsページを見ると、**図2-10**に示すように、ともにUP状態のふたつのターゲットが表示される。

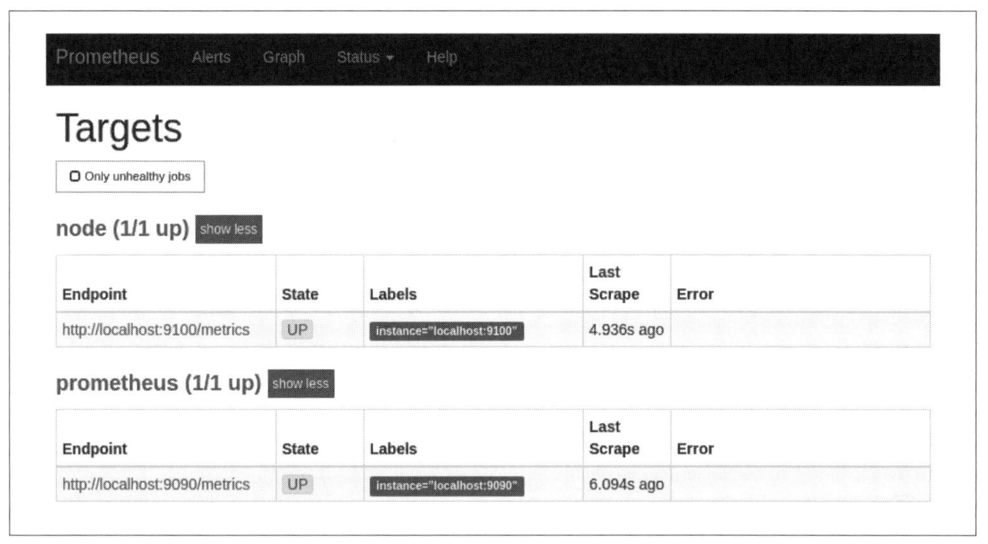

図2-10 Node exporterが含まれているターゲットステータスページ

式ブラウザのConsoleビューでupを評価すると、**図2-11**のようにふたつのエントリが表示される。

†7 再起動しなくても、SIGHUPを使えばPrometheusに設定ファイルを再ロードさせることができる。

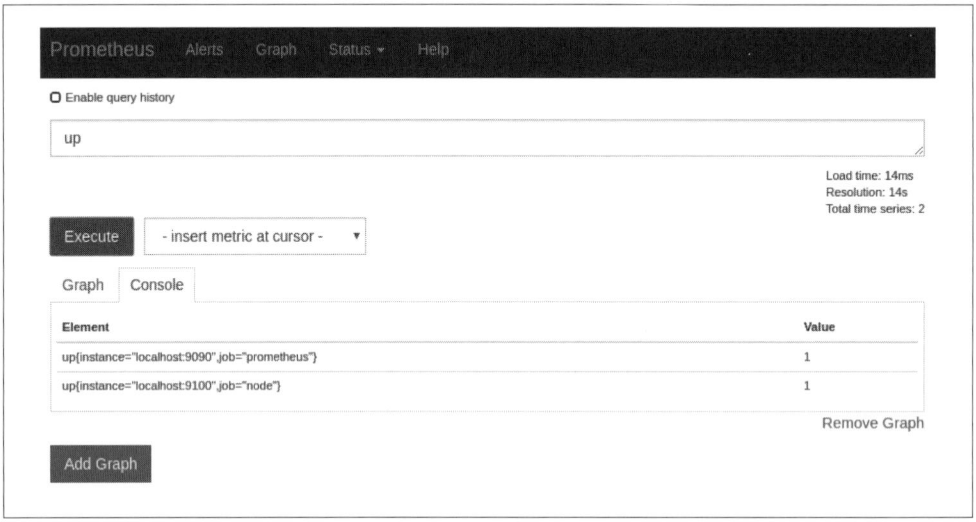

図2-11 upの結果がふたつになる

ジョブやスクレイプ設定を追加しても、異なるジョブの同じメトリクスを同時に見たいと思うことはまずない。たとえば、PrometheusとNode exporterのメモリ使用率は大きく異なるので、余分な表示があると、かえってデバッグや調査がしにくくなる。そこで、**`process_resident_memory_bytes{job="node"}`**を使えば、Node exporterのメモリ使用率だけのグラフを作れる。`job="node"`の部分は**ラベルマッチャ**（label matcher）と呼ばれ、図2-12に示すように、返されるメトリクスを制限する。

この`process_resident_memory_bytes`は、マシン全体のメモリ使用量ではなく、Node exporterのプロセス自体が使っているメモリ容量（`process`というプレフィックスが示唆するように）である。Node exporterのリソース使用量がわかるのは便利だが、そのためにNode exporterを実行しているわけではない。

最後の例として、Graphビューで**`rate(node_network_receive_bytes_total[1m])`**を評価し、図2-13のようなグラフを作ってみよう。

`node_network_receive_bytes_total`は、ネットワークインタフェイスが何バイトのデータを受信したかを追跡するカウンタである。Node exporterは自動的にすべてのネットワークインタフェイスを把握し、PromQLではそれらをグループとして処理している。これは、アラートで便利だ。アラートの対象としたいものをいちいちリストアップしなくてもアラートを送れるのである。

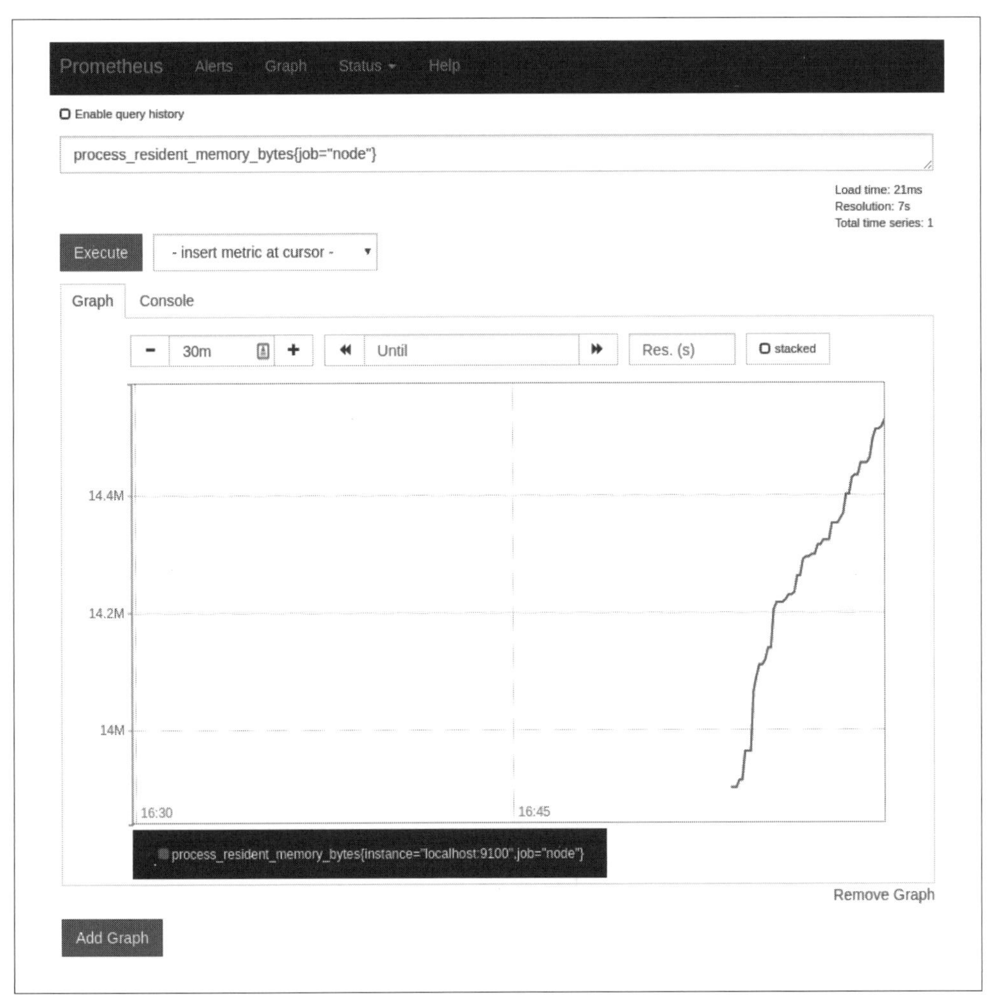

図2-12 Node exporterだけのメモリ使用量の変化のグラフ

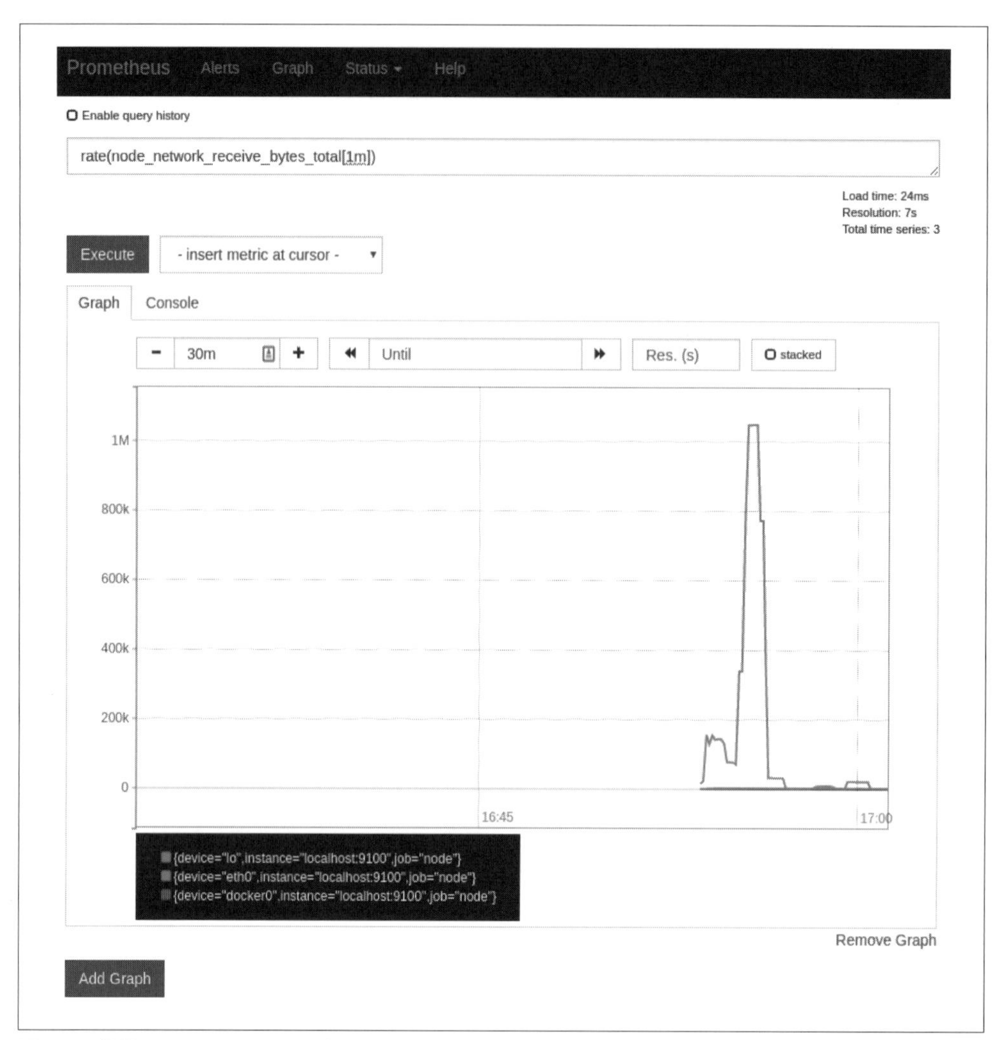

図2-13 複数のインタフェイスで受信したネットワークトラフィックのグラフ

2.4 アラート

アラート処理はふたつの部分から構成される。まず、何がアラートを構成するかのロジックを定義するアラートルールをPrometheusに追加する。次に、Alertmanagerが発火したアラートをメール、オンコール呼び出し、チャットメッセージなどの通知に変換する。

アラートをオンにする条件を作るところから始めよう。まず、[Ctrl-C]でNode exporterを停止する。**図2-14**に示すように、次のスクレイプからは、Node exporterはTargetsページで`DOWN`状態として表示され、TCPポートでパケットを受け付けているものがなく、HTTPリクエストが拒否されたため、connection refusedエラーが起きたことも表示される†8。

Prometheusは、自分のアプリケーションログに失敗したスクレイプを書き込まない。スクレイプの失敗は予期されていることであり、Prometheus自体に問題があることを示しているわけではないからログに残さないのだ。スクレイプエラーは、Targetsページのほか、Prometheusのデバッグログで知ることができる。デバッグログは、コマンドラインフラグとして`--log.level debug`を指定すれば有効になる。

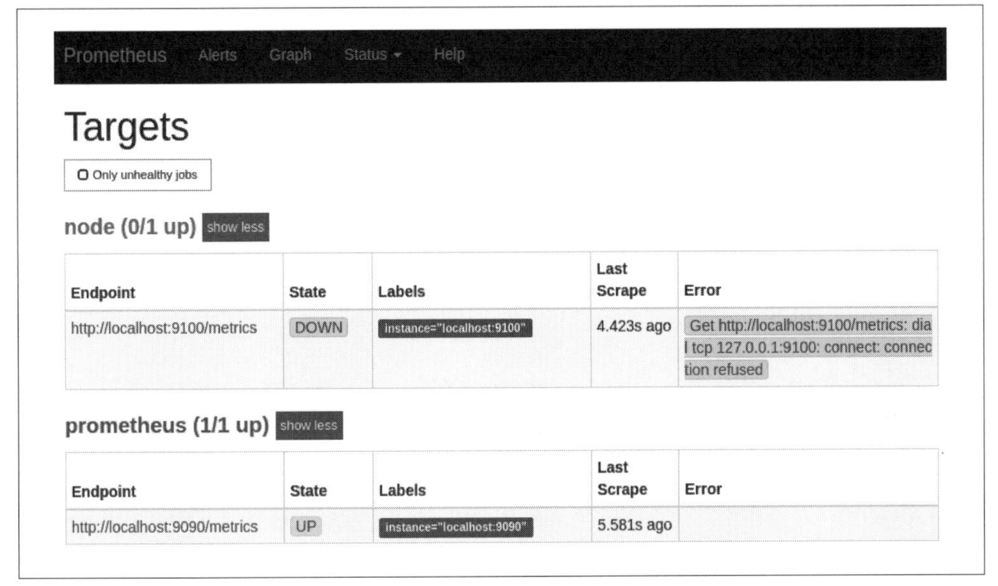

図2-14　ターゲットステータスページは、Node exporterがダウンしていると表示する

落ちているインスタンスを調べるために手作業でTargetsページを開くのは、時間の賢い使い方ではない。幸い、upメトリクスという味方がいる。式ブラウザのConsoleビューで**up**を実行すると、**図2-15**に示すように、Node exporterの値は0になる。

†8　context deadline exceededエラーもよく起きる。これはタイムアウトのことであり、相手側の処理が遅過ぎるか、ネットワークがパケットをドロップしたかによるものである。

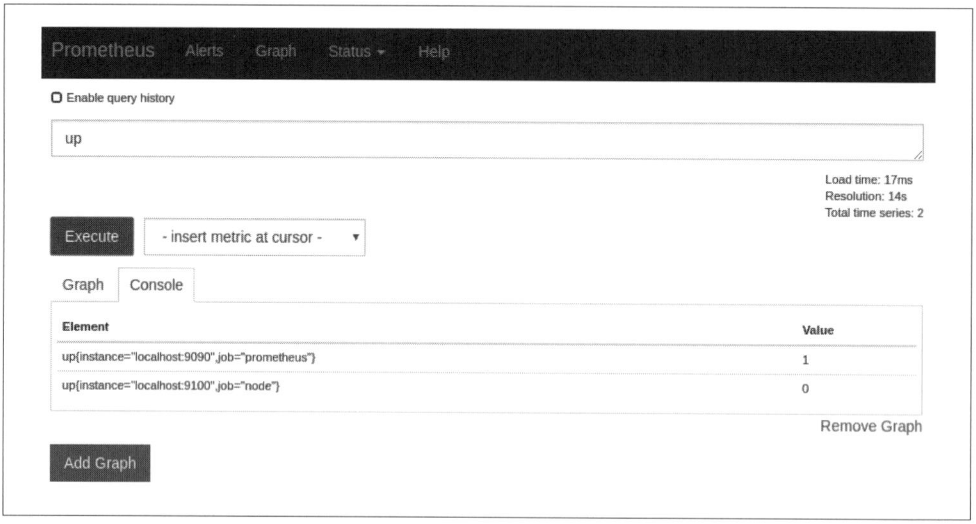

図2-15 upを実行すると、Node exporterの値は0になっている。

アラートルールを作るためには、アラートしたい結果だけを返すPromQL式が必要である。この場合、==演算子を使えば簡単に表現できる。==は、値が一致しない時系列データをフィルタリングして取り除く[†9]。式ブラウザで**up == 0**を評価すると、図2-16に示すように、落ちているインスタンスだけが返される。

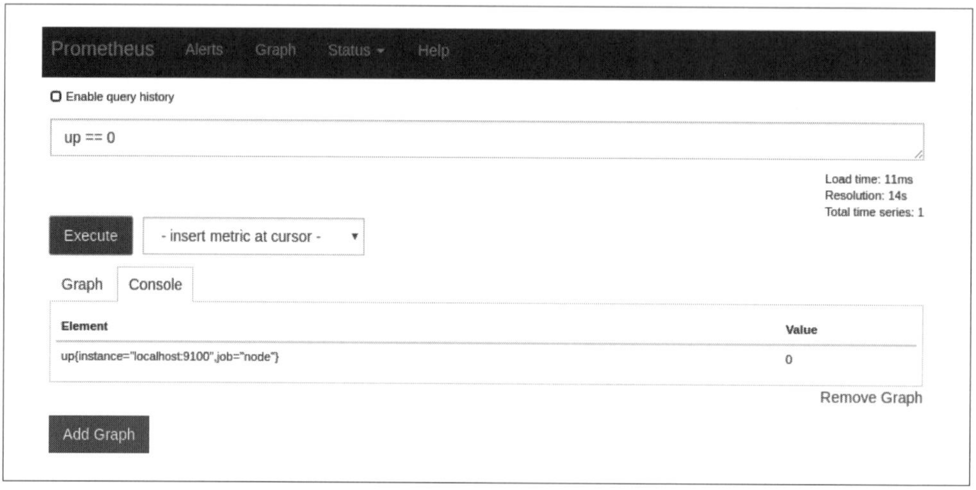

図2-16 upメトリクスの値が0のものだけが返される

†9 「15.1.2.1 bool修飾子」で説明するように、フィルタリングを行わないboolモードもある。

次に、Prometheusのアラートルールにこの式を追加しなければならない。少し話を先取りすることになるが、Prometheusにやり取りするAlertmanagerを教えることも必要だ。そこで、prometheus.ymlを**例2-1**のような内容に拡張する。

例2-1 ふたつのターゲットのスクレイプ、ルールファイルのロード、Alertmanagerとやりとりするprometheus.yml

```
global:
  scrape_interval: 10s
  evaluation_interval: 10s
rule_files:
 - rules.yml
alerting:
  alertmanagers:
  - static_configs:
    - targets:
       - localhost:9093
scrape_configs:
 - job_name: prometheus
   static_configs:
    - targets:
       - localhost:9090
 - job_name: node
   static_configs:
    - targets:
       - localhost:9100
```

次に、**例2-2**のような内容の新しいrules.ymlファイルを作り、Prometheusを再起動する。

例2-2 アラートルールをひとつ定義しているrules.ymlファイル

```
groups:
 - name: example
   rules:
   - alert: InstanceDown
     expr: up == 0
     for: 1m
```

`InstanceDown`アラートは、`evaluation_interval`に合わせて10秒ごとに評価される。少なくとも1分間（`for`）[†10]連続してダウンが返されたときには、アラートが発火（Firing）する。必要な1分という時間が経過するまでは、アラートは保留（Pending）状態である。Alertsページでこのアラートをクリックすると、**図2-17**に示すように、ラベルを含む詳細情報が表示される。

†10 通常は、モニタリングには付きもののノイズを削減し、さまざまな競合を緩和するために、`for`は少なくとも5分にすることをお勧めする。ここで1分にしているのは、単にこの機能を試すためにあまり長い間待たずに済ませるためである。

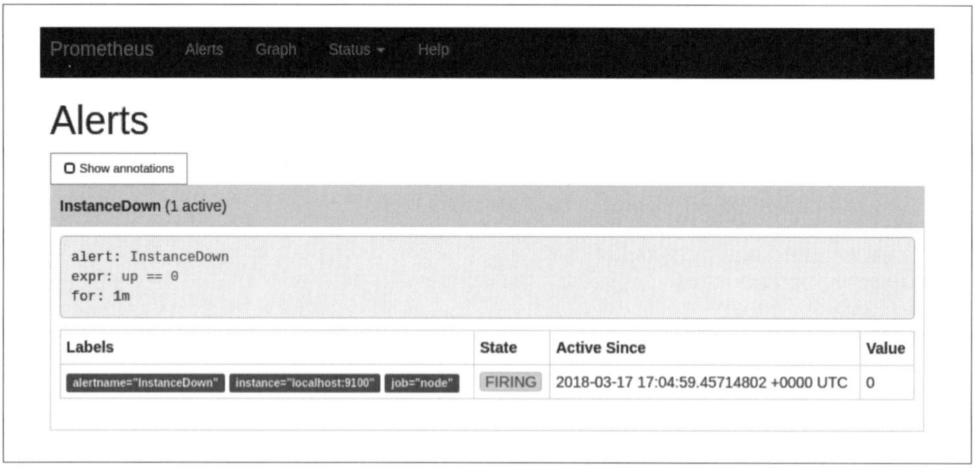

Prometheus　Alerts　Graph　Status　Help

Alerts

Show annotations

InstanceDown (1 active)

```
alert: InstanceDown
expr: up == 0
for: 1m
```

Labels	State	Active Since	Value
alertname="InstanceDown" instance="localhost:9100" job="node"	FIRING	2018-03-17 17:04:59.45714802 +0000 UTC	0

図2-17　Alertsページに表示された発火アラート

発火したアラートがあるが、このアラートを処理するためにはAlertmanagerが必要だ。https://prometheus.io/download/からamd64アーキテクチャのLinux OS用Alertmanagerの最新バージョンをダウンロードしよう[†11]。tarボールを展開してAlertmanagerのディレクトリに移動する。

```
hostname $ tar -xzf alertmanager-*.linux-amd64.tar.gz
hostname $ cd alertmanager-*.linux-amd64/
```

Alertmanagerには設定ファイルが必要である。Alertmanagerから通知を送ってもらう方法はさまざまだが、最初から使える手段の大半は市販のプロバイダを使っており、時間とともに変わる可能性のあるセットアップ命令を抱えている。そこで、オープンなSMTPスマートホストがあるという前提で話を進めていく[†12]。実際に試すときには、**例2-3**のalertmanager.ymlをもとに、ご自分のシステム設定とメールアドレスに合わせて`smtp_smarthost`、`smtp_from`、`to`を書き換えていただきたい。

例2-3　すべてのアラートをメールに送るalertmanager.yml

```
global:
  smtp_smarthost: 'localhost:25'
  smtp_from: 'youraddress@example.org'
route:
  receiver: example-email
receivers:
 - name: example-email
   email_configs:
    - to: 'youraddress@example.org'
```

†11　監訳注：0.16.1でも問題なく動作することを確認している。

†12　この10年でメールのセキュリティが発展してきた方向を考えれば、これはあまりよい前提ではないが、ISPはきっと用意しているだろう。

これで**./alertmanager**コマンドを使ってAlertmanagerを起動できる。

```
hostname $ ./alertmanager
level=info ... caller=main.go:174 msg="Starting Alertmanager"
    version="(version=0.15.0, branch=HEAD,
    revision=462c969d85cf1a473587754d55e4a3c4a2abc63c)"
level=info ... caller=main.go:175 build_context="(go=go1.10.3,
    user=root@bec9939eb862, date=20180622-11:58:41)"
level=info ... caller=cluster.go:155 component=cluster msg="setting advertise
    address explicitly" addr=192.168.1.13 port=9094
level=info ... caller=cluster.go:561 component=cluster msg="Waiting for
    gossip to settle..." interval=2s
level=info ... caller=main.go:311 msg="Loading configuration file"
    file=alertmanager.yml
level=info ... caller=main.go:387 msg=Listening address=:9093
level=info ... caller=cluster.go:586 component=cluster msg="gossip not settled"
    polls=0 before=0 now=1 elapsed=2.00011639s
level=info ... caller=cluster.go:578 component=cluster msg="gossip settled;
    proceeding" elapsed=10.000782554s
```

ブラウザでhttp://localhost:9093/に移動するとAlertmanagerにアクセスできる。発火したアラートは**図2-18**のように表示されるはずだ。

図2-18 Alertmanager内のInstanceDownアラート

すべてが正しくセットアップされて動いているなら、1、2分後に**図2-19**のようなAlertmanagerからの通知がメールの受信箱に届くはずだ。

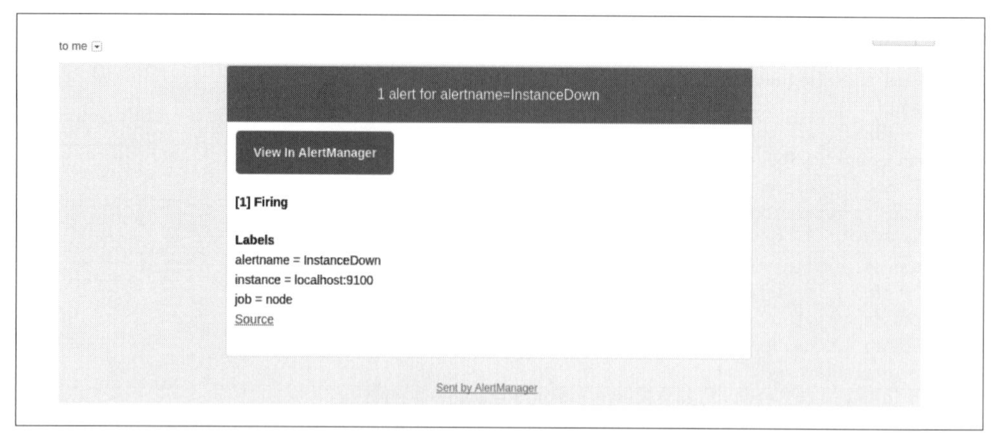

図2-19 InstanceDownアラートのメール通知

この章の初歩的な構成でも、Prometheusでどのようなことができるかの片鱗がうかがえたはずだ。prometheus.ymlにはもっと多くのターゲットを追加でき、アラートはそれらのターゲットに対しても自動的に機能する。

次章では、Prometheusの利用方法の一部である、自分自身のアプリケーションにインストルメンテーションを追加することに焦点を絞って深く見ていく。

第Ⅱ部
アプリケーションのモニタリング

自分のアプリケーションに追加したメトリクスに簡単にアクセスできるようになったとき、Prometheusのメリットを最大限に感じるだろう。**第Ⅱ部**では、このようなインストルメンテーションの追加、利用方法を説明する。

3章では、初歩的なインストルメンテーションの追加方法と役に立つインストルメンテーションとは何かを説明する。

4章では、アプリケーションのメトリクスをPrometheusで利用可能にする方法を説明する。

5章では、Prometheusのもっとも強力な機能のひとつとそれをインストルメンテーションで使う方法を学ぶ。

アプリケーションのメトリクスがPrometheusで利用できるようになったあとの**6章**では、関連するグラフをひとつにまとめたダッシュボードをどのようにして作るかを説明する。

3章
インストルメンテーション

Prometheusの恩恵をもっとも受けられるのは、**ダイレクトインストルメンテーション**（direct instrumentation）と**クライアントライブラリ**（client library）を使って自分自身のアプリケーションをインストルメントする（測定装置を装備する、計装する）ときである。クライアントライブラリはさまざまな言語のために作られており、Go、Python、Java、Rubyには公式のクライアントライブラリがある。

ここでは例としてPython 3を使うが、ほかの言語やランタイムでも同じ一般原則が当てはまる。ただし、構文とユーティリティメソッドはまちまちである。

Python 3は、現代のほとんどのOSに含まれている。万一まだ持っていない場合には、https://www.python.org/downloads/からダウンロードし、インストールすればよい。

最新のPythonクライアントライブラリもインストールする必要がある。それは、`pip install prometheus_client`を実行すればよい。この章のコード例のソースコードは、GitHub（https://github.com/prometheus-up-and-running/examples/tree/master/3）にある。

3.1 単純なプログラム

説明のための道具として、**例3-1**のような単純なHTTPサーバを書いた。Python 3のもとでこのサーバを実行し、ブラウザでhttp://localhost:8001/に行くと、Hello Worldというレスポンスが返ってくる。

例3-1　Prometheusメトリクスを開示する単純なHello Worldプログラム

```
import http.server
from prometheus_client import start_http_server

class MyHandler(http.server.BaseHTTPRequestHandler):
    def do_GET(self):
        self.send_response(200)
        self.end_headers()
        self.wfile.write(b"Hello World")

if __name__ == "__main__":
```

```
start_http_server(8000)
server = http.server.HTTPServer(('localhost', 8001), MyHandler)
server.serve_forever()
```

start_http_server(8000)は、8000番のポートを通じてPrometheusにメトリクスを配信するHTTPサーバを起動する。http://localhost:8000/に行けばこれらのメトリクスが**図3-1**のように表示される。デフォルトの状態でどれだけのメトリクスが返されるかはプラットフォームによって異なるが、もっともメトリクスが多いのはLinuxだろう。

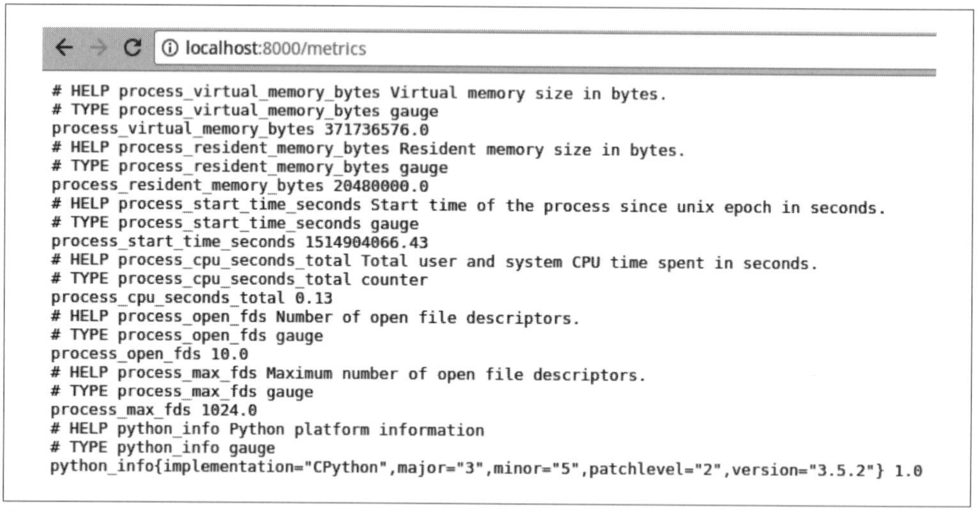

```
localhost:8000/metrics
# HELP process_virtual_memory_bytes Virtual memory size in bytes.
# TYPE process_virtual_memory_bytes gauge
process_virtual_memory_bytes 371736576.0
# HELP process_resident_memory_bytes Resident memory size in bytes.
# TYPE process_resident_memory_bytes gauge
process_resident_memory_bytes 20480000.0
# HELP process_start_time_seconds Start time of the process since unix epoch in seconds.
# TYPE process_start_time_seconds gauge
process_start_time_seconds 1514904066.43
# HELP process_cpu_seconds_total Total user and system CPU time spent in seconds.
# TYPE process_cpu_seconds_total counter
process_cpu_seconds_total 0.13
# HELP process_open_fds Number of open file descriptors.
# TYPE process_open_fds gauge
process_open_fds 10.0
# HELP process_max_fds Maximum number of open file descriptors.
# TYPE process_max_fds gauge
process_max_fds 1024.0
# HELP python_info Python platform information
# TYPE python_info gauge
python_info{implementation="CPython",major="3",minor="5",patchlevel="2",version="3.5.2"} 1.0
```

図3-1　Linux上のCPythonで簡単なプログラムを実行したときの/metricsページ

/metricsページを自分で直接見ることもあるかもしれないが、本当にやりたいことは、Prometheusにメトリクスを取り込むことである。**例3-2**のような設定でPrometheusを実行してみよう。

例3-2　http://localhost:8000/metricsをスクレイプするためのprometheus.yml

```
global:
  scrape_interval: 10s
scrape_configs:
 - job_name: example
   static_configs:
    - targets:
      - localhost:8000
```

http://localhost:9090/の式ブラウザに**python_info**というPromQL式を入力すると、**図3-2**のような出力が得られる。

図3-2 python_info式を評価すると1個の結果が返される

この章のこれからの部分では、あなたがPrometheusを実行していてサンプルアプリケーションをスクレイプしているという前提で話を進める。あなたは本文を読み進めながら、作ったメトリクスを操作するために式ブラウザを使うことになる。

3.2 カウンタ

カウンタ（Counter）は、おそらくインストルメンテーションでもっともよく使うことになるメトリクスのタイプである。カウンタは、イベントの数またはサイズを追跡する。主として特定のコードパスがどれだけの頻度で実行されたかを調べるために使われる。

先ほどのコードを**例3-3**のように書き換え、Hello Worldが何回リクエストされたかを示す新しいメトリクスを追加しよう。

例3-3 REQUESTSはHello Worldが返された回数を追跡する

```
from prometheus_client import Counter

REQUESTS = Counter('hello_worlds_total',
        'Hello Worlds requested.')

class MyHandler(http.server.BaseHTTPRequestHandler):
    def do_GET(self):
        REQUESTS.inc()
        self.send_response(200)
        self.end_headers()
        self.wfile.write(b"Hello World")
```

このコードには、インポート、メトリクスの定義、インストルメンテーションの3つの部分が含まれている。

インポート

Pythonでほかのモジュールの関数やクラスを使うためには、そのモジュールからそれらをインポートしなければならない。そこで、ファイルの冒頭で`prometheus_client`ライブラリから`Counter`クラスをインポートしている。

定義

Prometheusのメトリクスは、使う前に定義する必要がある。ここでは、`hello_worlds_total`というカウンタを定義している。このカウンタには、メトリクスの意味をわかりやすくするために/metricsページに表示される`Hello Worlds requested.`というヘルプ文字列が含まれている。

メトリクスは、クライアントライブラリによって自動的に**デフォルトレジストリ**（default registry）に登録される[†1]。`start_http_server`の呼び出しでメトリクスを指定する必要はない。実際、コードがどのようにインストルメントされるかとメトリクスの開示は完全に切り離されている。Prometheusインストルメンテーションを含む依存ライブラリを使っている場合、メトリクスは自動的に/metricsに表示される。

メトリクスは一意な名前を持たなければならない。同じメトリクスを2回登録しようとすると、クライアントライブラリはエラーを表示する。このようなエラーを避けるために、メトリクスはクラス、関数、メソッドレベルではなく、ファイルレベルで定義すべきだ。

インストルメンテーション

定義したメトリクスオブジェクトは使うことができる。`inc`メソッドは、カウンタの値を1ずつインクリメントする。

さまざまな管理やスレッドセーフティの確保といった細かい作業はPrometheusクライアントライブラリが処理してくれるので、あなたがしなければならないことはこれだけである。プログラムを実行すると、/metricsには新しいメトリクスが表示される。最初は0だが、アプリケーションのメインURLを表示するたびに1ずつ増えていく[†2]。メトリクスは式ブラウザでも見ることができ、**`rate(hello_worlds_total[1m])`**というPromQL式を使えば、**図3-3**のように、1秒に平均何回のHello Worldリクエストが発生しているかも見ることができる。

---

†1　残念ながら、技術上のさまざまな理由から、すべてのクライアントライブラリが自動登録できるわけではない。たとえば、Javaライブラリでは特別な関数呼び出しが必要である。また、Goライブラリでも、ライブラリの使い方次第では明示的なメトリクスの登録が必要になる。

†2　ブラウザが/favicon.icoエンドポイントもアクセスすることで、2ずつ増える場合もある。

図3-3　1秒あたりに送られてくるHello Worldリクエスト数のグラフ

たった2行のコードで、あらゆるアプリケーションやライブラリにカウンタを追加できる。これらのカウンタは、エラーや予想外の状況が何回発生するかを知るために役立つ。エラーが発生するたびにいちいちアラートを生成するようなことは避けたいところだが、エラーの発生に経時的にどのような傾向が見られるのかがわかればデバッグに役立つ。しかし、これはエラーに限らない。アプリケーションのもっともよく使われる機能やコードパスがどれかがわかれば、開発リソースの割り当てを最適化できる。

3.2.1　例外のカウント

クライアントライブラリは、コア機能だけでなく、一般的なユースケースで使えるユーティリティやメソッドも提供している。Pythonでは、そのひとつとして例外のカウントがある。`try`…`except`を使って独自のインストルメンテーションを書く必要はない。**例3-4**に示すように、コンテキストマネージャでデコレータでもあるcount_exceptionsが利用できる。

例3-4 EXCEPTIONSはコンテキストマネージャを使って例外の数をカウントする

```
import random
from prometheus_client import Counter

REQUESTS = Counter('hello_worlds_total',
        'Hello Worlds requested.')
EXCEPTIONS = Counter('hello_world_exceptions_total',
        'Exceptions serving Hello World.')

class MyHandler(http.server.BaseHTTPRequestHandler):
    def do_GET(self):
        REQUESTS.inc()
        with EXCEPTIONS.count_exceptions():
          if random.random() < 0.2:
            raise Exception
        self.send_response(200)
        self.end_headers()
        self.wfile.write(b"Hello World")
```

count_exceptionsが例外を起こして上位の関数に渡す部分の面倒を見てくれるので、カウントがアプリケーションのロジックを邪魔するようなことはない。例外発生率は、**rate(hello_world_exceptions_total[1m])**でわかる。しかし、リクエスト数がわからないのに例外数だけがわかってもあまり役に立たない。式ブラウザに次のように入力すれば、

```
  rate(hello_world_exceptions_total[1m])
/
  rate(hello_worlds_total[1m])
```

もっと役に立つ例外発生率を計算できる。一般に、発生率はこのようにして開示する。つまり、2つのカウンタを開示し、PromQLでrateを呼び出した上で両者の割合を計算するのだ。

リクエストがない期間には、例外率のグラフに隙間ができることに気付かれただろうか。これはゼロによる除算が起きたからである。浮動小数点数演算では、0による除算の結果はNaN、すなわち非数になる。例外率が0になったわけではなく、未定義になっただけなので、0を返すのは間違っているはずだ。

count_exceptionsは、関数デコレータとしても使える。

```
EXCEPTIONS = Counter('hello_world_exceptions_total',
        'Exceptions serving Hello World.')

class MyHandler(http.server.BaseHTTPRequestHandler):
```

```
@EXCEPTIONS.count_exceptions()
def do_GET(self):
  ...
```

3.2.2 サイズのカウント

Prometheusは、値として64ビット浮動小数点数を使っているので、カウンタのインクリメントは1ずつに制限されていない。それどころか、カウンタは任意の非負数でインクリメントできる。そこで、処理したレコード数、配信したバイト数、ユーロ単位での売上（**例3-5**参照）などの数値も追跡できる。

例3-5　SALEはユーロ単位での売上を追跡する

```
import random
from prometheus_client import Counter

REQUESTS = Counter('hello_worlds_total',
        'Hello Worlds requested.')
SALES = Counter('hello_world_sales_euro_total',
        'Euros made serving Hello World.')

class MyHandler(http.server.BaseHTTPRequestHandler):
    def do_GET(self):
        REQUESTS.inc()
        euros = random.random()
        SALES.inc(euros)
        self.send_response(200)
        self.end_headers()
        self.wfile.write("Hello World for {} euros.".format(euros).encode())
```

式ブラウザで**rate(hello_world_sales_euro_total[1m])**と入力すれば、1秒あたりの平均売上額（単位ユーロ）が返される。これは整数カウンタのときと同じだ。

カウンタを負数でインクリメントしようとすると、プログラミングエラーと判断され、例外が起きる。
PromQLにとっては、カウンタが増える一方になっていることが大切な意味を持っている。そうでなければ、rateや関連関数は、カウンタの減少とアプリケーションの再起動によるカウンタの0へのリセットを区別できなくなってしまう。カウンタが自動リセットされるため、アプリケーションの複数の実行にまたがってカウンタの状態を保存したり、スクレイプのたびに手動でカウンタをリセットしたりする必要もなくなる。複数のPrometheusサーバが互いに干渉せずに同じアプリケーションをスクレイプできるようにもなる。

3.3 ゲージ

ゲージ（Gauge）は、何らかの状態のスナップショットである。カウンタの場合、知りたいことはどのようなペースで増えていくかだが、ゲージの場合、知りたいことはゲージの実際の値である。そのため、値は増える一方ではなく、減ることもある。

ゲージの例としては、次のものが挙げられる。

- キューに入っているアイテムの数
- キャッシュのメモリ使用量
- アクティブなスレッドの数
- レコードが最後に処理された時刻
- 過去1分間の1秒あたりのリクエスト数の平均†3

3.3.1 ゲージの使い方

ゲージには、主要メソッドとしてinc†4、dec、setの3種類がある。incとdecは、カウンタのincメソッドと同様に、デフォルトでは1ずつ値を増減する。1以外の値を使いたい場合には、引数としてその値を渡す。**例3-6**は、ゲージを使って処理中の呼び出しの数とその時点の直近の呼び出し終了時刻を調べる例を示している。

例3-6 INPROGRESSは処理中の呼び出しの数、LASTは直近の呼び出しの終了時を追跡する

```
import time
from prometheus_client import Gauge

INPROGRESS = Gauge('hello_worlds_inprogress',
        'Number of Hello Worlds in progress.')
LAST = Gauge('hello_world_last_time_seconds',
        'The last time a Hello World was served.')

class MyHandler(http.server.BaseHTTPRequestHandler):
    def do_GET(self):
        INPROGRESS.inc()
        self.send_response(200)
        self.end_headers()
        self.wfile.write(b"Hello World")
        LAST.set(time.time())
        INPROGRESS.dec()
```

これらのメトリクスは、式ブラウザのなかでは、ほかの関数を介さずに直接使うことができる。たとえば、**hello_world_last_time_seconds**と入力すれば、最後にHello Worldを配信したときがわかる。この種のメトリクスの主な用途は、リクエストが処理されてから時間がたち過ぎている状況を見つけ出すことである。**time() - hello_world_last_time_seconds**というPromQL式を使えば、最後にリクエ

---

†3 これはゲージだが、開示方法としてはカウンタの方が適している。PromQLでrate関数を使えば、リクエスト数の経時的なカウンタをゲージに変換できる。

†4 カウンタとは異なり、ゲージは値を減らすことができる。そのため、ゲージのincメソッドには負数を渡せる。

ストの処理が終わってからの秒数がわかる。

これらふたつが必要になることは非常に多いので、**例3-7**に示すようにユーティリティ関数が用意されている。track_inprogressは、短い上に例外を正しく処理してくれるというふたつの利点を持っている。set_to_current_timeは、time.time()が秒単位[†5]でUnix時間を返してくるPythonではそれほど役に立たないが、ほかの言語のクライアントライブラリでは、set_to_current_timeに対応するものが単純で明快なコードを書く上で役に立っている。

例3-7　例3-6と同じだが、ゲージのユーティリティツールを使っているコード

```
from prometheus_client import Gauge

INPROGRESS = Gauge('hello_worlds_inprogress',
        'Number of Hello Worlds in progress.')
LAST = Gauge('hello_world_last_time_seconds',
        'The last time a Hello World was served.')

class MyHandler(http.server.BaseHTTPRequestHandler):
    @INPROGRESS.track_inprogress()
    def do_GET(self):
        self.send_response(200)
        self.end_headers()
        self.wfile.write(b"Hello World")
        LAST.set_to_current_time()
```

メトリクスのサフィックス

サンプルで使われているカウンタメトリクスの名前の末尾には_totalがついているのに、ゲージにはそのようなサフィックスはないことに気付かれたかもしれない。これは、どちらのタイプのメトリクスを扱っているかを見分けやすくするためにPrometheusコミュニティで使われている慣習である。

_total以外でも、_count、_sum、_bucketサフィックスにはそれぞれの意味があるので、混乱を避けるためにメトリクスのサフィックスとして使わないようにすべきである。

また、名前の最後にメトリクスの単位を入れることも強く推奨されている。たとえば、処理したバイト数のカウンタは、myapp_requests_processed_bytes_totalのような名前にする。

†5　時間の基本単位は秒であり、Prometheusでは、分、時間、日、ミリ秒、マイクロ秒、ナノ秒といった単位よりも好ましいものとされている。

3.3.2 コールバック

キャッシュのサイズやキャッシュ内の要素数の追跡では、一般にキャッシュの要素が追加、削除されるたびに各関数でinc、decを呼び出すべきだが、ロジックが複雑だと、コードを書き換えるたびにこの部分がおかしくならないように維持するのはちょっと難しい。幸い、クライアントライブラリは、exporterを書かなければならなくなるようなインタフェイスを使わずにこの機能を実装できる近道を用意している。

Pythonクライアントのゲージには、開示時に呼び出される関数を指定できるset_functionメソッドがある。指定する関数は、**例3-8**に示すように、呼び出されたときのメトリクスとして浮動小数点数を返さなければならない。しかし、これはダイレクトインストルメンテーションの枠内から少しはみ出すので、スレッドセーフティを考慮する必要があり、ミューテックス（mutex）が必要になる場合がある。

例3-8 メトリクスとして現在の時刻を返すset_functionの例[†6]

```
import time
from prometheus_client import Gauge

TIME = Gauge('time_seconds',
        'The current time.')
TIME.set_function(lambda: time.time())
```

3.4 サマリ

アプリケーションがリクエストに対するレスポンスを返すまでどれだけかかっているか、バックエンドのレイテンシはどれだけかは、システムのパフォーマンスを理解するためには欠かせないメトリクスである。ほかのインストルメンテーションシステムは何らかの形で時間計測メトリクスを提供しているが、Prometheusはものごとをもっと一般的に捉えている。カウンタが1以外の値でもインクリメントできることで、レイテンシ以外のイベントについても追跡できる。たとえば、バックエンドのレイテンシに加えて、レスポンスサイズも追跡するといいだろう。

サマリ（Summary）のメインメソッドはobserveで、このメソッドにはイベントの何らかのサイズを渡す。渡す値は非負数でなければならない。**例3-9**に示すように、time.time()を使えばレイテンシを追跡できる。

例3-9 LATENCYは、Hello Worldハンドラの実行にかかった時間を追跡する

```
import time
from prometheus_client import Summary
```

†6 実際にはこの種のメトリクスが必要になることはあまりない。PromQLのtimestamp関数を使えばサンプルのタイムスタンプ、PromQLのtime関数を使えばクエリの評価時間が得られる。

```
LATENCY = Summary('hello_world_latency_seconds',
        'Time for a request Hello World.')

class MyHandler(http.server.BaseHTTPRequestHandler):
    def do_GET(self):
        start = time.time()
        self.send_response(200)
        self.end_headers()
        self.wfile.write(b"Hello World")
        LATENCY.observe(time.time() - start)
```

/metricsを見ると、hello_world_latency_secondsメトリクスは、hello_world_latency_seconds_countとhello_world_latency_seconds_sumのふたつの時系列データを持っていることがわかる。

hello_world_latency_seconds_countは、**observe**が呼び出された回数なので、式ブラウザで**rate(hello_world_latency_seconds_count[1m])**と入力すると、直近1分間における1秒あたりのHello Worldリクエスト数の平均が返される。

hello_world_latency_seconds_sumは、observeに渡された値の合計なので、**rate(hello_world_latency_seconds_sum[1m])**は、直近1分間にリクエストへのレスポンスを作るために1秒のうち平均でどれだけの時間を使ったかになる。

そこで、このふたつの値で除算をすると、直近1分間の平均レイテンシが得られる。平均レイテンシの計算式は次のようになる。

```
  rate(hello_world_latency_seconds_sum[1m])
/
  rate(hello_world_latency_seconds_count[1m])
```

例を挙げてみよう。直近の1分間に3つのリクエストがあり、それぞれ2、4、9秒ずつかかったとする。すると、countは3、sumは15秒で、平均レイテンシは5秒になる。rateは分あたりの値ではなく秒あたりの値を取るので、本来ならどちらの引数も60で割るべきだが、この場合はそうしなくても相殺される。

hello_world_latency_secondsメトリクスは、Prometheusの慣習に従い、単位として秒を使っているが、だからといって精度が秒単位だというわけではない。Prometheusは64ビット浮動小数点数を使っており、ナノ秒から数日までの時間を表現できる。たとえば、私のマシンでは、先ほどの例は約1/4ミリ秒だった。

サマリは、通常レイテンシの追跡のために使われるので、**例3-10**に示すように、レイテンシ計算を単純化するtimeコンテキストマネージャと関数デコレータが用意されている。例外や時間の逆行の処理もしてくれる[†7]。

†7 システム時間は、カーネルで手作業で日付を設定したり、デーモンがNTP（Network Time Protocol）と同期を取ろうとしたりしたときに逆行することがある。

例3-10 LATENCYは、timeデコレータを使ってレイテンシを追跡する

```
from prometheus_client import Summary

LATENCY = Summary('hello_world_latency_seconds',
        'Time for a request Hello World.')

class MyHandler(http.server.BaseHTTPRequestHandler):
    @LATENCY.time()
    def do_GET(self):
        self.send_response(200)
        self.end_headers()
        self.wfile.write(b"Hello World")
```

サマリメトリクスには分位数(quantile)も含まれているが、現在のところ、Pythonクライアントはクライアントサイド分位数をサポートしていない。分位数の平均といった計算は意味を持たず、サービスのインスタンス全体からクライアントサイド分位数を集計することを防ぐために、クライアントサイド分位数の利用は一般に避けたほうがよい。しかも、クライアントサイド分位数は、CPU使用という点でほかのインストルメンテーションよりもコストが高い(百倍単位で遅いことも珍しくない)。一般に、インストルメンテーションにはリソースのコストをはるかに凌駕するメリットがあるが、分位数にはそれは当てはまらないかもしれない。

3.5 ヒストグラム

サマリからは平均レイテンシが得られるが、分位数がほしいときにはどうすればよいのだろうか。分位数は、一定の割合のイベントが特定のサイズよりも小さいことを示す。たとえば、リクエストの0.95分位数が300ミリ秒だということは、リクエストの95%が300ミリ秒以内に処理されているということである。

分位数は、エンドユーザの実際の体感を推測するときに役立つ。あるユーザのブラウザがあなたのアプリケーションに同時に20のリクエストを送ってきたとき、ユーザから見たレイテンシを決めるのは、そのなかでもっとも遅いリクエストである。この場合、そのレイテンシは95パーセンタイルで知ることができる。

分位数とパーセンタイル

95パーセンタイルは0.95分位数である。Prometheusは基本単位を使うので、パーセントではなく割合[†8]を使うが、それと同じようにパーセンタイルではなく分位数を使う。

---

†8 訳注:本書では、ratioの訳語として「割合」を使っているが、それは小さい方の値を分子、大きい方の値を分母とする分数を小数で近似的に表現したものという意味である。

ヒストグラム（Histogram）のインストルメンテーションは、サマリと同じである。observeメソッドを使えば手動の観測ができる。timeコンテキストマネージャと関数デコレータを使えば、一定時間での計測が簡単になる。**例3-11**は、これを示している。

例3-11　LATENCYヒストグラムは、time関数デコレータを使ってレイテンシを追跡する

```
from prometheus_client import Histogram

LATENCY = Histogram('hello_world_latency_seconds',
        'Time for a request Hello World.')

class MyHandler(http.server.BaseHTTPRequestHandler):
    @LATENCY.time()
    def do_GET(self):
        self.send_response(200)
        self.end_headers()
        self.wfile.write(b"Hello World")
```

このコードからは、hello_world_latency_seconds_bucketという名前の時系列データ（カウンタ）の集合が作られる。ヒストグラムには、1ミリ秒、10ミリ秒、25ミリ秒などのバケットの集合が含まれており、個々のバケットに含まれるイベントの数を追跡する。そして、PromQLのhistogram_quantile関数を使えば、バケットから分位数を計算できる。たとえば、0.95分位数（95パーセンタイル）は、次のようにして計算する。

```
histogram_quantile(0.95, rate(hello_world_latency_seconds_bucket[1m]))
```

バケットの時系列データはカウンタなので、rateが必要になる。

3.5.1 バケット

デフォルトのバケットは、1ミリ秒から10秒までのレイテンシに対応している。これは、ウェブアプリケーションの一般的なレイテンシの範囲として選ばれたものである。しかし、メトリクス定義時にこれを上書きし、独自のバケットを作ることもできる。デフォルトが実際のユースケースに合わない場合や、SLA（サービスレベル契約）に書かれているレイテンシの分位数に対応するバケットを追加したい場合などにはこれが役立つ。入力ミスを見つけやすくするために、バケットはソートされた形で指定しなければならない。

```
LATENCY = Histogram('hello_world_latency_seconds',
        'Time for a request Hello World.',
        buckets=[0.0001, 0.0002, 0.0005, 0.001, 0.01, 0.1])
```

線形バケットや指数バケットが必要な場合は、Pythonのリスト内包表記が使える。リスト内包表記のような機能を持たない言語のクライアントライブラリには、同様の機能を提供するユーティリティ関数が含まれている場合がある。

```
buckets=[0.1 * x for x in range(1, 10)]    # 線形
buckets=[0.1 * 2**x for x in range(1, 10)] # 指数
```

累積ヒストグラム

ヒストグラムの/metricsを見ると、バケットにはその範囲に含まれるイベント数よりも大きな数が含まれていることがわかる。バケットは、それよりも小さいすべてのバケットのイベント数が加えられている。そのため、+Inf（無限大）バケットには、イベントの総数が含まれる。これはいわゆる累積ヒストグラムである。そして、バケットのラベルとして、以下（less than or equal to）を表すleが使われているのもそのためである。

しかも、バケットはカウンタになっているので、Prometheusのヒストグラムは二重の意味で累積的になっている。

これらが累積的になっているのは、バケット数が多すぎてパフォーマンスが下がり過ぎるときに、Prometheusのmetric_relabel_configsを使って余分なバケットを省略しながら[†9]（「8.3.1 metric_relabel_configs」参照）、分位数は計算できるようにするためである。**例8-24**は、これを使った例である。

十分な精度を得るためにはどれくらいの数のバケットが必要か悩むかもしれない。私としては、10前後をお勧めする。小さく感じるかもしれないが、バケットをひとつ作るということは時系列データをひとつ余分に保存するということなので[†10]、バケットにはコストがかかる。基本的に、Prometheusのようなメトリクスベースのシステムは、100%正確な分位数を提供できるわけではない。そういうものが必要なら、ログベースのシステムから分位数を計算しなければならない。しかし、Prometheusが提供する値は、実用的なアラートやデバッグで十分使える精度を持っている。

バケット（そしてメトリクス全般）については、かならずしも完璧ではないが、一般にデバッグの次のステップを決めるために十分役立つ情報を提供してくれると考えるようにすべきだ。たとえば、0.95分位数が実際には305ミリ秒から355ミリ秒に上がったのに、Prometheusによれば300ミリ秒から350ミリ秒に上がったということになっていたとしても、大して問題にはならないだろう。この程度のずれなら、レイテンシに大きな上昇があったことはわかり、いずれにしても調査の次のステップは同じになるだろう。

---

†9　+Infバケットは必須であり、省略してはならない。

†10　特にヒストグラムがラベルを持つ場合。

SLAと分位数

SLAのレイテンシの部分は、**レイテンシの95パーセンタイルが高々500ミリ秒に収まる**というように表現されることが多い。しかし、この表現には、間違った値に振り回されるというすぐにはわかりにくい落とし穴がある。

95パーセンタイルを正確に計算するのは難しい。完璧を目指そうとすると大量の計算リソースが必要になる。しかし、処理に500ミリ秒を越える時間がかかったリクエストの割合なら簡単に計算できる。すべてのリクエストの数と500ミリ秒以下の時間で処理できたリクエストの数のふたつのカウンタがあればよい。

ヒストグラムに500ミリ秒のバケットを用意すれば、処理に500ミリ秒を越える時間がかかったリクエストの割合は、次のように正確に計算できる。

```
  my_latency_seconds_bucket{le="0.5"}
/ ignoring(le)
  my_latency_seconds_bucket{le="+Inf"}
```

これでSLAを満たしているかどうかもわかる。その他のバケットがあれば、95パーセンタイルのレイテンシがおおよそどのあたりかは、依然として推計できる。

分位数には、計算してもそこから先の計算に使えないという問題がある。たとえば、分位数を加算、減算したり、分位数の平均を求めたりしても統計的に正しい値にはならない。これはPromQLでできることだけでなく、デバッグ中のシステムの状態の推計にも影響を及ぼす。フロントエンドで0.95分位数のレイテンシが上がっているという報告があっても、バックエンド自体ではレイテンシがそれほど上がっていないことがある(むしろ下がっている場合さえある)。

これはとてもわかりにくい。特に、デバッグのために深夜に叩き起こされたときにはわかりにくいだろう。しかし、平均にはこのような問題はなく、足したり引いたりできる[†11]。たとえば、バックエンドのひとつで問題が起きたために、フロントエンドでレイテンシが20ミリ秒上がったら、バックエンドにもそれに対応して約20ミリ秒のレイテンシの増加が見られる。分位数にはこのような保証はない。そういうわけで、分位数はエンドユーザの体感を知るためには役に立つが、デバッグで活用しようとすると難しい。

レイテンシ問題のデバッグでは、主として分位数ではなく平均を使うことをお勧めする。平均は直観的にわかりやすい動きを見せる。そして、平均を使ってレイテンシ増加の原因となるサブシステムの範

---

†11 しかし、平均の集合の平均は正しくない。たとえば、平均5の3個のイベントと平均6の4個のイベントがある場合、全体の平均は(5+6) / 2=5.5ではなく、(3 × 5+4 × 6) / (3+4) =5.57である。

囲が狭まったら、必要に応じて分位数に戻ることもできる。このようなところから、ヒストグラムには時系列データ_sumと_countも含まれている。サマリの場合と同様に、ヒストグラムでも、次のようにすれば平均を計算できる。

```
  rate(hello_world_latency_seconds_sum[1m])
/
  rate(hello_world_latency_seconds_count[1m])
```

3.6 インストルメンテーションのユニットテスト

ユニットテストは、何度もコードを書き換えるうちにうっかりコードにバグを入れないようにするためのよい方法である。インストルメンテーションのユニットテストでは、ログのユニットテストと同じようなアプローチを取るべきだ。おそらくデバッグレベルのログ文をテストしたりしないだろうが、それと同じように、コードベースのあちこちにばらまいたメトリクスの大部分はテストすべきでない。

ユニットテストするログ文は、トランザクションログと一部のリクエストログだけだろう[†12]。同様に、ユニットテストする意味があるメトリクスは、アプリケーションやライブラリの重要部分のメトリクスだけである。たとえば、RPCライブラリを書いている場合には、少なくとも主要なリクエスト、レイテンシ、エラーのメトリクスが機能していることを確かめる基本的なテストをするとよい。

デバッグ用に使っているそれほど重要でないメトリクスのなかにも、テストしなければ動作しなくなるものが少しある。私の経験では、そういうものはデバッグメトリクス全体の約5%である。すべてのメトリクスをユニットテストすることを義務付けると、インストルメンテーションに対する抵抗が大きくなるので、20個のメトリクス(そのうち19個が役に立つ)ではなく、5個のテストされるメトリクスだけが追加されることになるだろう。テストを要求すれば、コードに2行のコードを追加してメトリクスを追加するだけでは済まなくなる。デバッグや深いパフォーマンス分析のためにメトリクスを使うとき役に立つのは、幅広いメトリクスである。

Pythonクライアントには、実質的にレジストリをスクレイプして時系列データを探すget_sample_value関数がある。**例3-12**のようにget_sample_valueを使えば、カウンタによるインストルメンテーションをテストできる。注目すべきはカウンタの値そのものではなくカウンタの増加なので、事前、事後のカウンタの値を比較する。これは、ほかのテストによってカウンタがインクリメントされる場合でも機能する。

例3-12　Pythonにおけるカウンタのユニットテスト

```
import unittest
from prometheus_client import Counter, REGISTRY
```

†12　ログのカテゴリについては、「1.1.2.3　ロギング」で説明した。

```
FOOS = Counter('foos_total', 'The number of foo calls.')

def foo():
    FOOS.inc()

class TestFoo(unittest.TestCase):
    def test_counter_inc(self):
        before = REGISTRY.get_sample_value('foos_total')
        foo()
        after = REGISTRY.get_sample_value('foos_total')
        self.assertEqual(1, after - before)
```

3.7　インストルメンテーションへのアプローチ

インストルメンテーションの使い方がわかったら、どこでどの程度インストルメンテーションをすべきかを理解することが大切である。

3.7.1　何をインストルメントすべきか

インストルメンテーションの対象は、通常サービスかライブラリになるはずである。

3.7.1.1　サービスのインストルメンテーション

サービスは大きくオンライン配信システム、オフライン配信システム、バッチジョブに分類され、重要なメトリクスはそれぞれで異なる。

オンライン配信システムは、人間やほかのサービスがレスポンスを待っているものである。ウェブサーバやデータベースがこれに含まれる。このようなサービスでインストルメントすべき重要メトリクスは、リクエスト率、レイテンシ、エラー率である。これらメトリクスは、(Request) Rate、Errors、Duration（期間）の頭文字を取ってREDメソッドと呼ばれることがある。これらのメトリクスは、サーバサイドのあなただけではなく、クライアントサイドでも役に立つ。サーバよりもクライアントの方がレイテンシが高いようなら、ネットワークの問題かクライアントの過負荷の可能性がある。

レイテンシをインストルメントするときには、失敗時を除外しないようにしよう。成功時だけをインストルメントすると、失敗してレスポンスが遅くなったリクエストによってレイテンシが高くなった状況に気付かなくなる恐れがある。

オフライン配信システムは、待っているものがないシステムである。通常は仕事をバッチにまとめ、マルチステージのパイプラインで処理し、ステージ間にはキューを置く。オフライン配信システムには、ログ処理システムなどが含まれる。このようなシステムでは、各ステージでキューに入っている仕事の数、進行中の仕事の数、仕事の処理ペース、発生したエラーの数のメトリクスを持つようにしよう。これらの指標はUtlisation(利用状況)、Saturation(飽和)、Errorの頭文字を取ってUSEメソッドとも呼ばれている。Utilizationはサービスがどの程度稼働しているか、Saturationはキューで処理待ちになっている仕事の量を指す。バッチを使う場合は、バッチのためのメトリクスと個々の要素のメトリクスの両方を用意すると役に立つ。

バッチジョブはサービスの第3のタイプで、オフライン配信システムと似ている。しかし、オフライン配信システムが継続的に実行されるのに対し、バッチジョブは定期的なスケジュールに基づいて実行されるところが異なる。バッチジョブは常に実行されているわけではないので、スクレイピングはあまり役に立たない。そこでPushgateway(「4.4 Pushgateway」参照)などのテクニックが使われる。バッチジョブ終了時に実行にかかった時間、ジョブの各ステージでかかった時間、ジョブが最後に成功した時刻を記録するようにしよう。ジョブが長い間成功していないときにアラートを追加すれば、個別のバッチジョブが失敗したからといっていちいち騒がないで済む。

バッチジョブのべき等性

べき等性とは、ある処理を複数回実行しても、1回だけ実行したときと同じ結果になる性質のことである。バッチジョブをべき等にすると、ジョブが失敗しても、単純に再試行すればよいことになり、個別の失敗についてあまり考えなくて済むので好都合だ。

べき等性を実現するためには、バッチジョブが処理すべき対象を指定する(たとえば、前日のデータ)ことを避けなければならない。バッチジョブ自体に処理すべき対象を推測させ、前回中断したところから処理を再開できるようにすべきだ。

べき等性を実現すると、バッチジョブが自分で判断して再試行できるようになる。たとえば、1日1回実行するバッチジョブがある場合、1日に数回実行することにすれば、一時的にエラーが起きても、次の実行で成功させることができる。すると、アラートのしきい値を引き上げることができ、手作業による障害対策が必要になる回数が減る。

3.7.1.2 ライブラリのインストルメンテーション

サービスは高い水準で注意を向ける対象である。サービスにはライブラリが含まれており、それらのライブラリは、小規模なサービスと考えることができる。ライブラリの多くはオンライン配信システムのサブシステム、つまり同期関数呼び出しであり、リクエスト率、レイテンシ、エラー率という同じメトリクスが役に立つ。キャッシュの場合、キャッシュ全体とキャッシュミスの両方についてこれらのメトリクスを知りたい。キャッシュミスの場合は、そのあとでバックエンドで結果を計算したり、要求したりしなければならないので、これらのメトリクスに大きな影響がある。

成功と失敗ではなく、全体と失敗

全体と失敗のメトリクスを取ると、除算で簡単に失敗の割合を計算できる。成功と失敗のメトリクスを取ると、最初に合計を計算しなければならないので面倒になる[†13]。

同様に、キャッシュの場合は、ヒットと全体、ミスと全体のメトリクスを取るようにしよう。全体、ヒット、ミスを全部取ってもよい。

エラーが発生した箇所やロギングしている箇所にメトリクスを追加すると役に立つ。デバッグログは、量が多いので数日しか残さないだろうが、メトリクスがあれば、長期的なログ行の出現頻度のイメージがつかめる。

スレッドやワーカプールも、オフライン配信システムと同じようにインストルメントすべきだ。キューサイズ、アクティブスレッド、スレッド数の制限、発生したエラーなどではメトリクスが必要になるだろう。

1時間に数回しか実行されないバックグラウンドの保守タスクは実質的にバッチジョブなので、バッチジョブと同じようなメトリクスを用意すべきだ。

3.7.2 どの程度の量のインストルメンテーションをすべきか

Prometheusはきわめて処理効率がよいが、処理できるメトリクスの数には上限がある。運用上のコストとリソースのコストがインストルメンテーションのメリットよりも大きくなる点がどこかにある。

もっとも、ほとんどの場合はこのような心配は不要である。たとえば、1千万個のメトリクス[†14]と千のアプリケーションインスタンスを処理するPrometheusがあったとする。これらのインスタンスのそれぞれに新しいメトリクスをひとつ追加すると、リソースの0.01%を使うことになる。つまり、ほとんどタダ同然ということだ。役に立つところには手作業で自由にメトリクスを追加できる。

注意しなければならないのは、手作業の範囲を越えたときだ。すべての関数の実行時間のメトリクスを自動的に追加すると、メトリクスの数はあっという間に増える（これは、要するに古典的なプロファイリングだが）。リクエストタイプやHTTP URLによってメトリクスを分類すると[†15]、可能な組み合わせ全体であっという間にリソースのかなりの部分を消費してしまう。ヒストグラムのバケットでこれがさらに増える。個々のインスタンスでカーディナリティが100になるようなメトリクスは、Prometheusサーバのリソースの1%を占有することになる。それだけの意味があるかどうかはなんとも言えないところがあるが、間違いなくタダではない。これについては「5.6.1　カーディナリティ」で詳しく説明す

---

†13 失敗を成功で割るようなことをしてはならない。

†14 これがほぼPrometheus 1.xの性能限界だった。

†15 Prometheusでこのようなことが可能なのはラベルという強力な機能があるためである。ラベルについては5章で説明する。

る。

Prometheusでは、リソースをよく使う10大メトリクスが全体の半分以上のリソースを使っているのが普通である。Prometheusのリソース使用量を管理しようと思うなら、10大メトリクスに作業の重点を置くと大きな効果が得られる。

目安を言うと、キャッシュのような単純なサービスは全部で百個ほどのメトリクスを持つのに対し、複雑でしっかりとインストルメントされたサービスは千個ほどのメトリクスを持つ。

3.7.3 メトリクスにはどのような名前を付けるべきか

メトリクスの命名は、科学というよりも職人技である。比較的自明な落とし穴にはまらないように従うべき単純なルールと、メトリクス名の組み立て方の一般的なガイドラインがある。

メトリクス名は、全体として**<ライブラリ>_<名前>_<単位>_<サフィックス>**という構造になっている。

3.7.3.1 文字種

Prometheusのメトリクス名は、先頭を英字にしなければならないが、そのあとは英数字とアンダースコアを自由に追加できる。

Prometheusで有効なメトリクス名を正規表現で表すと`[a-zA-Z_:][a-zA-Z0-9_:]*`になるが、有効な値でも避けるべきものがある。コロンは、「17.3 レコーディングルールの名前の付け方」で説明するように、レコーディングルールで使うために予約されており、インストルメンテーション名では使ってはならない。また、アンダースコアで始まるメトリクス名は、Prometheus内部で使うように予約されている。

3.7.3.2 スネークケース

Prometheusでは、メトリクス名はスネークケース（snake_case）、つまり小文字で書いた名前の部品をアンダースコアでつないでいく形式を使う習慣になっている。

3.7.3.3 メトリクスのサフィックス

カウンタ、サマリ、ヒストグラムのメトリクスでは、`_total`、`_count`、`_sum`、`_bucket`というサフィックスを使う。カウンタでは常に`_total`というサフィックスを使うことを除けば、混乱を避けるためにメトリクス名の末尾にこれらのサフィックスを付けないようにすべきだ。

3.7.3.4 単位

秒、バイト、割合[†16]などのプレフィックスが付かない基本単位を使うようにすべきである。これは、

---

†16　割合は一般に0から1までだが、パーセントは0から100までである。

Prometheusがtimeなどの関数で秒を使い、キロマイクロ秒のような醜い単位を避けているからである。

単位をひとつに統一すると、特定のメトリクスの単位が秒なのかミリ秒なのかについて混乱が起きる恐れがなくなる[†17]。このような混乱を避けるために、メトリクス名には、かならずメトリクスの単位を含めるようにすべきだ。たとえば、秒単位のカウンタには、mymetric_seconds_totalという名前を付ける。

自明な単位はメトリクス名に含まれているとは限らないので、メトリクス名に単位がないからといって心配する必要はない。また、単位としてcount（回）は使わないようにする。サマリやヒストグラムとの間で名前の衝突を起こさないようにするということもあるが、ほとんどのメトリクスは何らかのものをカウントしたものなので、名前にcountを付けても何も説明したことにはならないということもある。totalも同様である。

3.7.3.5 名前

メトリクス名でもっとも大切な部分は名前である。メトリクスの名前は、対象のサブシステムについて何も知らない人にメトリクスの意味をしっかりと伝えるものにすべきだ。たとえば、requestsでははっきりしないので、http_requestsの方がよく、http_requests_authenticatedはなおよい。メトリクスの説明を詳しくする方法もあるが、ユーザはメトリクス名だけで先に進むことが多い。

先ほどの例からもわかるように、名前はアンダースコアで区切られた複数の部品を組み合わせて作ることができる。関連するメトリクスには同じプレフィックスをつけるようにすれば、それらの間の関係がわかりやすくなる。size_queueとlimit_queueよりも、queue_sizeとqueue_limitの方が使いやすく便利だ。itemsとitems_limitという形もあり得る。名前は左から右に向かって一般的で抽象的なものから個別的で具体的なものに絞り込んでいくようにする。

メトリクス名にはラベル（**5章**参照）にすべきものを入れてはならない。ダイレクトインストルメンテーションを実装するときには、プログラムでメトリクス名を自動生成してはならない。

メトリクス名にメトリクスのラベルの名前を入れてはならないというのは、PromQLでそのラベルの違いを無視して集計したときに正しくなくなってしまうからである。

3.7.3.6 ライブラリ

メトリクス名は、グローバルな名前空間を使っているようなものなので、ライブラリ名の間に衝突が起きないようにすることと、メトリクスがどのライブラリに含まれているものかを示すことの両方が大

†17 以前はPrometheus自身も、秒、ミリ秒、マイクロ秒、ナノ秒などを使っていた。

切である。メトリクス名は、究極的には、特定のライブラリに含まれる特定のファイルの特定の行にあなたを導いていく。ライブラリには、依存ファイルとして取り込んだ広く使われているライブラリもあれば、アプリケーションのサブシステム、アプリケーション自身のメイン関数もある。

混乱を避けるために、メトリクス名のライブラリの部分では、これらを十分区別できるようにすべきだ。しかし、完全な会社名を入れたり、ソース管理システムのパスを入れたりする必要はない。簡潔さと説明の完全性との間でバランスを取る必要がある。

たとえば、Cassandraはよく知られたアプリケーションなので、メトリクス名のライブラリ部はただcassandraとすればよいだろう。それに対し、内製のデータベース接続プールライブラリのライブラリ名としてdbを使うのはあまりよくない。データベースライブラリやデータベース接続プールライブラリはどちらもありふれた存在である。同じアプリケーションのなかで複数のものを使っている場合さえある。robustperception_db_poolやrp_db_poolの方がよいだろう。

ライブラリ名のなかにはすでに確立されたものもある。processライブラリは、CPU使用率やメモリ使用量といったプロセスレベルのメトリクスを開示するものとしてクライアントライブラリの間で標準化されている。そのため、このプレフィックスを付けて、標準的でないメトリクスを開示してはならない。クライアントライブラリは、ランタイムに関連するメトリクスを開示することもある。Pythonのメトリクスはpython、JVM（Java Virtual Machine）のメトリクスはjvm、Goのメトリクスはgoというプレフィックスを使っている。

以上の手順に従って部品を組み合わせていくと、go_memstats_heap_inuse_bytesのようなメトリクス名が作られる。ライブラリはGoランタイムのメモリ統計を表すgo_memstatsである。heap_inuseは使っているヒープの容量に関連するメトリクスだということを表している。bytesは単位がバイトだということを示す。この名前だけで、Goが現在使っているヒープメモリ[†18]の容量のメトリクスだということがわかる。このように名前だけからメトリクスの意味がいつもわかるとは限らないが、それを目指すようにしたい。

アプリケーション内のすべてのメトリクスの名前のプレフィックスとしてアプリケーション名を付けるようなことをしてはならない。process_cpu_seconds_totalは、どんなアプリケーションが開示してもprocess_cpu_seconds_totalである。異なるアプリケーションからのメトリクスを区別するために使うのは、メトリクス名ではなくターゲットラベルである（「8.2.2　ターゲットラベル」参照）。

自分のアプリケーションをインストルメントする方法はわかったので、次にこれらのメトリクスをPrometheusに開示するための方法を見てみよう。

---

†18　ヒープは、プロセスがダイナミックに確保するメモリのことである。mallocなどの関数でメモリを確保するときに使われる。

4章 開示

3章では、コードにインストルメンテーションを追加する方法を説明した。しかし、生成したメトリクスがモニタリングシステムに渡らなければ、インストルメンテーションなど何の役にも立たない。Prometheusがメトリクスを利用できる状態にするプロセスのことを**開示**（exposition）と呼ぶ。

Prometheusに対するメトリクスの開示はHTTPを介して行われる。通常、メトリクスは/metricsパスの下で開示され、リクエストはクライアントライブラリによって処理される。Prometheusは人間が読んで理解できるテキスト形式を使っているので、手作業で開示形式（exposition format）のメトリクスを作ることもできる。しかし、使っている言語に適切なライブラリがなければしょうがないが、そうでなければライブラリを使った方がよい。ライブラリは、正しいエスケープなどの細かい作業をすべてこなしてくれる。

開示は一般にメイン関数などのトップレベル関数で行われ、アプリケーションごとに1度設定するだけで済む。

通常、メトリクスは、定義したときに**デフォルトレジストリ**（default registry）に登録される。依存ライブラリのひとつがPrometheusインストルメンテーションを持っている場合には、メトリクスはデフォルトレジストリに書き込まれるので、何もしなくてもそのインストルメンテーションのメリットが得られる。しかし、アプリケーションのメイン関数からPrometheusインストルメンテーションまでのすべてのライブラリがインストルメンテーションを意識していることを当てにできるように、メイン関数から下のすべての部分を明示的にレジストリに渡すようにしているユーザもいる。これは、依存チェーンのすべてのライブラリがインストルメンテーションに対応しており、使っているインストルメンテーションライブラリの選択が一致していることが前提となる。

このような設計にすると、開示なしでPrometheusメトリクスをインストルメンテーションできる。その場合、インストルメンテーションのための（わずかな）リソースのコストを別にすれば、アプリケーションに負担はかからない。ライブラリを書いている場合は、モニタリングをしないユーザのために特別なことをしなくても、Prometheusを使ったインストルメンテーションをユーザのために追加できる。このユースケースをよりよくサポートするために、クライアントライブラリのインストルメンテーションの部分は、依存ファイルを最小限に抑えるようにしている。

それでは、よく使われているクライアントライブラリの開示の部分を見てみよう。この部分は、読者がクライアントライブラリやその他の必須依存ファイルのインストール方法を知っているという前提で話を進めていく。

4.1 Python

start_http_serverについては、すでに**3章**で説明した。start_http_serverは、バックグラウンドスレッドを起動して、Prometheusメトリクスだけを配信するHTTPサーバを実行する。

```
from prometheus_client import start_http_server

if __name__ == '__main__':
    start_http_server(8000)
    // あなたのコードはここに入る
```

start_http_serverはHTTPサーバをすばやく起動できてとても便利だ。しかし、すでにアプリケーション内にHTTPサーバがある場合には、メトリクスの配信にもそれを使いたいところだろう。

Pythonには、使っているフレームワークごとにこれを実現するさまざまな方法がある。

4.1.1 WSGI

WSGI（Web Server Gateway Interface）は、Pythonウェブアプリケーションの標準である。Pythonクライアントは、既存のWSGIコードと併用できるWSGIアプリケーションを提供している。**例4-1**のmetrics_appは、リクエストされたのが/metricsパスなら、my_appに処理を委ねる。そうでなければ、通常のロジックを使う。WSGIアプリケーションをチェーン化すれば、クライアントライブラリが直接提供していない認証などのミドルウェアを追加できる。

例4-1　PythonでWSGIを使ってメトリクスを開示する

```
from prometheus_client import make_wsgi_app
from wsgiref.simple_server import make_server

metrics_app = make_wsgi_app()

def my_app(environ, start_fn):
    if environ['PATH_INFO'] == '/metrics':
        return metrics_app(environ, start_fn)
    start_fn('200 OK', [])
    return [b'Hello World']

if __name__ == '__main__':
    httpd = make_server('', 8000, my_app)
    httpd.serve_forever()
```

/metricsでなければならないのか

/metricsは、慣習によりPrometheusメトリクスが配信されるHTTPパスだが、これは所詮慣習であり、ほかのパスでメトリクスを配信することはできる。たとえば、アプリケーションですでに/metricsを使っている場合や/admin/プレフィックスの下に管理エンドポイントを置きたい場合である。

メトリクスがほかのパスから配信されていても、その種のエンドポイントは一般に/metricsと呼ばれている。

4.1.2 Twisted

Twistedは、Pythonで書かれたイベント駆動ネットワークエンジンである。WSGIをサポートしているので、**例4-2**に示すように、make_wsgi_appにプラグインできる。

例4-2 Twistedを使った開示

```
from prometheus_client import make_wsgi_app
from twisted.web.server import Site
from twisted.web.wsgi import WSGIResource
from twisted.web.resource import Resource
from twisted.internet import reactor

metrics_resource = WSGIResource(
        reactor, reactor.getThreadPool(), make_wsgi_app())

class HelloWorld(Resource):
      isLeaf = False
      def render_GET(self, request):
          return b"Hello World"

root = HelloWorld()
root.putChild(b'metrics', metrics_resource)

reactor.listenTCP(8000, Site(root))
reactor.run()
```

4.1.3 Gunicornによるマルチプロセス

Prometheusは、モニタリングしているアプリケーションが長命で、マルチスレッドであることを前提としている。しかし、これはCPython[†1]などのランタイムの実態とはかけ離れているところがある。

---

†1 CPythonは、Python標準実装の正式名である。Pythonの構文でCエクステンションを書くために使われるCythonと混同しないようにしていただきたい。

CPythonは、GIL（Global Interpreter Lock）のために、実質的にプロセッサコアは1個に制限されている。この制限を回避するために、一部のシステムは、Gunicornなどのツールを使ってワークロードを複数のプロセスに分散させている。

通常の形でPythonクライアントライブラリを使うと、個々のワーカプロセスが自分のメトリクスを追跡することになる。Prometheusがアプリケーションをスクレイピングしようとすると、それらのワーカプロセスのなかのひとつをランダムに選び、そのメトリクスを手に入れることになる。それでは情報の一部だけしか得られないし、カウンタが逆行しているように見えるなどの問題も抱えることになる。それに、ワーカプロセスは比較的短命になることがある。

Pythonクライアントは、この問題を解決するために、個々のワーカプロセスにはそれぞれのメトリクスを追跡させ、開示するときにすべてのワーカのすべてのメトリクスを結合して、マルチスレッドアプリケーションから得られるのと同じようなセマンティクスを実現することにした。ただし、このアプローチにも、process_メトリクスが開示されない、カスタムコレクタが開示されない、Pushgateway[†2]が使えないといった制限が残っている。

Gunicornを使う場合、クライアントライブラリにワーカプロセスが終了したタイミングを知らせる必要がある[†3]。これは、**例4-3**のような設定ファイルで実現できる。

例4-3　ワーカプロセスの終了タイミングを処理するGunicornのconfig.py

```
from prometheus_client import multiprocess

def child_exit(server, worker):
    multiprocess.mark_process_dead(worker.pid)
```

メトリクスを配信するためにはアプリケーションも必要だ。GunicornはWSGIを使っているので、make_wsgi_appが使える。また、レジストリにマルチプロセスメトリクスとローカルのデフォルトレジストリのメトリクスが混在するのを避けるために、MultiProcessCollectorのメトリクスだけを格納する**カスタムレジストリ**（custom registry）を作らなければならない（**例4-4**参照）。

例4-4　app.pyのGunicornアプリケーション

```
from prometheus_client import multiprocess, make_wsgi_app, CollectorRegistry
from prometheus_client import Counter, Gauge

REQUESTS = Counter("http_requests_total", "HTTP requests")
IN_PROGRESS = Gauge("http_requests_inprogress", "Inprogress HTTP requests",
        multiprocess_mode='livesum')

@IN_PROGRESS.track_inprogress()
def app(environ, start_fn):
```

†2　いずれにしてもPushgatewayはこのユースケースに適していないので、実際にはこれは問題にはならない。

†3　child_exitが追加されたのは、2017年3月にリリースされたバージョン19.7からである。

```
    REQUESTS.inc()
    if environ['PATH_INFO'] == '/metrics':
        registry = CollectorRegistry()
        multiprocess.MultiProcessCollector(registry)
        metrics_app = make_wsgi_app(registry)
        return metrics_app(environ, start_fn)
    start_fn('200 OK', [])
    return [b'Hello World']
```

例4-4からもわかるように、カウンタはいつも同じように動作する。サマリやヒストグラムも同様である。しかし、ゲージについては、`multiprocess_mode`を使ってオプションの設定を追加する。ゲージは、使い方によって次のように設定できる。

`all`

生きているか死んでいるかにかかわらず1つのプロセスにつき1つの時系列データを返すもので、デフォルトである。これを利用すると、PromQLで好きなように時系列データを集計できる。プロセスは、`pid`ラベルで区別される。

`liveall`

生きている1つのプロセスにつき1つの時系列データを返す。

`livesum`

生きているプロセスからの値を合計してひとつにまとめた時系列データを返す。すべてのプロセスの処理中のリクエスト数やリソース使用量といったもののモニタリングのために使う。プロセスは0以外の値を返して異常終了している場合があるので、死んだプロセスは除外される。

`max`

生きているかどうかにかかわらず、すべてのプロセスの値のなかの最大値をひとつにまとめた時系列データを返す。最後に何か（たとえばリクエストの処理）が起きたことを追跡したいときに役に立つ。そのなかには現時点では死んでいるプロセスの情報が含まれる場合がある。

`min`

生きているかどうかにかかわらず、すべてのプロセスの値のなかの最小値をひとつにまとめた時系列データを返す。

Gunicornを実行するためには、**例4-5**に示すように、若干の準備が必要になる。`prometheus_multiproc_dir`という環境変数を設定しなければならない。ここには、クライアントライブラリがメトリクスの追跡のために使う空ディレクトリを指定する。インストルメンテーションに加えられているかもしれない変更に対応するために、アプリケーションを起動する前にかならずこのディレクトリは空にしなければならない。

例4-5 環境を準備してから2個のワーカプロセスを使うGunicornを起動する

```
hostname $ export prometheus_multiproc_dir=$PWD/multiproc
hostname $ rm -rf $prometheus_multiproc_dir
hostname $ mkdir -p $prometheus_multiproc_dir
hostname $ gunicorn -w 2 -c config.py app:app
[2018-01-07 19:05:30 +0000] [9634] [INFO] Starting gunicorn 19.7.1
[2018-01-07 19:05:30 +0000] [9634] [INFO] Listening at: http://127.0.0.1:8000 (9634)
[2018-01-07 19:05:30 +0000] [9634] [INFO] Using worker: sync
[2018-01-07 19:05:30 +0000] [9639] [INFO] Booting worker with pid: 9639
[2018-01-07 19:05:30 +0000] [9640] [INFO] Booting worker with pid: 9640
```

/metricsには定義したふたつのメトリクスが表示されるが、python_infoとprocess_メトリクスは表示されない。

マルチプロセスモードの舞台裏

クライアントライブラリにとってはパフォーマンスが必要不可欠である。そのため、ワーカプロセスがUDPパケットを送るなどのネットワークを使う方法は、システムコールのオーバーヘッドのために論外である。通常のインストルメンテーションに引けを取らないスピードを持つものが必要だ。それは、ローカルのプロセスメモリと同程度に高速で、ほかのプロセスがアクセスできるものでなければならない。

そこで使われているのがmmapである。各プロセスは、メトリクスの追跡のためにmmapされたファイルを持っている。開示時には、すべてのファイルが読み出され、メトリクスが結合される。メモリ内でプロセスごとに分離されているメトリクス値を整列するために、ファイルに書き込むインストルメンテーションとそれを読み出す開示の間で排他制御を行わない。そして、新しい時系列データを追加するときには、2フェーズコミットが使われる。

カウンタ（サマリとヒストグラムも含む）は減少が認められないので、カウンタ関連のファイルはワーカプロセス終了後も残される。ゲージの場合、同じようにして意味があるかどうかはゲージの使われ方によって変わる。処理中のリクエスト数のようなメトリクスでは、生きているプロセスのメトリクスだけが必要だが、最後にリクエストが処理された時刻のようなメトリクスでは、生きているプロセスと終了したプロセスの両方を通じた最大値が必要である。これはゲージごとに設定できる。

各プロセスは、開示時に読み込まれなければならないいくつかのファイルをprometheus_multiproc_dirに作る。ワーカをひんぱんに起動、終了すると、数千個のファイルを処理しなければならなくなって開示が遅くなる場合がある。
ファイルの削除は、カウンタが減少するようなことを引き起こしかねないので危険だが、プロセスの起動、終了の回数を減らす努力をしたり（たとえば、ワーカが終了する前に処理できるリクエスト数の制限[†4]を緩めるか、取り除くなど）、アプリケーションを定期的に再起動してファイルを一掃したりすることはできる。

以上はGunicorn用の手順だが、multiprocessingモジュールなどPythonのその他のマルチプロセス環境でも同じアプローチを使える。

4.2 Go

Goでは、http.HandlerがHTTPハンドラを提供するための標準インタフェイスであり、Goクライアントライブラリとのインタフェイスはpromhttp.Handlerが提供している。**例4-6**のコードでexample.goというファイルを作ろう。

例4-6　インストルメンテーションと開示の方法を示す簡単なGoプログラム

```
package main

import (
  "log"
  "net/http"

  "github.com/prometheus/client_golang/prometheus"
  "github.com/prometheus/client_golang/prometheus/promauto"
  "github.com/prometheus/client_golang/prometheus/promhttp"
)

var (
  requests = promauto.NewCounter(
    prometheus.CounterOpts{
      Name: "hello_worlds_total",
      Help: "Hello Worlds requested.",
    })
)

func handler(w http.ResponseWriter, r *http.Request) {
  requests.Inc()
  w.Write([]byte("Hello World"))
}
```

†4　Gunicornの--max-requestsフラグはそのような制限の一例である。

```
func main() {
  http.HandleFunc("/", handler)
  http.Handle("/metrics", promhttp.Handler())
  log.Fatal(http.ListenAndServe(":8000", nil))
}
```

いつものように、依存ファイルをフェッチし、このコードを実行する。

```
hostname $ go get -d -u github.com/prometheus/client_golang/prometheus
hostname $ go run example.go
```

今の例では、デフォルトレジストリにメトリクスを自動的に登録するpromautoを使っていたが、そうしたくない場合は、代わりにprometheus.NewCounterを使ってから、init関数のなかでMustRegisterを使う。

```
func init() {
  prometheus.MustRegister(requests)
}
```

こうすると、メトリクスを作って使っているのにMustRegister呼び出しを忘れることが簡単に起きるので、少しコードが脆弱になる。

4.3 Java

Javaクライアントライブラリはsimpleclientとも呼ばれている。Javaにはもともとオリジナルクライアント（original client）と呼ばれるクライアントがあったが、それはクライアントライブラリの書き方に関する現在の実践やガイドラインの多くが確立される前に開発されたものだったので、今のものに刷新された。JVM（Java仮想マシン）上で実行される言語のインストルメンテーションでは、Javaクライアントを使う。

4.3.1 HTTPServer

JavaクライアントのHTTPServerクラスは、Pythonのstart_http_serverと同じように、Prometheusサーバを簡単に立ち上げられる（**例4-7**参照）。

例4-7 インストルメンテーションと開示の方法を示す簡単なJavaプログラム

```
import io.prometheus.client.Counter;
import io.prometheus.client.hotspot.DefaultExports;
import io.prometheus.client.exporter.HTTPServer;

public class Example {
  private static final Counter myCounter = Counter.build()
      .name("my_counter_total")
      .help("An example counter.").register();
```

```
  public static void main(String[] args) throws Exception {
    DefaultExports.initialize();
    HTTPServer server = new HTTPServer(8000);
    while (true) {
      myCounter.inc();
      Thread.sleep(1000);
    }
  }
}
```

一般にJavaではメトリクスはクラス内のstaticフィールドにして、1度だけしか登録されないようにしている。

さまざまなprocess、jvmメトリクスを機能させるためには、DefaultExports.initialize呼び出しが必要になる。一般に、すべてのJavaアプリケーションで1度だけmain関数などから呼び出す。しかし、DefaultExports.initializeはべき等でスレッドセーフなので、何度呼び出しても問題はない。

例4-7のコードを実行するためには、simpleclientの依存ファイルが必要になる。Mavenを使っている場合、pom.xmlファイルのdependenciesの部分は、**例4-8**のように記述する。

例4-8　例4-7のためのpom.xmlのdependencies

```
<dependencies>
  <dependency>
    <groupId>io.prometheus</groupId>
    <artifactId>simpleclient</artifactId>
    <version>0.3.0</version>
  </dependency>
  <dependency>
    <groupId>io.prometheus</groupId>
    <artifactId>simpleclient_hotspot</artifactId>
    <version>0.3.0</version>
  </dependency>
  <dependency>
    <groupId>io.prometheus</groupId>
    <artifactId>simpleclient_httpserver</artifactId>
    <version>0.3.0</version>
  </dependency>
</dependencies>
```

4.3.2 Servlet

Java、JVMのフレームワークの多くは、HTTPサーバとミドルウェアでHttpServletのサブクラスの利用をサポートしている。Jettyはそのようなサーバのひとつである。**例4-9**は、JavaクライアントのMetricsServletの使い方を示している。

例4-9 MetricsServletとJettyを使った開示の方法を示すJavaプログラム

```
import io.prometheus.client.Counter;
import io.prometheus.client.exporter.MetricsServlet;
import io.prometheus.client.hotspot.DefaultExports;
import javax.servlet.http.HttpServlet;
import javax.servlet.http.HttpServletRequest;
import javax.servlet.http.HttpServletResponse;
import javax.servlet.ServletException;
import org.eclipse.jetty.server.Server;
import org.eclipse.jetty.servlet.ServletContextHandler;
import org.eclipse.jetty.servlet.ServletHolder;
import java.io.IOException;

public class Example {
  static class ExampleServlet extends HttpServlet {
    private static final Counter requests = Counter.build()
        .name("hello_worlds_total")
        .help("Hello Worlds requested.").register();

    @Override
    protected void doGet(final HttpServletRequest req,
        final HttpServletResponse resp)
        throws ServletException, IOException {
      requests.inc();
      resp.getWriter().println("Hello World");
    }
  }

  public static void main(String[] args) throws Exception {
      DefaultExports.initialize();

      Server server = new Server(8000);
      ServletContextHandler context = new ServletContextHandler();
      context.setContextPath("/");
      server.setHandler(context);
      context.addServlet(new ServletHolder(new ExampleServlet()), "/");
      context.addServlet(new ServletHolder(new MetricsServlet()), "/metrics");

      server.start();
      server.join();
  }
}
```

この場合、依存ファイルとしてJavaクライアントも指定する必要がある。Mavenを使っている場合は、**例4-10**のように記述する。

例4-10 例4-9のためのpom.xmlのdependencies

```
<dependencies>
  <dependency>
    <groupId>io.prometheus</groupId>
    <artifactId>simpleclient</artifactId>
```

```
      <version>0.3.0</version>
    </dependency>
    <dependency>
      <groupId>io.prometheus</groupId>
      <artifactId>simpleclient_hotspot</artifactId>
      <version>0.3.0</version>
    </dependency>
    <dependency>
      <groupId>io.prometheus</groupId>
      <artifactId>simpleclient_servlet</artifactId>
      <version>0.3.0</version>
    </dependency>
    <dependency>
      <groupId>org.eclipse.jetty</groupId>
      <artifactId>jetty-servlet</artifactId>
      <version>8.2.0.v20160908</version>
    </dependency>
  </dependencies>
```

4.4 Pushgateway

バッチジョブは、一般に1時間に1度、あるいは1日に1度のように、定期的に実行される。バッチジョブは起動し、何らかの仕事を行って終了する。継続的に実行されるわけではないので、Prometheusはバッチジョブを文字通りの形ではスクレイプできない[†5]。そこで登場するのが**Pushgateway**（プッシュゲートウェイ）である。

Pushgateway[†6]は、サービスレベルバッチジョブのメトリクスキャッシュである。そのアーキテクチャは、**図4-1**のようになっている。バッチジョブの終了直前にメトリクスをプッシュするように使い、Pushgatewayは、個々のバッチジョブが最後にプッシュしたメトリクスだけを覚えている。Prometheusは、Pushgatewayからメトリクスをスクレイプし、得られたメトリクスをアラート、グラフのために使う。通常、PushgatewayはPrometheusのそばで実行する。

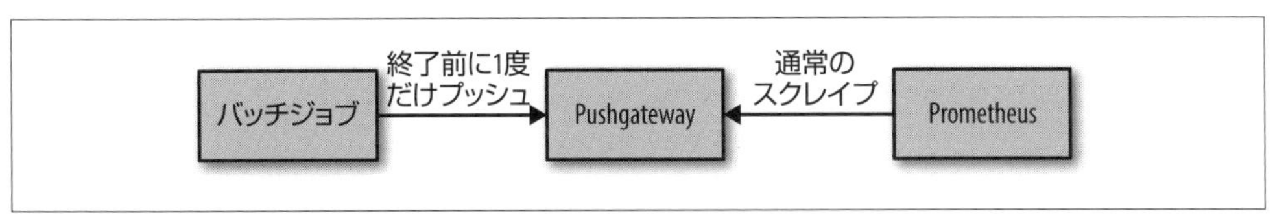

図4-1　Pushgatewayのアーキテクチャ

サービスレベルバッチジョブとは、適用される`instance`ラベルがないバッチジョブのことである。

---

†5　数分以上の時間がかかるバッチジョブでは、パフォーマンス問題のデバッグのためにHTTPを介した通常のスクレイプにも意味がある。

†6　くだけた文章ではpgwと呼ばれていることもある。

つまり、性質上、特定のマシンやプロセスインスタンスに限られることなく、ひとつのサービス全体に適用されるということである[†7]。バッチジョブがどこで実行されるかではなく、バッチジョブが実行されるかどうか（あるマシンのcronで実行されるようにセットアップされている場合も含む）が重要な意味を持つ場合、それはサービスレベルバッチジョブである。データセンタ単位で行われる不良マシンのチェックのためのバッチジョブやサービス全体を通じてガベージコレクションを行うバッチジョブなどがこれに含まれる。

PushgatewayはPrometheusをプル型からプッシュ型に変えるための手段ではない。たとえば、Prometheusのあるスクレイプと次のスクレイプとの間に数回のプッシュがあっても、Pushgatewayはそのバッチジョブの最後のプッシュしか返さない。これについては「20.4.3　ネットワークと認証」で掘り下げる。

Pushgatewayは、Prometheusのダウンロードページからダウンロードできる。Pushgatewayは、デフォルトで9091番のポートを使うexporterであり、Prometheusがこのポートをスクレイプするように設定する必要がある。しかし、それだけでなく、**例4-11**に示すように、スクレイプ設定で`honor_labels: true`も設定する必要がある。Pushgatewayにプッシュするメトリクスは`instance`ラベルを持っていてはならないのに、PrometheusがPushgatewayをスクレイプするときにメトリクスにPushgateway自身の`instance`ターゲットラベルが付けられてしまうのでは困るのだ[†8]。`honor_labels`については、「8.3.2　ラベルの衝突とhonor_labels」で説明する。

例4-11　prometheus.yml内のローカルのPushgatewayをスクレイプするための設定

```
scrape_configs:
 - job_name: pushgateway
   honor_labels: true
   static_configs:
    - targets:
      - localhost:9091
```

Pushgatewayへのプッシュにはクライアントライブラリが使える。**例4-12**は、Pythonバッチジョブで使うコードの構造を示している。選んだメトリクスだけがプッシュされるように、**カスタムレジストリ**を作っている。バッチジョブにかかった時間はかならずプッシュされ[†9]、バッチジョブの終了時刻は

†7　データベースバックアップなどのバッチジョブはマシンのライフサイクルに密接に結びついているので、Node exporterのtextfileコレクタの方がよい。これについては、「7.10　textfileコレクタ」で説明する。

†8　Pushgatewayは、`instance`ラベルのないメトリクスに明示的に空の`instance`ラベルをエクスポートする。`honor_labels: true`を追加すると、Prometheusはこれらのメトリクスに`instance`ラベルを適用しない。Prometheusでは、通常空ラベルとラベルなしは同じ意味だが、ここは例外である。

†9　サマリやヒストグラムと同様に、ゲージには`time`関数デコレータ、コンテキストマネージャがあるが、これはバッチジョブで使うことだけを想定したものである。

バッチジョブが成功したときに限りプッシュされる。

Pushgatewayへの書き込み方には3つの方法がある。Pythonの場合、それはpush_to_gateway、pushadd_to_gateway、delete_from_gateway関数になっている。

push

このジョブの既存メトリクスはすべて削除され、プッシュされたメトリクスが追加される。内部では、HTTPのPUTメソッドが使われている。

pushadd

このジョブの同名の既存メトリクスは、プッシュされたメトリクスによって上書きされる。名前の異なる既存メトリクスはそのまま残される。内部では、HTTPのPOSTメソッドが使われている。

delete

このジョブのメトリクスを削除する。内部では、HTTPのDELETEメソッドが使われている。

例4-12はpushadd_to_gatewayを使っているので、my_job_duration_secondsの値はかならず書き換えられる。しかし、my_job_last_success_secondsの値は例外が起きなかったときに限り書き換えられる。my_job_last_success_secondsは、レジストリに追加されてからプッシュされる。

例4-12 バッチジョブをインストルメントし、メトリクスをPushgatewayにプッシュする

```
from prometheus_client import CollectorRegistry, Gauge, pushadd_to_gateway

registry = CollectorRegistry()
duration = Gauge('my_job_duration_seconds',
        'Duration of my batch job in seconds', registry=registry)
try:
    with duration.time():
        # ここに独自コードを入れる
        pass

    # この部分は例外が起きなかったときに限り実行される
    g = Gauge('my_job_last_success_seconds',
            'Last time my batch job successfully finished', registry=registry)
    g.set_to_current_time()
finally:
    pushadd_to_gateway('localhost:9091', job='batch', registry=registry)
```

プッシュされたデータは、**図4-2**のようにステータスページに表示される。コードにないpush_time_secondsというメトリクスは、Pushgatewayによって追加されたものである。Prometheusは、Pushgatewayメトリクスのタイムスタンプとしてスクレイプした時刻を使うため、最後にデータがプッシュされた実際の時刻はpush_time_secondsで調べる。

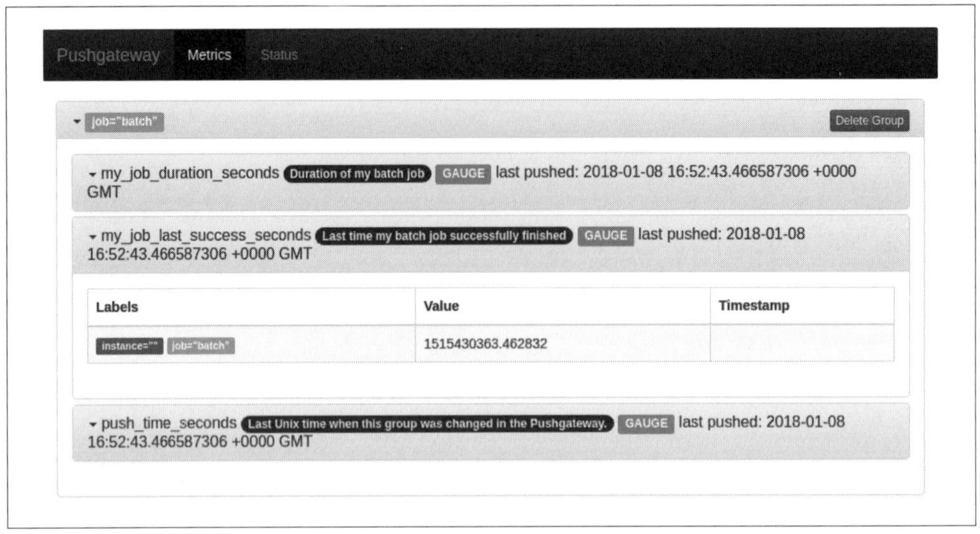

図4-2　プッシュから得られたメトリクスを示すPushgatewayのステータスページ

プッシュが**グループ**（group）と呼ばれていることに注意していただきたい。プッシュ時には、`job`ラベルのほかにもラベルを付けられるが、これらのラベルはすべて**グルーピングキー**（grouping key）と呼ばれるものである。Pythonでは、グルーピングキーは`grouping_key`というキーワード引数で指定する。グルーピングキーは、バッチジョブがシャーディングなどによって分割されているときに使う。たとえば、30個のデータベースのシャードがあり、それぞれがそれぞれのバッチジョブを抱えている場合には、`shard`ラベルでそれらを区別する。

プッシュしたグループは、Pushgatewayにいつまでも残る。バッチジョブごとに値が変わるようなグルーピングキーは使わないようにすべきだ。そのようなことをすれば、メトリクスが扱いにくくなり、パフォーマンス問題の原因になる。バッチジョブを廃止するときには、Pushgatewayからそのジョブのメトリクスを削除することを忘れてはならない。

4.5 ブリッジ

Prometheusのクライアントライブラリは、メトリクスを出力するときにPrometheus形式しか使えないわけではない。インストルメンテーションと開示の間で問題を切り分けているので、メトリクスは好きなように処理できる。

たとえば、Go、Python、Javaクライアントには**Graphiteブリッジ**（Graphite bridge）が含まれている。ブリッジは、クライアントライブラリのレジストリからメトリクスを取り出し、Prometheus以外の形式で出力する。そこで、Graphiteブリッジは、**例4-13**に示すようにGraphiteが理解できる形式にメトリクスを変換し[†10]、Graphiteに送り込む。

例4-13 PythonクライアントのGraphiteBridgeを使って10秒ごとにGraphiteにプッシュする

```
import time
from prometheus_client.bridge.graphite import GraphiteBridge

gb = GraphiteBridge(['graphite.your.org', 2003])
gb.start(10)
while True:
    time.sleep(1)
```

このようなことができるのは、レジストリに現在のすべてのメトリクスのスナップショットを作成するためのメソッドがあるからだ。メソッド名は、PythonではCollectorRegistry.collect、JavaではCollectorRegistry.metricFamilySamples、GoではRegistry.Gatherである。これはHTTPによる開示でも使われているメソッドであり、ユーザコードでも使える。たとえば、このメソッドを使えば、Prometheus以外のほかのライブラリにデータを供給できる[†11]。

ダイレクトインストルメンテーションにフックしたい場合には、レジストリによるメトリクス出力を使うようにすべきだ。メトリクスベースのモニタリングシステムでカウンタがインクリメントされたすべてのタイミングを知りたいと思ってもナンセンスだが、インクリメントのタイミングはCollectorRegistry.collectがすでに提供しているので、カスタムコレクタではこれが使える。

4.6 パーサ

クライアントライブラリのレジストリによってメトリクスの出力にアクセスできるだけでなく、Go[†12]とPythonのクライアントは、Prometheusのメトリクス開示形式のパーサを持っている。**例4-14**は、ただ単にサンプルを出力するだけだが、ほかのモニタリングシステムやローカルツールにPrometheusのメトリクスを供給することもできる。

例4-14 PythonクライアントによるPrometheusテキスト形式のパース

```
from prometheus_client.parser import text_string_to_metric_families

for family in text_string_to_metric_families(u"counter_total 1.0\n"):
  for sample in family.samples:
```

†10 ラベルはメトリクス名の一部として組み込まれる。Graphiteがタグ（すなわちラベル）をサポートしたのは1.1.0からであり、つい最近のことだ。

†11 これは双方向でできる。つまり、同じような機能を持つほかのインストルメンテーションライブラリは、Prometheusクライアントライブラリに自分のメトリクスを供給できる。これについては「12.2 カスタムコレクタ」で説明する。

†12 Goクライアントのパーサがリファレンス実装である。

```
print("Name: {0} Labels: {1} Value: {2}".format(*sample))
```

モニタリングシステムのなかには、DataDog、InfluxDB、Sensu、Metricbeat[†13]などのように、テキスト形式をパースできるコンポーネントを持っているものがある。これらのモニタリングシステムのどれかを使えば、Prometheusサーバを実行していなくてもPrometheusエコシステムを利用できる。現在、さまざまなモニタリングシステムが重複した作業を行っていながらも、私個人としては、これはよいことだと思っている。重複した作業というのは、それぞれのモニタリングシステムは、広く使われているソフトウェアが提供するカスタムメトリクス出力をサポートするために同じようなコードを書かなければならないといったことだ。OpenMetricsというプロジェクトは、Prometheusの開示形式からスタートしてメトリクスの出力形式を標準化することを目指している。OpenMetricsにはさまざまなモニタリングシステムの開発者が参加しており、私自身も参加している[†14]。

4.7 メトリクスの開示形式

Prometheusのテキスト開示形式は、比較的簡単に生成、パースできる。処理はほとんどの場合クライアントライブラリに委ねるべきだが、Node exporterのtextfileコレクタ（「7.10 textfileコレクタ」参照）のように、自分でこの形式のテキストを生成しなければならないときもある。

ここでは、バージョン0.0.4のテキスト形式を説明する。この形式は、次のようなコンテンツタイプヘッダを持っている。

```
Content-Type: text/plain; version=0.0.4; charset=utf-8
```

もっとも簡単な例は、メトリクス名の後ろに64ビット浮動小数点数が続く形である。各行は、改行文字（\n）で終わる。

```
my_counter_total 14
a_small_gauge 8.3e-96
```

Prometheus 1.0では、わずかに効率のよい（2～3%）プロトコルバッファ（Protocol Buffers）形式もサポートされていた。しかし、プロトコルバッファ形式だけを開示していたexporterは、文字通り指で数えられるくらいしかなかった。Prometheus 2.0におけるストレージとインジェストのパフォーマンス向上は、テキスト形式と結びついたものだったので、現在ではテキスト形式だけが使われている。

---

†13　Elasticsearchスタックの一部である。

†14　監訳注：OpenMetricsは、2018年8月にCNCFのサンドボックスプロジェクトとなった。

4.7.1 メトリクスタイプ

より完全な出力には、**例4-15**に示すように、メトリクスのHELPとTYPEが含まれる。HELPはメトリクスがどういうものなのかについての説明で、一般にスクレイプごとに変えてはならない。TYPEはcounter、gauge、summary、histogram、untypedのどれかである。untypedはメトリクスのタイプがわからないときに使われるもので、タイプを指定しない場合のデフォルトである。現在のPrometheusはHELPとTYPEを捨ててしまっているが、将来はクエリを書くときの参考のためにGrafanaなどのツールで使われるようになるだろう[†15]。重複するメトリクスを持つことはできないので、ひとつのメトリクスに属する時系列データはすべてグループにまとめるようにすべきだ。

例4-15　gauge、counter、summary、histogramの開示形式

```
# HELP example_gauge An example gauge
# TYPE example_gauge gauge
example_gauge -0.7
# HELP my_counter_total An example counter
# TYPE my_counter_total counter
my_counter_total 14
# HELP my_summary An example summary
# TYPE my_summary summary
my_summary_sum 0.6
my_summary_count 19
# HELP my_histogram An example histogram
# TYPE my_histogram histogram
latency_seconds_bucket{le="0.1"} 7
latency_seconds_bucket{le="0.2"} 18
latency_seconds_bucket{le="0.4"} 24
latency_seconds_bucket{le="0.8"} 28
latency_seconds_bucket{le="+Inf"} 29
latency_seconds_sum 0.6
latency_seconds_count 29
```

ヒストグラムでは、_countは+Infバケットと一致していなければならない。そして、+Infバケットはかならず存在していなければならない。PromQLのhistogram_quantile関数で問題が起きるので、バケットはスクレイプごとに変えてはならない。leラベルは値が浮動小数点数で、ソートされていなければならない。leは以下（less than or equal to）という意味であり、ヒストグラムのバケットは累積的だということに注意する必要がある。

4.7.2 ラベル

上の例のヒストグラムの部分は、ラベルの表現方法も示している。複数のラベルはカンマで区切る。

---

†15　監訳注：Prometheus 2.4.0からTYPEとHELPといったメトリクスのメタデータを取得できるAPIが追加されている。この機能は2019年2月時点で実験的（experimental）であることに注意してほしい。https://prometheus.io/docs/prometheus/latest/querying/api/#querying-target-metadata

閉じ波かっこの前にカンマが入っていてもかまわない。

ラベルの順序に決まりはないが、スクレイプが違っても同じ順序になるようにした方がよい。そうすれば、ユニットテストが書きやすくなり、Prometheusのインジェストのパフォーマンスを最高水準に保てる。

```
# HELP my_summary An example summary
# TYPE my_summary summary
my_summary_sum{foo="bar",baz="quu"} 1.8
my_summary_count{foo="bar",baz="quu"} 453
my_summary_sum{foo="blaa",baz=""} 0
my_summary_count{foo="blaa",baz="quu"} 0
```

5章の「5.3.3 子」で説明するように、子が初期化されていなければ、時系列データを持たないメトリクスを持つことができる。

```
# HELP a_counter_total An example counter
# TYPE a_counter_total counter
```

4.7.3 エスケープ

この形式はUTF-8で符号化されており、HELPとラベルの値の両方でUTF-8のすべての文字を使うことができる[†16]。そのため、バックスラッシュを使うと問題が起きるような文字はバックスラッシュでエスケープする必要がある。HELPでは、改行とバックスラッシュがこれに当たる。ラベルの値では、改行、バックスラッシュ、ダブルクォートがこれに当たる[†17]。余分な空白文字は無視される。

```
# HELP escaping A newline \\n and backslash \\ escaped
# TYPE escaping gauge
escaping{foo="newline \\n backslash \\ double quote \" "} 1
```

4.7.4 タイムスタンプ

時系列データにはタイムスタンプを指定できる。タイムスタンプはUnixエポック[†18]からのミリ秒を表す整数値で、値の後ろに書く。開示形式内のタイムスタンプは、ユースケースが限られており（フェデレーションなど）、限界があるため、一般に避けるべきだとされている。スクレイプのタイムスタンプは、通常Prometheusが自動的に付ける。名前とラベルが同じでタイムスタンプが異なる複数の行を指定したときにどうなるかは定義されていない。

```
# HELP foo I'm trapped in a client library
# TYPE foo gauge
foo 1 15100992000000
```

---

†16 NULLバイトは有効なUTF-8文字である。

†17 思われた通り、この形式には、2種類の異なるエスケープルールがある。

†18 協定世界時（UTC）の1970年1月1日午前0時0分0秒。

4.7.5 メトリクスのチェック

Prometheus 2.0は、効率を上げるためにカスタムパーサを使っている。そのため、/metricsがスクレイプできるからといって、メトリクスが開示形式に準拠しているとは限らない。

PrometheusにはPromtoolというユーティリティが含まれている。このツールには、メトリクスの出力が有効な形式かどうかをチェックし、lintチェックを行う機能が含まれている。

```
curl http://localhost:8000/metrics | promtool check-metrics
```

よくある間違いとしては、最終行の改行忘れ、復帰改行(\r\n)の使用[†19]、メトリクスやラベルの無効な名前などがある。メトリクスやラベルの名前にはハイフンを使えないことと先頭が数字であってはならないことを忘れないようにしよう。

これでテキスト形式の生きた知識が身についた。完全な定義は、Prometheusの公式ドキュメント[†20]で知ることができる。

今まで何度かラベルについて触れてきた。次章では、ラベルとは何かを詳しく学ぼう。

---

†19 Windowsでは行末を示すために\r\nを使っているが、Unixでは\nを使っている。PrometheusはUnixの伝統に従い、\nを使っている。

†20 監訳注：https://prometheus.io/docs/instrumenting/exposition_formats/

5章 ラベル

ラベルはPrometheusの重要な構成要素であり、Prometheusを強力にしている要因のひとつである。この章では、ラベルとは何か、ソースはどこか、自分のメトリクスにラベルを追加するにはどうすればよいかを学ぶ。

5.1 ラベルとは何か

ラベルは、時系列データに関連付けられたキーバリューペアで、メトリクス名とともに時系列データを一意に識別する。このように言うと少しややこしいので、早速例を見てみよう。

パスで区切られたHTTPリクエストのためのメトリクスがある場合、Graphite[†1]のように、メトリクス名にパスを入れたくなるかもしれない。

```
http_requests_login_total
http_requests_logout_total
http_requests_adduser_total
http_requests_comment_total
http_requests_view_total
```

これでは、PromQLでメトリクスを操作するときに大変になってしまう。リクエスト全体の数を計算するためには、あらゆるHTTPパスを知っているか、コストがかかりそうな何らかの形のマッチング処理を行ってすべてのメソッド名を拾い上げる必要がある。そういうわけで、これは避けるべきアンチパターンとなっている。Prometheusは、このよくあるユースケースに対応するためにラベルという機能を用意している。上のような場合は、pathラベルを使えばよい。

```
http_requests_total{path="/login"}
http_requests_total{path="/logout"}
http_requests_total{path="/adduser"}
http_requests_total{path="/comment"}
http_requests_total{path="/view"}
```

†1　Graphiteはアンダースコアではなくピリオドを使う。

こうすれば、`http_requests_total`メトリクスは、すべての`path`ラベルをひとつにまとめたものとして扱うことができる。PromQLでは、全体としてのリクエスト率、ひとつのパスだけのリクエスト率、個々のリクエストが全体のなかで占める割合などを計算できる。

複数のラベルを持つメトリクスも作れる。ラベルには順位はないので、ほかのラベルを無視して指定したラベルで集計できる。1度に複数のラベルで集計することさえできる。

5.2 インストルメンテーションラベルとターゲットラベル

ラベルは、ソースによって**インストルメンテーションラベル**（instrumentation label）と**ターゲットラベル**（target label）に分類される。PromQLでラベルを扱うときには両者の間には違いはないが、ラベルのメリットを最大限に享受したければ、両者の区別は重要である。

インストルメンテーションラベルは、名前からもわかるように、インストルメンテーションで指定されるものである。受信するHTTPリクエストのタイプ、やり取りするデータベースの名前、その他システム内の具体的な情報といったアプリケーションやライブラリの内部でわかっているものを表す。

それに対し、ターゲットラベルは、モニタリングの特定の対象を識別する。つまり、Prometheusがスクレイプする対象である。ターゲットラベルはどちらかと言うとアーキテクチャにかかわる情報で、どのアプリケーションか、どのデータセンタにあるか、開発環境と本番環境のどちらか、オーナーのチームはどこか、そして当然ながら、アプリケーションのどのインスタンスなのかといったものである。ターゲットラベルは、Prometheusがメトリクスをスクレイプするプロセスの一部という形で付けられる。

異なるチームが実行する異なるPrometheusサーバは、「チーム」、「リージョン」、「サービス」について異なる見方をしているかもしれないので、インストルメントされるアプリケーションが自分でそれらのラベルを開示しようとしてはならない。そのため、クライアントライブラリには、ターゲットのすべてのメトリクスにラベル[†2]を付ける機能は含まれていない。ターゲットラベルはサービスディスカバリとリラベル[†3]によって得られるものであり、**8章**で詳しく説明する。

5.3 インストルメンテーション

例3-3を拡張してラベルを使うようにしてみよう。**例5-1**では、定義のなかに`labelnames=['path']`[†4]

†2 またはメトリクス名に対するプレフィックス。

†3 Pushgatewayを使う場合、個々のPushgatewayグループはある意味ではモニタリングターゲットなので、アプリケーションがターゲットラベルを指定することがある。これについては、機能だと言う人もいれば、プッシュベースモニタリングの限界だと言う人もいるだろう。

†4 Pythonでは、`labelnames='path'`としないように注意しなければならない。これでは`labelnames=['p', 'a', 't', 'h']`と同じになってしまう。これは、Pythonで引っかかりやすい落とし穴のひとつである。

が含まれている。これは、メトリクスがpathというラベルを持つことを示す。インストルメンテーションでメトリクスを使うときには、ラベルの値を引数とするlabels呼び出しを追加しなければならない[†5]。

例5-1 カウンタメトリクスのためにラベルを使っているPythonアプリケーション

```
import http.server
from prometheus_client import start_http_server, Counter

REQUESTS = Counter('hello_worlds_total',
        'Hello Worlds requested.',
        labelnames=['path'])

class MyHandler(http.server.BaseHTTPRequestHandler):
    def do_GET(self):
        REQUESTS.labels(self.path).inc()
        self.send_response(200)
        self.end_headers()
        self.wfile.write(b"Hello World")

if __name__ == "__main__":
    start_http_server(8000)
    server = http.server.HTTPServer(('localhost', 8001), MyHandler)
    server.serve_forever()
```

http://localhost:8001/とhttp://localhost:8001/fooにアクセスしてから、http://localhost:8000/metricsのメトリクスページを見ると、それぞれのパスの時系列データが表示される。

```
# HELP hello_worlds_total Hello Worlds requested.
# TYPE hello_worlds_total counter
hello_worlds_total{path="/favicon.ico"} 6.0
hello_worlds_total{path="/"} 4.0
hello_worlds_total{path="/foo"} 1.0
```

ラベル名は使える文字に制限がある。先頭は英字（aからzとAからZ）で、そのあとは英字、数字、アンダースコアのどれかでなければならない。これは、コロンが使えないことを除けば、メトリクス名の制限と同じである。

メトリクス名とは異なり、ラベル名には一般に名前空間を含めない。しかし、インストルメンテーションラベルを定義するときには、env、cluster、service、team、zone、regionのようにターゲットラベルとして使われそうな名前は避けるようにすべきだ。また、typeも漠然とし過ぎているのでラベル名としてはお薦めできない。ラベル名はスネークケースで書く慣習になっている。

ラベルの値には、任意のUTF-8文字を使える。値を空にすることもできるが、Prometheusサーバ内では一見したところラベルがないのと同じように見えて少し紛らわしいかもしれない。

†5 Javaでもlabelsというメソッドを使う。Goで同じ意味を持つのは、WithLabelValuesである。

予約済みラベルと__name__

ラベル名はアンダースコアで始められるが、そのようなラベルは避けた方がよい。ダブルアンダースコア（__）で始まるラベル名は予約されている。

Prometheus内部では、メトリクス名も`__name__`という名前のラベルのひとつに過ぎない[†6]。`up`という式は、`{__name__="up"}`という式のシンタックスシュガー（syntactic sugar）で、「15.2 ベクトルマッチング」で説明するように、PromQL演算子とともに使うと特別なセマンティクスがある。

5.3.1 メトリクス

もうお気付きかもしれないが、**メトリクス**（metric）という単語には少し曖昧なところがあり、文脈によって別のものを意味する。メトリクスは、メトリクスファミリ、子（child）、時系列データのどれかを意味する。

```
# HELP latency_seconds Latency in seconds.
# TYPE latency_seconds summary
latency_seconds_sum{path="/foo"} 1.0
latency_seconds_count{path="/foo"} 2.0
latency_seconds_sum{path="/bar"} 3.0
latency_seconds_count{path="/bar"} 4.0
```

`latency_seconds_sum{path="/bar"}`は時系列データであり、名前とラベルによって区別される。PromQLが扱うのはこれである。

`latency_seconds{path="/bar"}`は子であり、Pythonクライアントの`labels()`の戻り値が表すものである。サマリの場合、`_sum`と`_count`の時系列データがそれらのラベルとともに含まれている。

`latency_seconds`はメトリクスファミリである。これはメトリクス名とメトリクスタイプに過ぎない。クライアントライブラリを使うときのメトリクス定義はこれだ。

ラベルのないゲージメトリクスでは、メトリクスファミリ、子、時系列データは同じである。

5.3.2 複数のラベル

メトリクスを定義するときには、任意の個数のラベルを指定できる。ラベルの値は、そのあとの`labels`呼び出しで定義時と同じ順序で指定する（**例5-2**参照）。

---

†6　これは、Pythonコードで見られる`__name__`とは異なる。

例5-2 hello_worlds_totalはpath、methodラベルを持つ

```
REQUESTS = Counter('hello_worlds_total',
        'Hello Worlds requested.',
        labelnames=['path', 'method'])

class MyHandler(http.server.BaseHTTPRequestHandler):
    def do_GET(self):
        REQUESTS.labels(self.path, self.command).inc()
        self.send_response(200)
        self.end_headers()
        self.wfile.write(b"Hello World")
```

PythonとGoでは、ラベル名と値によるマップを渡すこともできるが、ラベル名はメトリクス定義で使ったものと一致していなければならない。この方法を使えば、引数の順序を間違えにくくなるが、もしそういうリスクが本当にあるのなら、ラベル数が多すぎるかもしれない。

メトリクスのラベル名として定義したものと違うものを指定することはできず、クライアントライブラリはそんなことを認めないだろう。メトリクスを操作するときには、どのようなラベルがあるかを把握しておくことが大切であり、ダイレクトインストルメンテーションを行うときには、あらかじめラベル名を知っていなければならない。ラベルを知らない場合には、ラベルを知るためにログベースモニタリングツールが必要になるだろう。

5.3.3 子

Pythonのlabelsメソッドが返してくる値を**子**（child）と呼ぶ。子はあとで使えるように保存しておくことができる。そうすると、インストルメンテーションのたびにルックアップする必要がなくなり、1秒に数十万回も呼び出されてパフォーマンスが要求されるコードで時間を節約できる。私がJavaクライアントを使ったベンチマークで調べたところでは、競合なしの状態で子のルックアップには30ナノ秒かかったが、実際のインクリメントにかかった時間は12ナノ秒だった[†7]。

オブジェクトがメトリクスのひとつの子だけを参照するときには、共通パターンとして**例5-3**のようにlabelsを1度だけ呼び出して、戻り値をそのオブジェクトに格納するとよい。

例5-3 子をそれぞれの名前を持つキャッシュに格納する単純なPythonキャッシュ

```
from prometheus_client import Counter

FETCHES = Counter('cache_fetches_total',
        'Fetches from the cache.',
        labelnames=['cache'])
```

†7 引数としてメトリクス名を取るPrometheusクライアントライブラリのファサード（facade）やラッパーを作りたい気持ちになるのはわかるが、このルックアップのコストがかかるので止めた方がよい。いちいちルックアップしなければならないような形を避け、ファイルレベルの変数にメトリクスオブジェクトのアドレスを格納した方が、単純でコストがかからず、セマンティクスとしてもよい。

```
class MyCache(object):
    def __init__(self, name):
        self._fetches = FETCHES.labels(name)
        self._cache = {}

    def fetch(self, item):
        self._fetches.inc()
        return self._cache.get(item)

    def store(self, item, value):
        self._cache[item] = value
```

コードで子を扱う場所としては、初期化もある。子が/metricsに表示されるのは、labelsを呼び出してからである[†8]。これはPromQLで問題になる。現れたり消えたりする時系列データはとても扱いにくい。そのため、できる限り**例5-4**に示すように起動時に子を初期化するようにすべきだ。もっとも、**例5-3**のパターンに従えば、これは自動的に行われる。

例5-4 アプリケーション起動時にメトリクスの子を初期化する

```
from prometheus_client import Counter

REQUESTS = Counter('http_requests_total',
        'HTTP requests.',
        labelnames=['path'])
REQUESTS.labels('/foo')
REQUESTS.labels('/bar')
```

Pythonデコレータを使うときには、**例5-5**に示すように、戻り値のメソッドをすぐに呼び出さずにlabelsを使うこともある。

例5-5 Pythonでlabelsとデコレータを併用する

```
from prometheus_client import Summary

LATENCY = Summary('http_requests_latency_seconds',
        'HTTP request latency.',
        labelnames=['path'])

foo = LATENCY.labels('/foo')
@foo.time()
def foo_handler(params):
    pass
```

†8 ラベルのないメトリクスではこの部分は自動的に行われる。

クライアントライブラリは、通常、メトリクスから子を取り除くメソッドを提供している。この種のメソッドを使うのは、ユニットテストだけにすべきだ。PromQLのセマンティクスから考えると、1度現れた子は、プロセスが終了するまで存在し続けるようにすべきだ。そうでなければ、rateなどの関数がおかしな値を返すことになる。これらのメソッドは、labelsが以前に返した値の無効化も行う。

5.4 集計

ラベルによってインストルメンテーションから得られるデータが一挙に増えたので、早速PromQLでそれを使ってみよう。詳しくは14章で説明するが、この段階でもラベルの威力を体験してもらいたい。

例5-2のhello_worlds_totalは、pathとmethodのふたつのラベルを持っている。hello_worlds_totalはカウンタなので、まずrate関数を使わなければならない。**表5-1**は、ふたつのアプリケーションインスタンスがHTTPパスとメソッドが異なるリクエストをいくつ処理したかを示す出力例である。

表5-1 rate(hello_worlds_total[5m])の出力

{job="myjob",instance="localhost:1234",path="/foo",method="GET"}	1
{job="myjob",instance="localhost:1234",path="/foo",method="POST"}	2
{job="myjob",instance="localhost:1234",path="/bar",method="GET"}	4
{job="myjob",instance="localhost:5678",path="/foo",method="GET"}	8
{job="myjob",instance="localhost:5678",path="/foo",method="POST"}	16
{job="myjob",instance="localhost:5678",path="/bar",method="GET"}	32

単純な例にしては時系列データがたくさんあるので、ちょっとわかりにくい。まず、pathラベルの違いを無視する形で集計してみよう。サンプル同士を加算したいのでsumを使う。without句で取り除きたいラベルを指定する。すると、使うべき式はsum without(path)(rate(hello_worlds_total[5m]))となる。**表5-2**は、これを実行したときの出力である。

表5-2 sum without(path)(rate(hello_worlds_total[5m]))の出力

{job="myjob",instance="localhost:1234",method="GET"}	5
{job="myjob",instance="localhost:1234",method="POST"}	2
{job="myjob",instance="localhost:5678",method="GET"}	40
{job="myjob",instance="localhost:5678",method="POST"}	16

インスタンスの数が数十万になることは特別なことではない。私の経験では、ダッシュボードで個別のインスタンスを見たいと思うのは、インスタンス数がせいぜい3個から5個くらいまでのシステムまでである。そこで、without句を拡張してinstanceラベルも追加しよう。得られる結果は**表5-3**のようになる。**表5-1**から予想されるように、GETメソッドのリクエストは1秒間に1+4+8+32=45回、POSTメソッドのリクエストは1秒間に2+16=18回である。

表5-3 sum without(path, instance)(rate(hello_worlds_total[5m]))の出力

{job="myjob",method="GET"}	45
{job="myjob",method="POST"}	18

ラベルには優先順位はないので、pathを無視したのと同じように、**表5-4**のようにmethodを無視して集計することもできる。

表5-4 sum without(method, instance)(rate(hello_worlds_total[5m]))の出力

{job="myjob",path="/foo"}	27
{job="myjob",path="/bar"}	36

指定したラベルだけを残すby句もあるが、withoutを使った方がよい。withoutなら、ほかにenv、regionなどのラベルがあっても、それらは失われない。ほかの人にルールをシェアするときにも、その方が役に立つ。

5.5 ラベルのパターン

Prometheusは時系列データの値として64ビット浮動小数点数だけをサポートしており、文字列などのデータ型は使っていない。しかし、ラベルの値は文字列であり、ログベースのモニタリングの領域に過度に踏み込まずに使っても（濫用しても）かまわないようなユースケースがある。

5.5.1 列挙

文字列の一般的なユースケースとしてまず思いつくのは**列挙**（enum）である。たとえば、あるリソースが取り得る状態がSTARTING、RUNNING、STOPPING、TERMINATEDの4種類のなかのどれかだというような場合だ。

この情報は、STARTINGを0、RUNNINGを1、STOPPINGを2、TERMINATEDを3で表すゲージで開示できる[†9]。しかし、これではPromQLで少し使いづらい。0から3までの数値では、透明性に欠ける。それに、リソースがSTARTING状態で使った時間の割合をひとつの式で計算できない。

この問題は、ゲージに状態のためのラベルを追加すると解決できる。取り得る個々の状態を子にするのである。Prometheusからブール値を開示するときには、真なら1、偽なら0を使う。そこで、子のひとつが1でほかの子はすべて0にすると、**例5-6**のようなメトリクスになる。

†9 Cなどの言語の列挙型はこのような仕組みになっている。

例5-6 列挙の例。blaaリソースはRUNNING状態になっている

```
# HELP gauge The current state of resources.
# TYPE gauge resource_state
resource_state{resource_state="STARTING",resource="blaa"} 0
resource_state{resource_state="RUNNING",resource="blaa"} 1
resource_state{resource_state="STOPPING",resource="blaa"} 0
resource_state{resource_state="TERMINATED",resource="blaa"} 0
```

いつも0という値があるので、PromQLのavg_over_time(resource_state[1h])式を使えば、各状態で使った時間の割合を計算できる。また、sum without(resource)(resource_state)を使ってresource_stateごとに集計すれば、各状態のリソース数がわかる。

そのようなメトリクスを作りたいときには、ゲージのsetメソッドが使えそうな感じがするが、それでは競合に対処できない。スクレイプのタイミングによって、1の状態が0個だったり2個だったりすることがあるということだ。状態遷移の途中でゲージを開示しないように、状態遷移を隔離する方法が必要だ。

この問題は、「12.2 カスタムコレクタ」で詳しく説明する**カスタムコレクタ**を使えば解決できる。**例5-7**の基本実装を見れば、どうすればよいかのイメージがつかめるだろう。ただし、実際には、この例のような独立したクラスを使うのではなく、既存クラスにこのようなコードを追加することになる[†10]。

例5-7 列挙として使われているゲージのためのカスタムコレクタ

```
from threading import Lock
from prometheus_client.core import GaugeMetricFamily, REGISTRY

class StateMetric(object):
    def __init__(self):
        self._resource_states = {}
        self._STATES = ["STARTING", "RUNNING", "STOPPING", "TERMINATED",]
        self._mutex = Lock()

    def set_state(self, resource, state):
        with self._mutex:
            self._resource_states[resource] = state

    def collect(self):
        family = GaugeMetricFamily("resource_state",
                "The current state of resources.",
                labels=["resource_state", "resource"])
        with self._mutex:
            for resource, state in self._resource_states.items():
                for s in self._STATES:
                    family.add_metric([s, resource], 1 if s == state else 0)
```

†10 クライアントライブラリの将来のバージョンは、列挙を簡単に扱えるようにするユーティリティが提供されるようになるだろう。たとえば、OpenMetricsは、状態セット（state set）型を設けることを計画している。列挙は状態セット型の特殊ケースになる。

```
        yield family

sm = StateMetric()
REGISTRY.register(sm)

# Use the StateMetric.
sm.set_state("blaa", "RUNNING")
```

列挙ゲージは、ゲージの通常のセマンティクスに従う通常のゲージなので、特別なサフィックスは不要である。

このテクニックには、意識すべき限界があることに注意しよう。状態数とその他のラベルの組み合わせの数が非常に大きくなると、サンプルや時系列データの量が多くなってパフォーマンス問題が起きることがある。同じような状態をひとつにまとめるような努力をしても、最悪の場合は、0から3のような値を持つゲージで列挙を表し、PromQLで面倒な計算をせざるを得ない場合がある。これについては「5.6.1 カーディナリティ」で詳しく説明する。

5.5.2 info

文字列の第2の一般的なユースケースは、**infoメトリクス**（info metric）である。歴史的な理由から**マシンロール**（machine roles）[†11]と呼ばれているのを見かけることもあるかもしれない。infoメトリクスは、バージョン番号などのビルド情報のアノテーションとして役に立つ。これらはクエリの対象として使うと役立つが、ターゲットのすべてのメトリクスに適用されるターゲットラベル（「8.2.2 ターゲットラベル」参照）として使うのは無意味な情報である。

このような情報については、ターゲットのアノテーションとして使いたいすべての文字列をラベルとし、値を1とするゲージを使うという慣習が生まれ、定着してきており、この種のゲージには、_infoというサフィックスを付けることになっている。**図3-2**で示したpython_infoはこれの一種で、開示すると**例5-8**のようになる。

例5-8 Pythonクライアントがデフォルトで開示するpython_info

```
# HELP python_info Python platform information
# TYPE python_info gauge
python_info{implementation="CPython",major="3",minor="5",patchlevel="2",
        version="3.5.2"} 1.0
```

Pythonの場合、ダイレクトインストルメンテーションかカスタムコレクタでinfoメトリクスを作れる。**例5-9**は、ダイレクトインストルメンテーションによる方法で、キーワード引数としてラベルを渡せるPythonクライアントの機能を活用している。

†11 このテクニックを初めて記述したのは、私のhttps://www.robustperception.io/how-to-have-labels-for-machine-roles/である。

例5-9 ダイレクトインストルメンテーションを使ってinfoメトリクスを作る方法

```
from prometheus_client import Gauge

version_info = {
    "implementation": "CPython",
    "major": "3",
    "minor": "5",
    "patchlevel": "2",
    "version": "3.5.2",
}

INFO = Gauge("my_python_info", "Python platform information",
        labelnames=version_info.keys())
INFO.labels(**version_info).set(1)
```

infoメトリクスは、乗算演算子とgroup_left修飾子でほかのメトリクスと結合できる。どの演算子でもメトリクスを結合することはできるが、infoメトリクスの値は1なので、乗算ならほかのメトリクスの値が変わらない[†12]。

すべてのupメトリクスにpython_infoのバージョンラベルを追加するには、次のPromQL式を使う。

```
  up
* on (instance, job) group_left(version)
  python_info
```

group_left(version)は、これが多対一対応[†13]であり、同じjob、instanceラベルを持つすべてのupメトリクスにpython_infoのversionラベルをコピーすることを示している。group_leftについては、「15.2.2 多対一対応とgroup_left」で詳しく説明する。

この式を見れば、出力はupメトリクスのラベルを持ち、さらにversionラベルが追加されることがわかる。式の両辺にとって未知のラベル[†14]があるかもしれないので、python_infoのすべてのラベルを追加することはできない。どのラベルが対象かがいつもはっきりしていることが大切である。

互換性を失わせる変更とラベル

インストルメンテーションのラベルを追加、削除すれば、それは互換性を失わせる変更になる。ラベルを取り除けば、ユーザが頼りにしてきた区別が失われる。ラベルを追加すれば、without句を使っている集計が使えなくなる。

† 12 より形式張った言い方をすれば、1は乗算の単位元である。

† 13 この場合、python_infoごとにひとつのup時系列データしかないので、一対一対応に過ぎないが、ターゲットごとに複数の時系列データを持つメトリクスにも同じ式が使える。

† 14 upのターゲットラベルと将来python_infoに追加される新たなインストルメンテーションラベル。

しかし、infoメトリクスはこれの例外のひとつである。infoメトリクスの場合、ラベルが追加されても問題が起きないようにPromQL式が作られるので、infoメトリクスへのラベルの追加は安全である。

infoメトリクスは、値が常に1なので、sumを使えば、個々のラベル値を持つ時系列データがいくつあるかは簡単に計算できる。たとえば、Pythonの各バージョンを実行しているアプリケーションインスタンスの数は、sum by (version)(python_info)である。infoメトリクスの値が1以外（たとえば0）なら、集計の階層のなかでsumとcountの結合が必要になっていただろう。それではより複雑になりエラーを起こしやすくなっていたはずだ。

5.6 ラベルを使うべきとき

メトリクスを役に立つものにするためには、そのメトリクスの値を集計できなければならない。メトリクス全体の合計、平均を取って意味のある結果が得られるかどうかがよい目安になる。パス別、メソッド別のHTTPリクエストカウンタの合計は、リクエスト総数になる。それに対し、キューに入っている要素数とサイズの上限を結合してひとつのメトリクスにしても、それらの合計や平均からは役に立つ値が得られないので無意味だ。

メトリクスを使うたびに、PromQLでインストルメンテーションラベルを指定しなければならないようであれば、そのラベルは役に立っていないかもしれない。そのような場合は、おそらくラベルをメトリクス名の一部に移すべきだ。

ほかのメトリクスの合計という形の時系列データを持つことも避けたい。たとえば、次のようなものだ。

```
some_metric{label="foo"} 7
some_metric{label="bar"} 13
some_metric{label="total"} 20
```

次のような形も含まれる。

```
some_metric{label="foo"} 7
some_metric{label="bar"} 13
some_metric{} 20
```

どちらの場合も、PromQLでsumを使って集計したときに、二重にカウントすることになってしまう。PromQLがすでに集計の機能を提供しているので、このようなことをする必要はない。

テーブル例外

鋭い読者は、サマリメトリクスの分位数は、メトリクスの合計か平均には意味がなければならないというルールを破っていることに気付かれただろう。分位数からはこれらを計算できない。

これは私が**テーブル例外**（table exception）と呼んでいるもので、メトリクスによって集計ができなくても、名前が何らかの正規表現にマッチするメトリクスを抽出するくらいなら、ラベルを使った（濫用した）方がましという場面である。何らかの正規表現にマッチする名前を持つメトリクスを抽出するのはいかにもまずそうな話であり、グラフやアラートでは絶対に使わないようにすべきだ。

テーブル例外をあえて犯すのはexporterを書くときだけで、ダイレクトインストルメンテーションでは禁じ手である。たとえば、ハードウェアのセンサから、電圧、ファンのスピード、温度を結合したよくわからない値が送られてくるものとする。この情報を別々のメトリクスに分割するのに必要な情報が不足しているので、できることは、ひとつのメトリクスにすべてを押し込み、解釈はメトリクスを使う人に任せること以外にはない。

メトリクスのラベル名は、アプリケーションプロセスの生涯を通じて変更してはならない。変更が必要だと感じるときには、そのユースケースではログベースのモニタリングシステムを使うべきかもしれない。

5.6.1 カーディナリティ

ラベルを使うときにはやり過ぎに注意しなければならない。モニタリングは手段であって目的ではないので、時系列データやモニタリングを増やせばよいというものではない。オンプレミスで自前で実行する場合でも、クラウドで企業に料金を払って実行してもらう場合でも、すべての時系列データとサンプルには、モニタリングシステムの継続的な運用のためにリソースコストと人的コストの両方がかかっている。

カーディナリティ（取りうる値の数）については、このような観点から取り上げたい。Prometheusでは、カーディナリティとは持っている時系列データの数（種類）のことである。たとえば1千万個の時系列データを処理するようにPrometheusが準備されていたとして[†15]、どうすればそれらの元が取れるだろうか。特定のユースケースをログベースのモニタリングシステムに移すべき境界線はどのあたりに

†15 Prometheus 1.xの実際の性能限界はほぼこれくらいである。

あるのだろうか。

この問題では、私は、ひとつのアプリケーションのインスタンスを1,000個実行するような大規模な運用でどうなるかを考えるようにしている[†16]。目立たないサブシステムに単純なカウンタメトリクスをひとつ追加すると、Prometheusが処理する時系列データは1,000個増える。これは能力の0.01%である。これはタダ同然だ。しかも、いずれ面倒な問題のデバッグに役立ってくれるかもしれない。アプリケーションとライブラリの全体であまり使われない10万個のメトリクスがあっても、モニタリングの能力全体の1%であり、たとえそのなかのどれかを実際に使うことがごくまれであっても、十分安いと言ってよいだろう。

次に、値が10種類あるラベルを持ち、しかもデフォルトで12個の時系列データを持つ[†17]ヒストグラムをひとつ追加するとどうなるかについて考えてみよう。メトリクスはひとつだが時系列データは120個あり、モニタリングの能力の1.2%になる。コスト効果としてよいと言えるかどうかははっきりしなくなってくる。こういったものが数個あってもかまわないだろうが、分位数のないサマリメトリクスへの切り替えを検討した方がよいだろう[†18]。

次の段階では、話が少し面倒になってくる。ラベルのカーディナリティがすでに10なら、アプリケーションへの新機能の導入などによって、その数は時間とともに増える一方になる可能性があるということである。今カーディナリティが10なら来年は15、今200なら来年は300になる可能性がある。しかも、ユーザからのトラフィックが増えれば、アプリケーションインスタンスが増える。メトリクスにこのようなラベルが複数あれば、影響は複合的になり、時系列データの数は複合的に急増加する。そして、それはPrometheusがモニタリングするアプリケーション（それ自体の数も増える）のなかのひとつだけの話なのである。

カーディナリティは、このように密かに増えていく。カーディナリティの増加という観点から、メールアドレス、顧客、IPアドレスなどがラベルとしては不適切なことは自明である。しかし、HTTPパスが問題になる可能性があることはそれほどわかりやすくない。HTTPリクエスト数というメトリクスは定期的に使われるものなので、ラベルの削除、ヒストグラムからサマリへの転換、ヒストグラムのバケット数の削減といったことは政治的に難しいだろう。

私の場合、あるアプリケーションだけで使われる重要性の低いメトリクスのカーディナリティは10未満に抑えるということを目安としている。カーディナリティが100前後のメトリクスがひと握りほどあるのもかまわない。しかし、カーディナリティが大きな数になったときのために、メトリクスのカーディナリティを削減し、カーディナリティが大きくなったらログに転換する準備は整えておくべきだ。

---

†16　もっと多くしてもよいが、これでも控え目な上限としては十分合理性がある。

†17　10個のバケットと_sum、_count。

†18　_sumと_countだけで分位数のないサマリメトリクスは、レイテンシについてのヒントを得るための手段としては非常にローコストである。

Prometheus全体でカーディナリティが100のメトリクスをひと握りにせよというのは、インスタンス数が1,000になることを前提とする話である。実行するインスタンスはかならず1つだけになるなど、インスタンス数がそこまで増えないことが100%確実なら、目安は調整してよい。

Prometheusが組織に導入されたときによく見かけるパターンがある。最初は、ユーザにPrometheusを是非使うべきだと説得しても、納得してくれない。しかし、ある時点でスイッチが入り、ユーザはラベルの威力を理解し始める。通常は、その直後にラベルのカーディナリティが原因でPrometheusがパフォーマンス障害を起こす。そういうわけで、ユーザには早い段階でカーディナリティの限界を説明し、緊急時の安全弁として`sample_limit`を使うこと（「20.6.3　負荷の軽減」参照）をお勧めする。

Prometheusでは、大きいメトリクスの上位10個がリソースの半分以上を使うのが普通だ。これはほとんどの場合ラベルのカーディナリティのためである。ラベルの値が問題なのだとすれば、ラベルの値をメトリクス名に変えれば問題を解決できるのではないかという誤解が見られることがある。しかし、リソースを消費し過ぎる問題の原因は実際には時系列データのカーディナリティである（ラベルの値はその原因だ）。ラベル名をメトリクス名に変えたところで、時系列データのカーディナリティは変わらない。単にメトリクスが使いにくくなるだけだ[†19]。

アプリケーションにメトリクスを追加できるようになり、PromQL式の初歩も覚えたので、次章では、Grafanaによるダッシュボードの作り方を説明する。

†19　リソースを大量に消費しているメトリクスを突き止めるのも難しくなる。

6章 Grafanaによるダッシュボードの作成

アラートを受け取ったり、システムの現在のパフォーマンスをチェックしたくなったりしたときに、最初に見るのはダッシュボードだ。今まで使ってきた式ブラウザは、1度限りのグラフの作成やPromQLのデバッグには便利だが、ダッシュボードとして使えるようには設計されていない。

まず、本書のダッシュボードという言葉の定義から話しておかなければならないだろう。ダッシュボードとは、一連のグラフ、表、その他システムを可視化する図表をまとめたものである。たとえば、どのサービスにどれくらいのトラフィックがあり、レイテンシはどの程度になっているかといった全体的なトラフィックを示すダッシュボードを持っている読者もいるだろう。そして、個々のサービスについても、レイテンシ、エラー、リクエスト率、インスタンス数、CPU使用率、メモリ使用量、その他サービス固有のメトリクスを表示するダッシュボードがあるはずだ。さらに掘り下げていくと、特定のサブシステムのためのダッシュボードや、あらゆるJavaアプリケーションで使えるガベージコレクションダッシュボードもあるだろう。

Grafanaは、Graphite、InfluxDB、Elasticsearch、PostgreSQLなど、さまざまなモニタリング、非モニタリングシステムのためにそのようなダッシュボードを構築できるツールで、広く使われている。Prometheusを使ってダッシュボードを作るときの推奨ツールでもあり、GrafanaのPrometheusサポートは継続的に改良を重ねている。

この章では、**2章**でセットアップしたPrometheusとNode exporterを拡張する形で、PrometheusのもとでのGrafanaの使い方を紹介する。

Promdashとコンソールテンプレート

Prometheusプロジェクトは、もともと**Promdash**という独自のダッシュボード作成ツールを持っていた。当時のPromdashは、PrometheusのユースケースではGrafanaよりも優れていたが、Prometheusの開発者たちは、独自のダッシュボードソリューションの開発を続けるよりも、

Grafanaを活用することに決めた。現在のPrometheusプラグインは、Grafanaのなかでも特に重要視されており、もっともよく使われているプラグインのひとつでもある[†1]。

Prometheusには、ダッシュボードとして使える**コンソールテンプレート**(console template)という機能が含まれている。リレーショナルデータベースにダッシュボードを格納するPromdashやGrafanaとは異なり、コンソールテンプレートはPrometheusに直接組み込まれ、ファイルシステムから作られる。Goのテンプレート言語[†2]を使ってウェブページを表示でき、ダッシュボードはソース管理システムで簡単に管理できる。コンソールテンプレートはダッシュボードシステムを構築するための基礎であり、かなり低水準の機能である。そのため、お勧めできるのは、高度なユーザが特殊な用途のために使う場合だけである。

6.1 インストール

Grafanaは、https://grafana.com/grafana/downloadからダウンロードできる。このサイトではインストール方法が説明されているが、たとえばDockerを使っている場合は、次のコマンドを使う。

```
docker run -d --name=grafana --net=host grafana/grafana:5.0.0
```

このコマンドラインはボリュームマウント[†3]を使っていないので、すべての状態をコンテナ内に格納する。

ここではGrafana 5.0.0を使っている。これよりも新しいバージョンを使ってもよいが、表示が少し異なることに注意していただきたい。

Grafanaが実行されると、ブラウザでhttp://localhost:3000/に行けばGrafanaにアクセスできる。**図6-1**のようなログイン画面が表示されるはずだ。

デフォルトのユーザ名兼パスワードである**admin**を使ってログインしよう。**図6-2**のようなホームダッシュボードが表示されるはずだ。なお、本書では、スクリーンショットを見やすくするために、Org SettingsでLight themeに切り替えている。

---

†1 Grafanaは、デフォルトで匿名の使用率統計を報告する。これは、設定ファイルのreporting_enabledで無効にできる。

†2 アラートのテンプレートで使われているのと同じテンプレート言語だが、使える機能に若干の違いがある。

†3 デフォルトでは、Dockerコンテナのストレージはそのコンテナ固有だが、ボリュームマウントを使えば、コンテナ間で継続的にファイルシステムを共有できる。ボリュームマウントは、docker runに-vフラグを付ければ指定できる。

図6-1 Grafanaのログイン画面

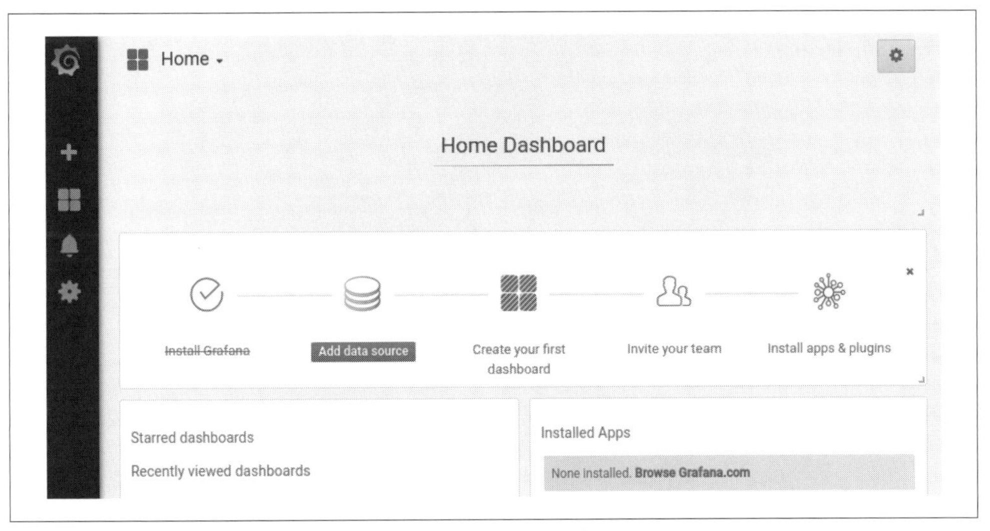

図6-2 インストールしたままの状態のGrafanaのホームダッシュボード

6.2 データソース

Grafanaは、グラフにする情報をフェッチするために**データソース**（data source）を使う。組み込みのデータソースとしては、OpenTSDB、PostgreSQL、そしてもちろんPrometheusなど、さまざまなタイプのものがある。同じタイプのデータソースを多数持つことができるが、通常は実行しているPrometheusあたりひとつのデータソースを使う。Grafanaダッシュボードは、さまざまなソースを使ってグラフを作ることができるだけでなく、グラフパネルでソースをミックスすることさえできる。

新しいバージョンのGrafanaでは、最初のデータソースが追加しやすくなっている。Add data sourceをクリックし、NameとTypeを**Prometheus**とし、URLをhttp://localhost:9090（または2章で使ったPrometheusがリッスンしているほかのURL）とすればよい。フォームは、**図6-3**のようになるはずだ。その他の設定はデフォルトのままとし、最後にSave&Testをクリックする。連携が成功すれば、データソースが動作しているというメッセージが表示される。メッセージが表示されない場合には、Prometheusが本当に実行されているか、PrometheusがGrafanaからアクセスできるところにあるかを確認しよう[†4]。

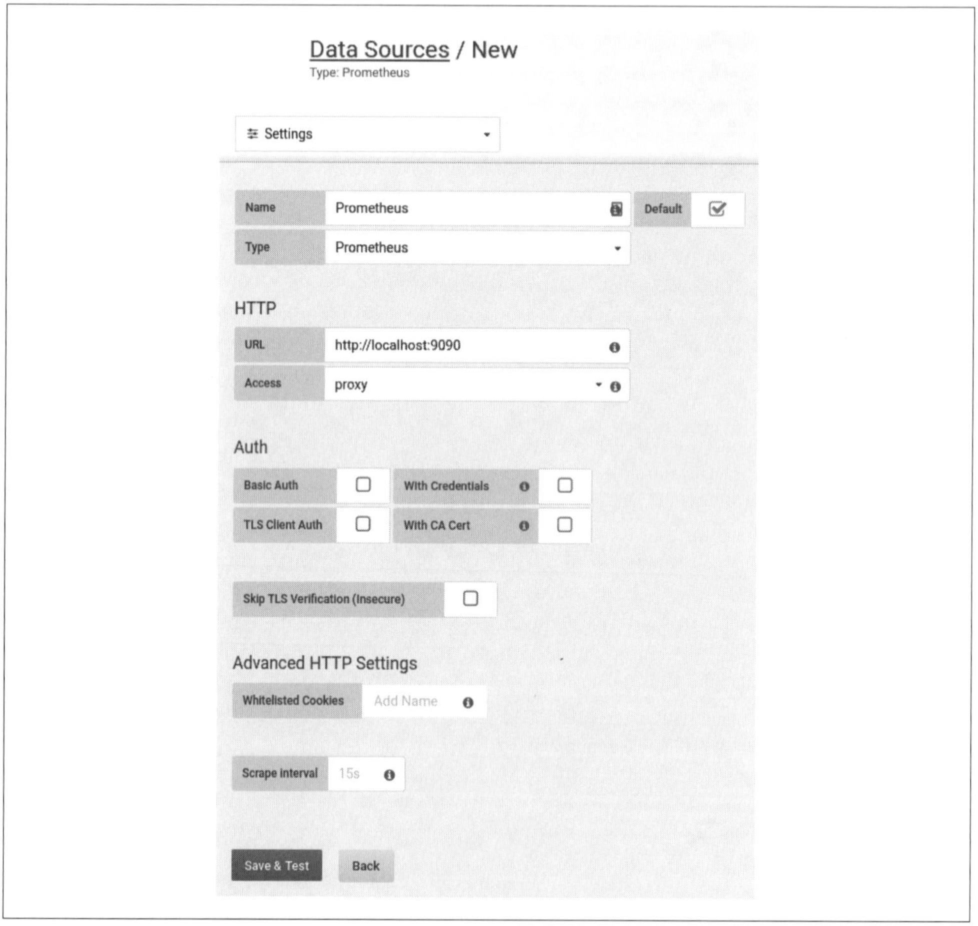

図6-3 GrafanaへのPrometheusデータソースの追加

†4 Accessをproxyに設定すると、GrafanaがPrometheusに対してリクエストを送る。一方でAccessをdirectに設定すると、ブラウザから直接Prometheusにリクエストを送る。

6.3 ダッシュボードとパネル

ブラウザで再びhttp://localhost:3000/に行き、今度はNew dashboardをクリックすると、図6-4のようなページに切り替わる。

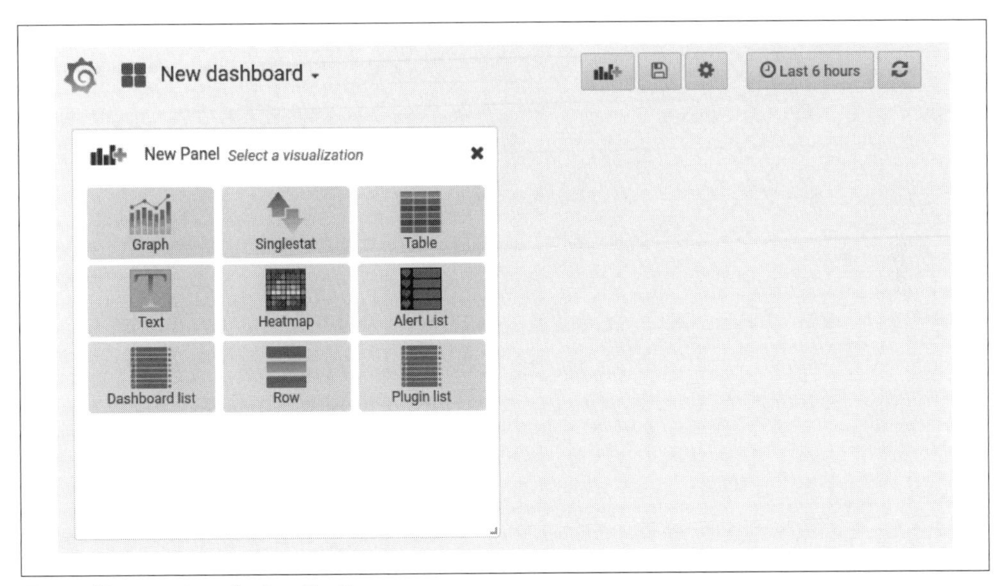

図6-4　新しいGrafanaダッシュボード

ここでは、表示を追加したい最初のパネルを選択できる。パネルはグラフ、表、その他のビジュアル情報を囲む四角い領域である。第2、第3のパネルは、「パネル追加」ボタン（最上行のオレンジ色のプラス記号が表示されているボタン）で作ることができる。Grafana 5.0.0では、パネルはグリッドシステムにまとめられており[†5]、ドラッグアンドドロップで位置を変えられる。

ダッシュボードやパネルに変更を加えたあと、その変更を覚えさせておきたければ、明示的な保存が必要である。ページ上部の保存ボタンかキーボードショートカットの[Ctrl-S]を使えばよい。

名前などのダッシュボードの設定には、上部の歯車アイコンからアクセスできる。設定メニューでは、Save Asコマンドでダッシュボードのコピーを作ることもできる。ダッシュボードで試したいことがあるときにはこれが便利である。

†5　以前のGrafanaパネルは、行にまとめられていた。

6.3.1 グラフの壁を避けよう

ひとつのサービスのためにダッシュボードが複数あるのはまれなことではない。ダッシュボードのグラフはあっという間に増えて、実際に何が起きているのかがかえってわかりにくくなる。このような問題を少しでも防ぐために、複数のチームで共有するダッシュボードや目的が複数あるダッシュボードは避け、それぞれのためにひとつのダッシュボードを用意しよう。

ダッシュボードは、対象の範囲が広いものほど行やパネルを減らすようにすべきだ。大域的な概要は、1枚の画面に収め、遠くから見てもわかるようにしよう。オンコールで使われるダッシュボードは、それよりも1、2行多くてよい。それに対し、エキスパートがパフォーマンスを上げるための細かい作業で使うダッシュボードは、数画面を占めるようなものになるだろう。

私がダッシュボードのグラフの数を抑えようと言っているのはなぜだろうか。それは、ダッシュボードのグラフ、行、画面が増えれば増えるほど、理解しにくくなるからだ。特に、オンコールでアラートを処理しなければならないときには、これが重要な意味を持つ。すばやく対処しなければならないというプレッシャーがかかり、おそらくまだ目が半分覚めていないようなときに、ダッシュボードの個々のグラフの細かい数値を覚えなければならないようでは、対処の早さ、適切さにかえって悪影響を与えるだろう。

極端な例を出すと、私が担当していたあるサービスには、600を越えるグラフをまとめたダッシュボードがあった[†6]。このダッシュボードは、表示するデータが豊富だということで、最高水準のモニタリングだと称賛されていた。しかし、私からすると、データ量が多すぎてとても理解できず、おまけにこのダッシュボードはロードに時間がかかった。私は、このようなダッシュボードを「グラフの壁(the Wall of Graphs)」アンチパターンと呼んでいる。

グラフが多ければ、優れたモニタリングになると思ってはいけない。モニタリングの価値を最終的に決めるのは、グラフの美しさではなく、インシデントの解決の早さや適切な技術的判断といった結果である。

6.4 グラフパネル

グラフパネルは、メインで使うことになるパネルである。名前からもわかるように、グラフが表示される。**図6-4**に示すように、グラフボタンをクリックすると、グラフパネルが追加される。最初は空のグラフだ。グラフの内容を作るには、**図6-5**のようにPanel Title、続いてEditをクリックする[†7]。

---

†6　私が聞いたことのある最悪の例では、グラフの数は千個を越えていた。

†7　エディタはキーボードショートカットでもオープンできる。[?]を押せば、キーボードショートカットの完全なリストが表示される。

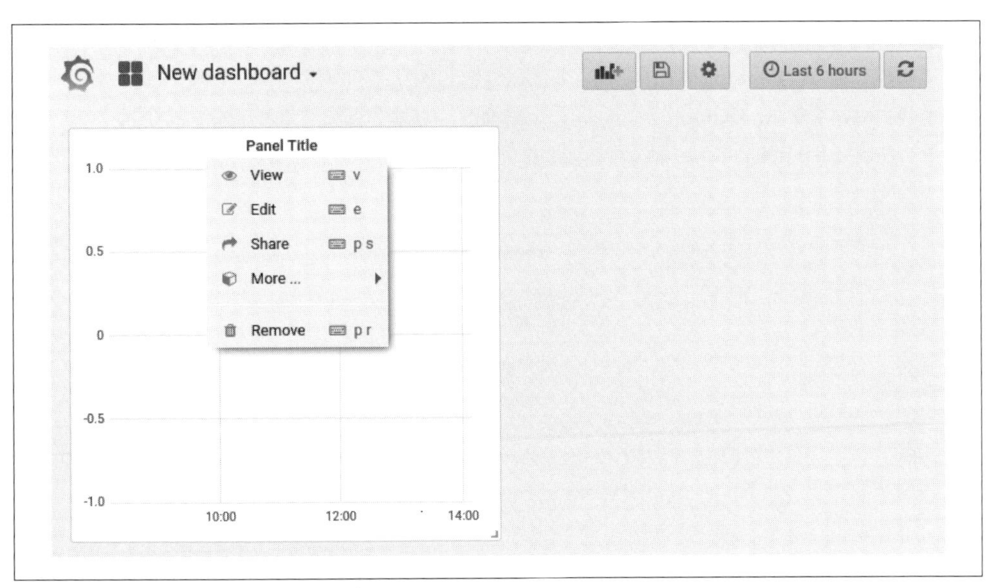

図6-5　グラフパネルのエディタの開き方

グラフエディタはMetricsタブが開いた状態で表示される。**図6-6**のように、A[†8]の横のテキストボックスにクエリ式として**`process_resident_memory_bytes`**を入力し、テキストボックスの外をクリックしよう。式エディタで同じ式を入力したときに表示された**図2-7**のようなメモリ使用量のグラフが表示される。

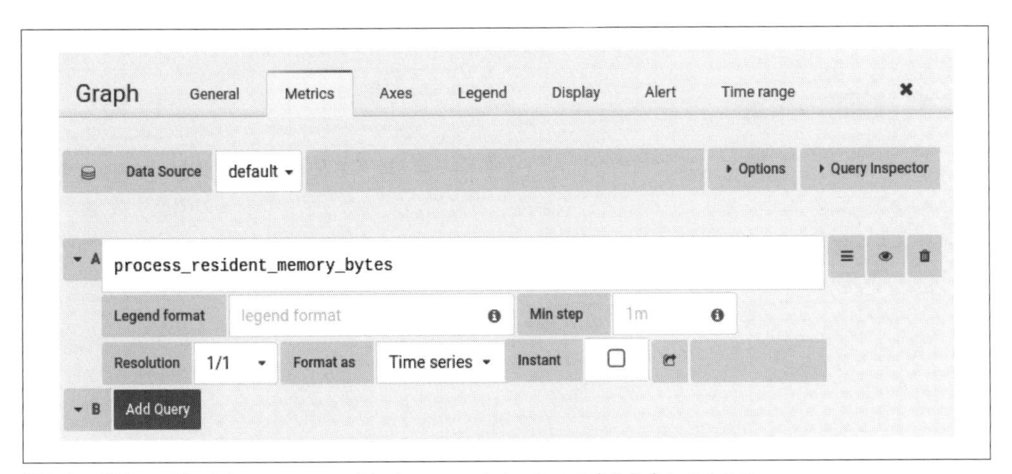

図6-6　グラフエディタに`process_resident_memory_bytes`という式を入力したところ

†8　Aは最初のクエリだということを示している。

Grafanaは式ブラウザ以上の機能を提供している。凡例には、時系列データの完全な名前以外のものを表示できる。Legend Formatテキストボックスに`{{job}}`と入力しよう。AxesタブでLeft Y Unitをdata/bytesに変更し、GeneralタブでTitleを`Memory Usage`に変更すると、グラフは図6-7のように見える。凡例はより便利になり、軸には適切な単位が表示され、タイトルも付く。

図6-7　凡例、タイトル、軸の単位をカスタム設定して作ったメモリ使用量のグラフ

これらは、ほぼすべてのグラフで設定すべき内容だが、これはGrafanaのグラフでできることのほんの一部に過ぎない。色、描画スタイル、ツールチップ、重ね合わせ、2本のグラフの間の塗りつぶしなども設定できる。さらには複数のデータソースのメトリクスを併用することさえできるのである。

先に進む前にダッシュボードを保存するのを忘れないようにしよう。`New dashboard`は、デフォルトのダッシュボード名なので、もっと覚えやすい名前にすべきだ。

6.4.1　時間の設定

Grafanaのページの右上には、時間の範囲が書かれている。デフォルトでは、Last 6 hours（過去6時間）になる。この部分をクリックすると、表示される時間の範囲とリフレッシュの頻度を設定できる図6-8のような画面が表示される。ここでの設定はダッシュボード全体に適用されるが、パネル単位で全体設定とは異なる設定をすることもできる。

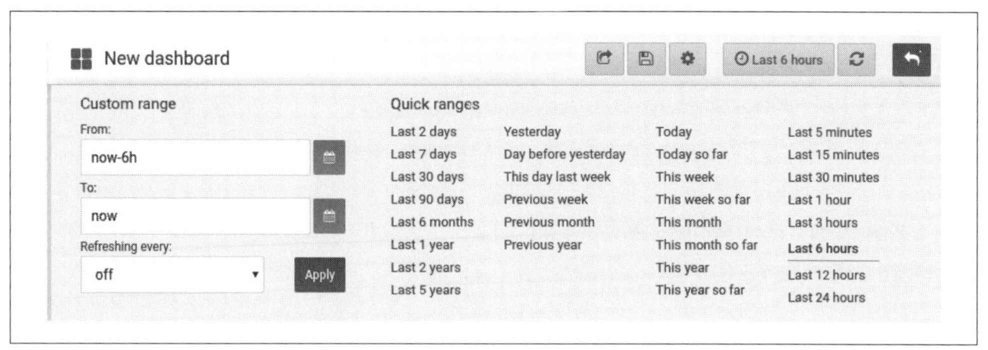

図6-8　Grafanaの時間設定メニュー

エイリアシング

データに変更がないのに、グラフのリフレッシュによりグラフの形が変わることがある。これは信号処理によって現れる効果のひとつで、**エイリアシング**（aliasing）と呼ばれる。ファーストパーソンゲーム（本人視点のゲーム、FPSなど）のグラフィックスですでにエイリアシングはおなじみかもしれない。遠くのオブジェクトに向かって歩いていくと、オブジェクトのレンダリング結果が変化して震えているように見えるが、それのことだ。

ここで起きているのも同じことである。データはわずかに異なるタイミングで表示されるため、`rate`などの関数の計算結果も少しずつ異なるものになる。結果は間違っているわけではない。ただ、近似値が少し変わるだけである。

これはメトリクスベースのモニタリングなど、サンプルを使うあらゆるシステムの根本的な限界で、**ナイキストシャノンのサンプリング定理**（Nyquist-Shannon sampling theorem）と関係がある。エイリアシングは、スクレイプや評価の頻度を上げれば緩和できるが、起きていることを100%正確に見たいと思うなら、一つひとつのイベントの正確な記録であるログが必要になる。

6.5　シングルスタットパネル

シングルスタットパネルは、単一の時系列データの値を表示する。最近のバージョンのGrafanaは、Prometheusのラベル値も表示できる。

まず、時系列データの値を追加することにしよう。「ダッシュボードに戻る」ボタン（右上の後戻りの矢印）をクリックし、グラフパネルからダッシュボードビューに戻ろう。「パネル追加」ボタンをクリックしてシングルスタットパネルを追加する。前のパネルと同じようにPanel Title、続いてEditをクリックする。Metricsタブのクエリ式として、**prometheus_tsdb_head_series**を入力する。これは、大雑把に言って、Prometheusがインジェストしている異なる時系列データの数である。デフォルトでは、シングルスタットパネルは、ダッシュボードの時間範囲における時系列データの平均値を計算するが、ここで見たいものは違うので、OptionsタブでStatをCurrentに変更する。

さらに、デフォルトのテキストは少し小さいので、Font Sizeを200%に変更する。GeneralタブではTitleを**Prometheus Time Series**に変更する。最後に「ダッシュボードに戻る」ボタンをクリックすると、表示は**図6-9**のようになる。

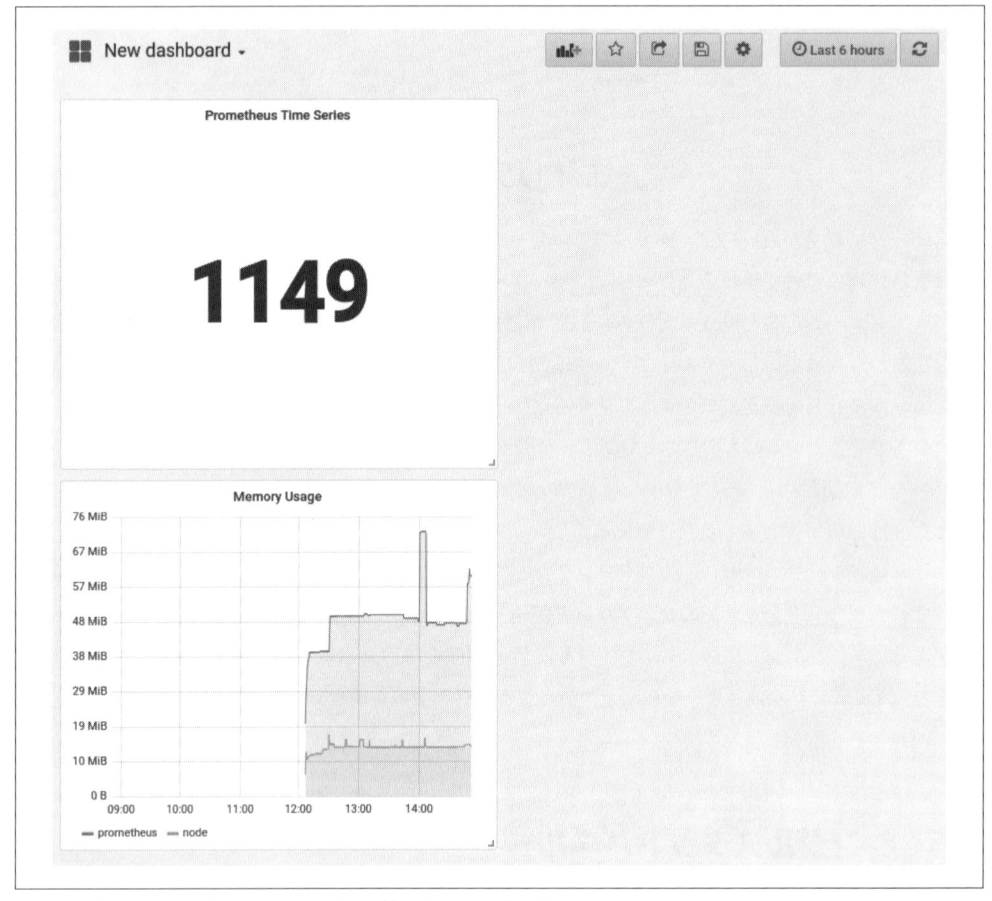

図6-9 グラフとシングルスタットパネルを持つダッシュボード

グラフ上にソフトウェアバージョンとしてラベルを表示すると便利だ。シングルスタットパネルをもうひとつ追加しよう。今度はクエリ式を**node_uname_info**とする。これは、`uname -a`コマンドと同じ情報である。Format asをTableに設定し、OptionsタブでColumnをreleaseにする。カーネルのバージョン番号は長くなることがあるので、Font sizeはそのままとする。そして、GeneralタブでTitleを**Kernel version**とする。「ダッシュボードに戻る」ボタンをクリックし、ドラッグアンドドロップでパネルの順序を入れ替えると、**図6-10**のような表示になる。

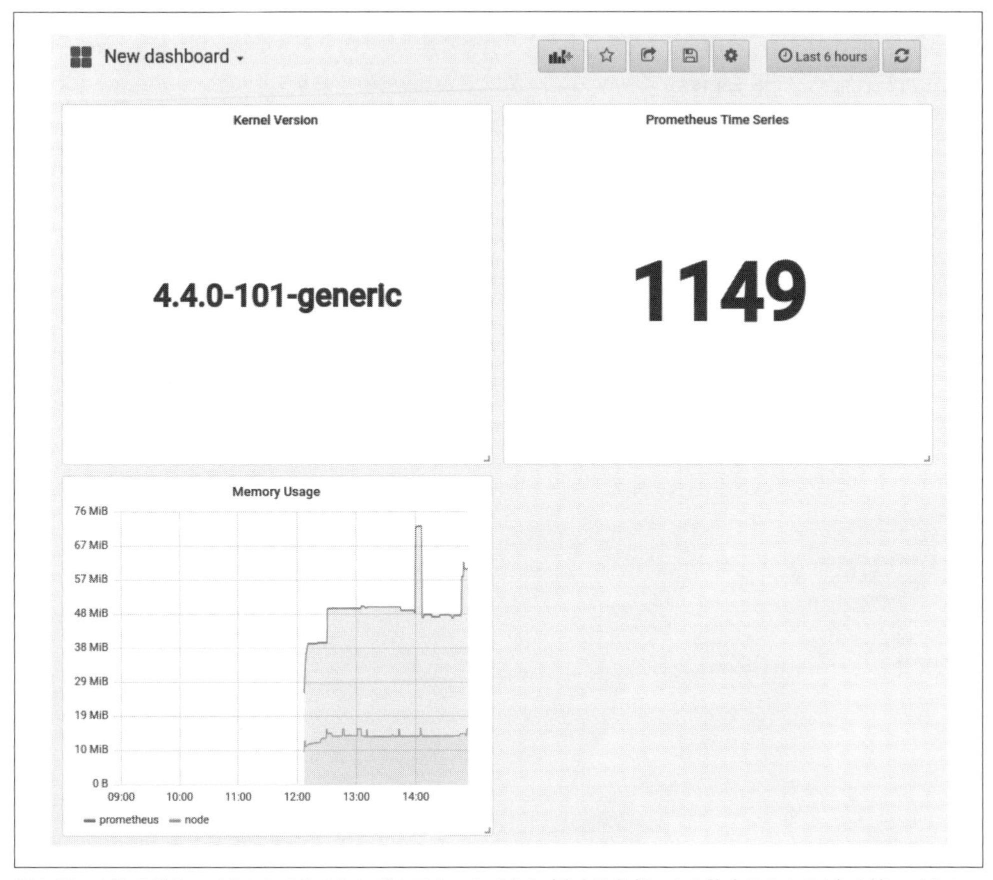

図6-10　1枚のグラフパネルと2枚のシングルスタットパネル（片方は数値、もう片方はテキスト）を持つパネル

シングルスタットパネルには、時系列データの値による色の変更、値の下へのスパークライン（パネルの中に表示する小さなグラフ）の表示などの機能もある。

6.6 テーブルパネル

シングルスタットパネルは同時に1個の時系列データしか表示できないが、テーブルパネルは複数の時系列データを表示できる。テーブルパネルは、ほかのパネルよりも設定が多くなりがちであり、ダッシュボードがごちゃごちゃしたテキストでいっぱいになっているように見えてしまう危険性がある。

新しいパネルを追加しよう。今度はテーブルパネルである。以前と同じようにPanel Title、続いてEditをクリックし、Metricsタブでは`rate(node_network_receive_bytes_total[1m])`というクエリ式を入力し、Instantチェックボックスをチェックする。ここには必要以上の列がある。Column StylesタブでTime既存のTimeルールのTypeをHiddenにしよう。次に+Addをクリックし、名前が`job`の新しいApply to columns（列に適用）ルールを追加し、TypeをHiddenとする。そして`instance`を隠す新しいルールを追加する。単位を設定するために、+Addで`Value`列のルールを追加し、data rate（データ速度）のUnitをbytes/secにする。最後に、Generalタブでタイトルを`Network Traffic Received`にする。以上が終わったら、ダッシュボードに戻ってパネルの位置を調整しよう。ダッシュボードは、**図6-11**に示すようになる。

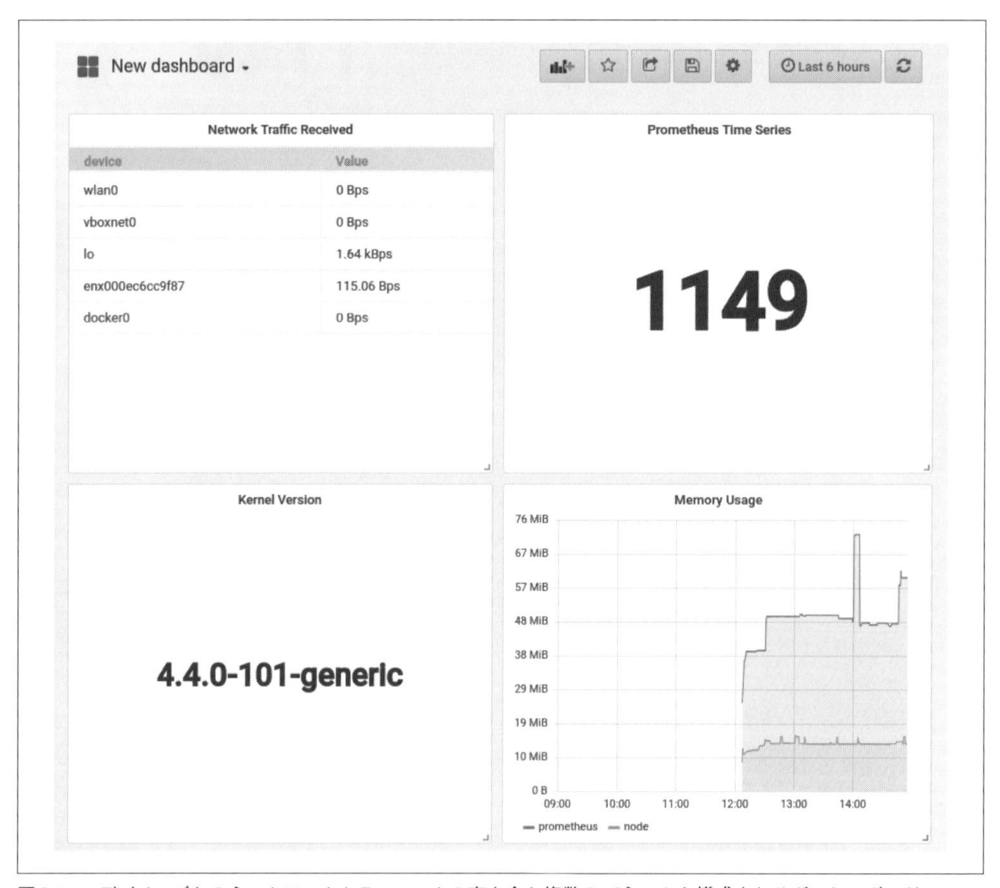

図6-11　デバイスごとのネットワークトラフィックの表を含む複数のパネルから構成されるダッシュボード

6.7 テンプレート変数

今までのダッシュボードの例は、すべてひとつのPrometheusとひとつのNode exporterのためのものだった。基礎を示すということではこれでよいのだが、モニタリングするマシンが数百台、いや数十台もあると、これでは物足りない。しかし、個々のマシンのためにいちいちダッシュボードを作る必要はない。Grafanaのテンプレート機能を使えばよい。

あなたのモニタリングシステムはマシンが1台だけの構成なので、この例ではネットワークデバイスをもとにテンプレートを作る。ネットワークデバイスなら少なくとも2つあるはずだ[†9]。

まず、ダッシュボード名、続いて画面下の+New dashboardをクリックし（図6-12参照）、新しいダッシュボードを作る。

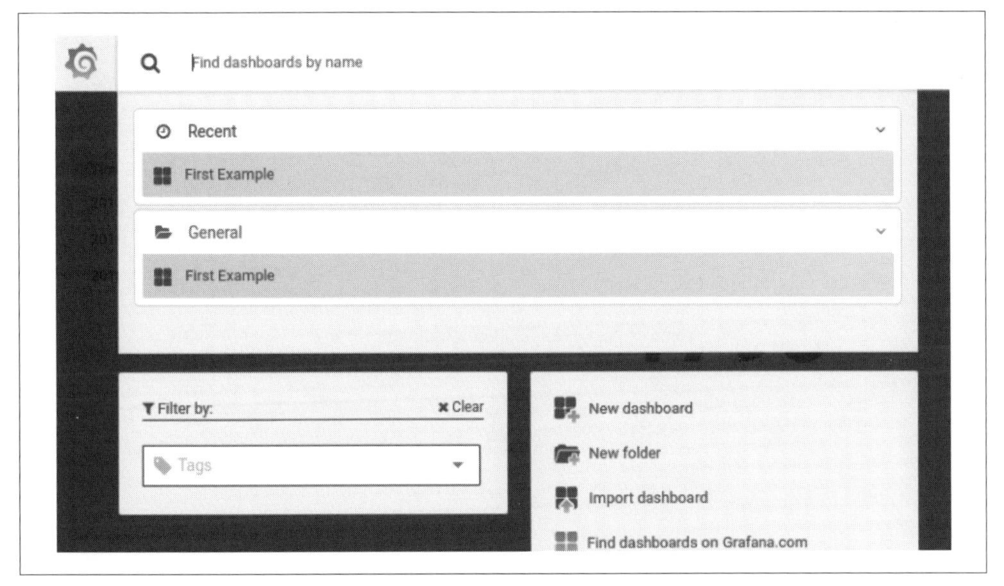

図6-12　ダッシュボードリストと新ダッシュボード作成用のボタン

画面上部の歯車アイコン、続いてVariables[†10]をクリックする。そして+Addをクリックしてテンプレート変数を追加する。名前は`Device`とし、Data sourceはPrometheus、RefreshはOn Time Range Changeとする。使うクエリは`node_network_receive_bytes_total`で、`.*device="(.*?)".*`という正規表現を使う。この正規表現を展開したものは、`device`ラベルの値になる。ページは図6-13のようになる。最後にAddをクリックしてテンプレート変数を追加する。

†9　ループバックと有線やWiFiのデバイス。

†10　Grafanaの以前のバージョンでは、Templatingと呼ばれていた。

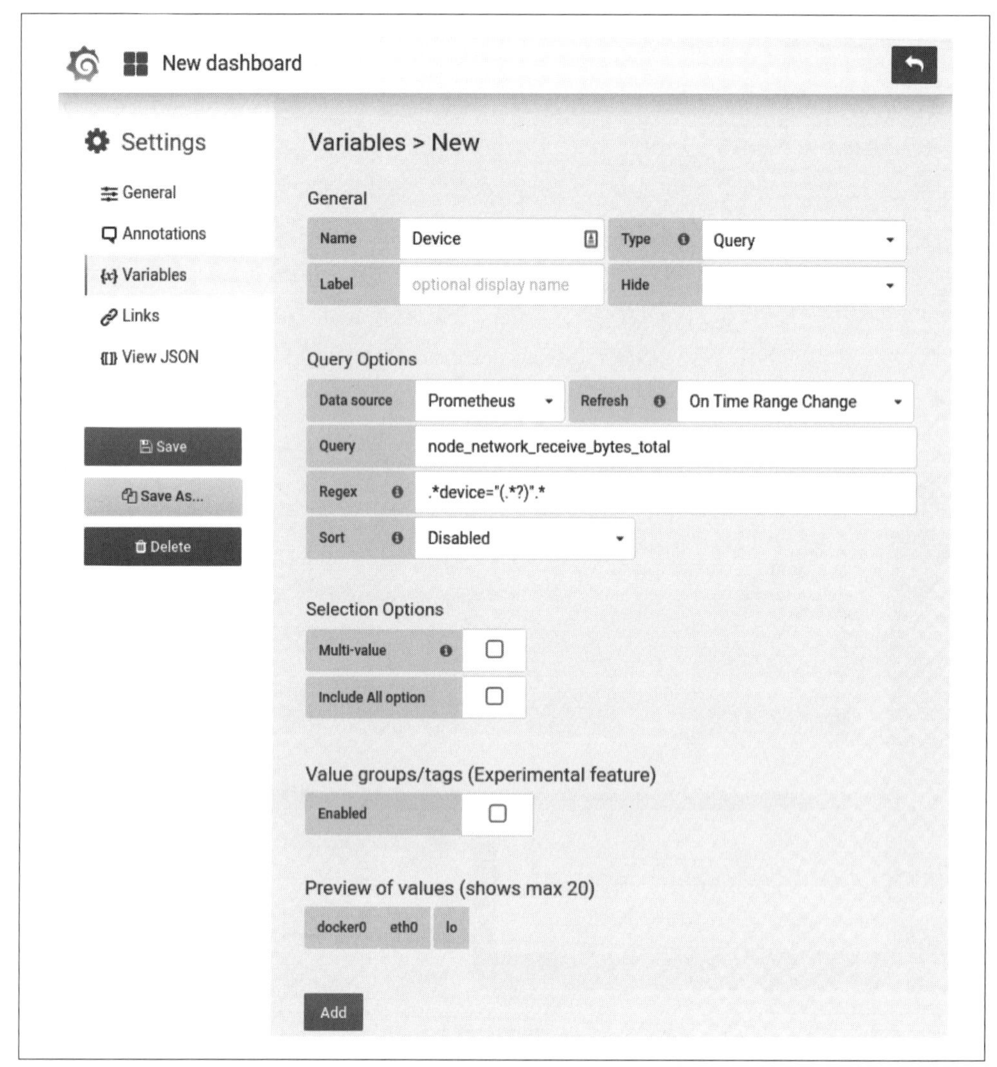

図6-13 GrafanaダッシュボードへのDeviceテンプレート変数の追加

「ダッシュボードに戻る」をクリックすると、**図6-14**に示すように、ダッシュボードにはDevice変数のためのドロップダウンリストが表示されるようになる。

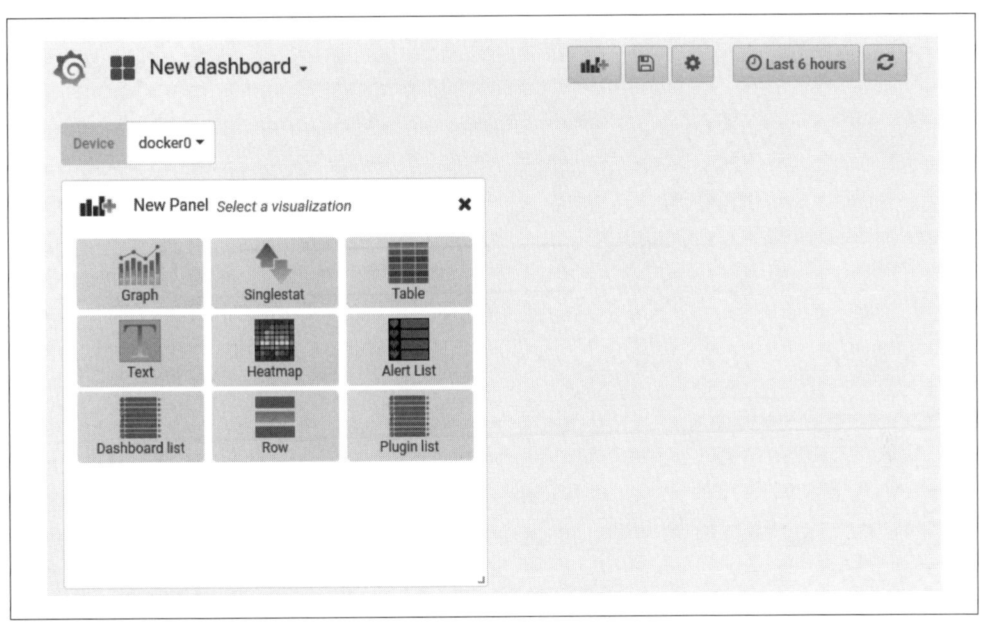

図6-14 Deviceテンプレート変数のためのドロップダウンリストが表示される

今度は、作った変数を使わなければならない。×をクリックしてTemplatingセクションを閉じ、3つのドットをクリックして、新しいGraphパネルを追加する。従来と同じようにPanel Title、続いてEditをクリックする。クエリ式として**rate(node_network_receive_bytes_total{device="$Device"}[1m])**を入力すると、$Deviceの部分はテンプレート変数の値に置き換えられる[†11]。Legend Formatは**{{device}}**とし、Titleは**Bytes Received**、data rateのUnitはbytes/secにする。

ダッシュボードに戻り、パネルタイトルをクリックして、今度はMore、続いてDuplicateをクリックする。こうすると、既存パネルのコピーが作られる。新しいパネルでは、クエリ式を**rate(node_network_transmit_bytes_total{device=~"$Device"})[1m]**、Titleを**Bytes Transmitted**に変える。すると、**図6-15**に示すように、ダッシュボードには送受信のふたつのパネルが表示され、ドロップダウンで表示するネットワークデバイスを選べるようになる。

実際のシステムでは、instanceラベルをテンプレート化し、マシンごとにすべてのネットワーク関連メトリクスを表示することになるだろう。ひとつのダッシュボードで複数のテンプレート変数を使うことさえできる。たとえば、Javaのガベージコレクションダッシュボードは、一般にjobのためにひとつ、instanceのためにひとつ、そして使うPrometheusデータソースの選択のためにひとつの変数を使うことになるだろう。

---

†11 Multi-valueオプションを使った場合、変数は正規表現になるので、device=~"$Device"を使うことになる。

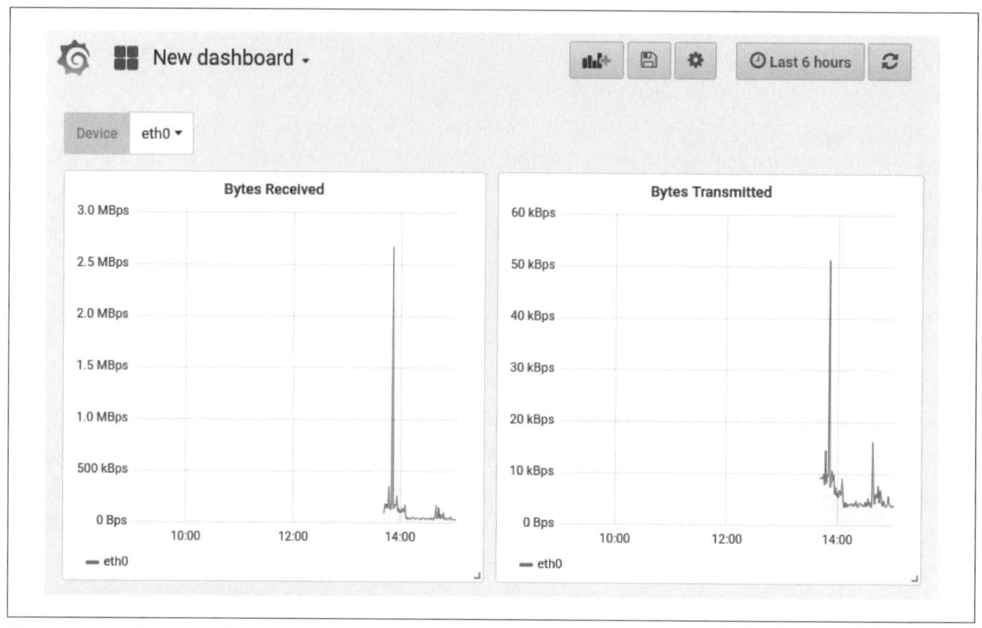

図6-15 テンプレート変数を使った初歩的なネットワークトラフィックダッシュボード

おそらくお気付きのように、変数の値を変えるとURLパラメータが変わり、時間の設定を変えたときにも同様の変化が見られる。そのため、ダッシュボードへのリンクをシェアしたり、「19.2.2.1 通知テンプレート」で示すように、変数の値が適切なダッシュボードだけにアラートをリンクさせたりできる。ページの上部には、URLを作り、ダッシュボード内のデータのスナップショットを作成するためのダッシュボードシェアアイコンがある。スナップショット機能は、ポストモーテムや障害報告のためにダッシュボードの表示を保存したいときに役に立つ。

次章では、Node exporterを詳しく説明する。Node exporterの一部のメトリクスについても説明する。

第Ⅲ部
インフラストラクチャのモニタリング

世界は（まだ）Prometheusを中心に回っているわけではなく、すべてのシステムが最初からPrometheusメトリクスを生成するように作られているわけでもない。exporter（エクスポータ）は、ほかのシステムのメトリクスをPrometheusが理解できる形式に変換するツールである。

7章では、おそらくあなたが最初に使うexporterとなるNode exporterについて詳しく説明する。

8章では、Prometheusがどこからどのようにメトリクスを取り出すかを判断する方法を学ぶ。

9章では、DockerやKubernetesといったコンテナテクノロジのモニタリングに踏み込む。

Prometheusエコシステムには文字通り数百のexporterがある。**10章**では、各種の典型的なexporterの使い方を説明する。

すでに別のメトリクスベースモニタリングシステムを使っている場合もあるだろう。**11章**では、それらとPrometheusを連携させる方法を示す。

exporterはひとりでに生まれてくるわけではない。使いたいexporterがないときには、**12章**を読んで独自のexporterを作ろう。

7章
Node exporter

Node exporter（ノードエクスポータ）は、2章ですでに説明したように[†1]、実際に使う最初のexporterのひとつになるだろう。Node exporterは、主としてOSカーネルが開示するCPU、メモリ、ディスクスペース、ディスクI/O、ネットワーク帯域幅、マザーボードの温度などのマシンレベルのメトリクスを提供する。Node exporterはUnixシステム用であり、WindowsユーザはWindowsユーザは代わりにWMI exporter（https://github.com/martinlindhe/wmi_exporter）を使わなければならない。

Node exporterは、マシン上で実行される個別のプロセスやサービスではなく、マシン自体のモニタリング専用である。ほかのモニタリングシステムは、スーパーエージェントと呼びたくなるようなものを持っていることが多い。つまり、マシンで起きているすべてのことをひとつのプロセスでモニタリングするものである。しかし、Prometheusのアーキテクチャでは、個々のサービスが自分のメトリクスを開示し（必要ならexporterを使って）、Prometheusがそれを直接スクレイプする形になっている。これは、スーパーエージェントが運用上またはパフォーマンス上のボトルネックになるのを防ぎ、マシンではなく動的なサービスについて考えられるようにするためだ。

「3.7.3　メトリクスにはどのような名前を付けるべきか」など、ダイレクトインストルメンテーションでメトリクスを作るときのガイドラインは、どちらかというと白黒がはっきりしている。しかし、定義からも明らかなように、exporterではデータがPrometheusのガイドラインを念頭において設計されていないソースからやってくるため、これが当てはまらない。メトリクスの量と質次第で、exporterの開発者は、完全なメトリクスの提供とどれだけの労力をかける価値があるかを秤にかけなければならない。

Linuxの場合なら、提供できるメトリクスは数千種もある。CPU使用率のようにしっかりとドキュメントされ、よく理解されているものもあるが、メモリ使用量のように、カーネルのバージョンごとに実装が変わって定義がまちまちになっているものもある。まったくドキュメントされていないメトリクスさえあり、それが何をしているのかを知りたければカーネルのソースコードを読まなければならない。

†1　Node exporterはNode.jsとは無関係である。ここで言うノードは、計算ノードのことである。

Node exporterは、ルート以外のユーザのもとで実行されるように設計されているので、sshdやcronなどのシステムデーモンを実行するのと同じように、マシンで直接実行する。

DockerとNode exporter

Prometheusのすべてのコンポーネントはコンテナ内で実行できるが、DockerでNode exporterを実行することは推奨されていない。Dockerは、マシンの内部動作からコンテナを切り離そうとするため、そういった内部動作についての情報を得ようとするNode exporterとは相性がよくない。

オペレーティングシステムから得られるメトリクスはバラエティに富んでいるので、ほかのほとんどのexporterとは異なり、Node exporterはどのカテゴリのメトリクスをフェッチするかを設定できるようになっている。カテゴリは、`--collector.wifi`（WiFiコレクタを有効にする）、`--no-collector.wifi`（WiFiコレクタを無効にする）などのコマンドラインフラグで指定する。もっとも、デフォルトのカテゴリセットは十分合理的に作られているので、最初のうちはこういったことを気にする必要はない。

たとえばLinuxとFreeBSDでは、同じことをするために異なる方法を使っているため、カーネルが異なれば開示するメトリクスも異なる。また、Node exporterのリファクタリングにより、時間とともにコレクタ間でメトリクスが移動している場合もある。異なるUnixシステムを使っている場合には、提供されるメトリクスやコレクタも異なるはずだ。

この章では、Node exporterのバージョン0.16.0がLinux 4.4.0のカーネルから開示する主要メトリクスの一部を説明する。使えるメトリクスの網羅的なリストを作るつもりはない。ほとんどのexporterやアプリケーションの場合と同じように、使えるメトリクスが何かを知りたい場合には/metricsを見るようにしよう。例として示すPromQL式は、**2章**で用意した構成で試すことができる。

0.16.0での変更

バージョン0.16.0は、Node exporterが提供するメトリクスの品質向上の一貫として、よく使われるメトリクスの多くの名前を変更している。たとえば、`node_cpu`は`node_cpu_seconds_total`になった。

この変更以前のダッシュボードやチュートリアルを相手にするときには、本書の説明を読み替える必要がある。

7.1 cpuコレクタ

cpuコレクタの主要メトリクスは、個々のCPUがそれぞれのモードでどれだけの時間を使ったかを示す`node_cpu_seconds_total`である。`cpu`と`mode`のふたつのラベルがある。

```
# HELP node_cpu_seconds_total Seconds the cpus spent in each mode.
# TYPE node_cpu_seconds_total counter
```

```
node_cpu_seconds_total{cpu="0",mode="idle"} 48649.88
node_cpu_seconds_total{cpu="0",mode="iowait"} 169.99
node_cpu_seconds_total{cpu="0",mode="irq"} 0
node_cpu_seconds_total{cpu="0",mode="nice"} 57.5
node_cpu_seconds_total{cpu="0",mode="softirq"} 8.05
node_cpu_seconds_total{cpu="0",mode="steal"} 0
node_cpu_seconds_total{cpu="0",mode="system"} 1058.32
node_cpu_seconds_total{cpu="0",mode="user"} 4234.94
node_cpu_seconds_total{cpu="1",mode="idle"} 9413.55
node_cpu_seconds_total{cpu="1",mode="iowait"} 57.41
node_cpu_seconds_total{cpu="1",mode="irq"} 0
node_cpu_seconds_total{cpu="1",mode="nice"} 46.55
node_cpu_seconds_total{cpu="1",mode="softirq"} 7.58
node_cpu_seconds_total{cpu="1",mode="steal"} 0
node_cpu_seconds_total{cpu="1",mode="system"} 1034.82
node_cpu_seconds_total{cpu="1",mode="user"} 4285.06
```

CPUごとに各モードの数値は毎秒加算されて増えていく。そこで、次のようなPromQL式を使えば、CPU全体でアイドル時間がどれだけの割合だったかを計算できる。

```
avg without(cpu, mode)(rate(node_cpu_seconds_total{mode="idle"}[1m]))
```

この式は、CPUごとの1秒あたりのアイドル時間を計算し、それをマシンのすべてのCPUで平均しているのでうまくいく。

これを一般化すれば、使っているマシンが各モードのために時間のどれだけの割合を使っているかがわかる。

```
avg without(cpu)(rate(node_cpu_seconds_total[1m]))
```

ゲスト（つまり、カーネルのもとで実行されている仮想マシン）によるCPU使用率は、すでにuser、niceモードに含まれている。node_cpu_guest_seconds_totalメトリクスでも、ゲストだけの時間を見ることができる。

7.2 filesystemコレクタ

filesystemコレクタは、dfコマンドと同じように、**マウントされている**ファイルシステムについてのメトリクスを集める。--collector.filesystem.ignored-mount-points、--collector.filesystem.ignored-fs-typesフラグを使えば、どのファイルシステムを計算に入れるかを制限できる（デフォルトでは、さまざまな疑似ファイルシステム［pseudo filesystem］が除外されている）。Node exporterはルートが実行しているわけではないので、関心のあるマウントポイントに対してstatfsシステムコールが使えるようにファイルパーミッションを指定しておかなければならない。

このコレクタから得られるすべてのメトリクスにはnode_filesystem_というプレフィックスが付けられている。ラベルはdevice、fstype、mountpointの3つである。

```
# HELP node_filesystem_size_bytes Filesystem size in bytes.
# TYPE node_filesystem_size_bytes gauge
node_filesystem_size_bytes{device="/dev/sda5",fstype="ext4",mountpoint="/"} 9e+10
```

ファイルシステムメトリクスの大半は説明不要だ。意識しておかなければならないのは、node_filesystem_avail_bytesとnode_filesystem_free_bytesの違いだけである。Unixファイルシステムでは、ユーザが使えるディスクスペースをすべて使い切ってしまっても、ルートユーザが作業できるように、ルートユーザ用に予約されたスペースがある。ユーザが使えるスペースはnode_filesystem_avail_bytesであり、使用済みのディスクスペースの割合を計算するときには、次の値を使う。

```
  node_filesystem_avail_bytes
/
  node_filesystem_size_bytes
```

node_filesystem_filesとnode_filesystem_files_freeは、それぞれinodeの数とフリー状態のinodeの数を示し、大雑把に言ってファイルシステムのファイル数を判断するために使える。この情報はdf -iでも得られるものである。

7.3 diskstatsコレクタ

diskstatsコレクタは、/proc/diskstatsのディスクI/Oメトリクスを開示する。デフォルトでは、--collector.diskstats.ignored-devicesフラグがパーティションやループバックデバイスなどの本物のディスクではないものを除外しようとする。

```
# HELP node_disk_io_now The number of I/Os currently in progress.
# TYPE node_disk_io_now gauge
node_disk_io_now{device="sda"} 0
```

すべてのメトリクスにdeviceラベルがあり、次に示すようにほぼすべてがカウンタである。

node_disk_io_now

進行中のI/Oの数。

node_disk_io_time_seconds_total

I/Oが行われているときにインクリメントされる。

node_disk_read_bytes_total

I/Oによって読み出されたバイト数。

node_disk_read_time_seconds_total

読み出しI/Oにかかった時間。

node_disk_reads_completed_total

完了した読み出しI/Oの数。

node_disk_written_bytes_total

I/Oによって書き込まれたバイト数。

node_disk_write_time_seconds_total

書き込みI/Oにかかった時間。

node_disk_writes_completed_total

完了した書き込みI/Oの数。

これらは大体思った通りの意味だが、詳しくはカーネルのドキュメント（https://www.kernel.org/doc/Documentation/iostats.txt）[†2]を見ていただきたい。

node_disk_io_time_seconds_totalを使えば、iostat -xで表示されるのと同様のディスクI/Oの使用状況が計算される。

```
rate(node_disk_io_time_seconds_total[1m])
```

次のようにすれば、読み出しI/Oの平均時間を計算できる。

```
  rate(node_disk_read_time_seconds_total[1m])
/
  rate(node_disk_reads_completed_total[1m])
```

7.4 netdevコレクタ

netdevコレクタは、node_network_というプレフィックスを付けてネットワークデバイスについてのメトリクスを開示し、deviceラベルがある。

```
# HELP node_network_receive_bytes_total Network device statistic receive_bytes.
# TYPE node_network_receive_bytes_total counter
node_network_receive_bytes_total{device="lo"} 8.3213967e+07
node_network_receive_bytes_total{device="wlan0"} 7.0854462e+07
```

メインのメトリクスは、送受信のネットワーク帯域幅を計算できるnode_network_receive_bytes_totalとnode_network_transmit_bytes_totalである。

```
rate(node_network_receive_bytes_total[1m])
```

†2　/proc/diskstatsではセクタサイズは常に512バイトである。ディスクがもっと大きなサイズのセクタを使っているかどうかを気にする必要はない。これは、Linuxソースコードを読まなければ明らかにならないことの例である。

送受信されるパケットを追跡するnode_network_receive_packets_totalとnode_network_transmit_packets_totalもよく使われる。

7.5 meminfoコレクタ

meminfoコレクタは、node_memory_というプレフィックスを付けてメモリ関連のすべての標準メトリクスを提供する。情報のもとはすべて/proc/meminfoだが、セマンティクスがわかりにくいということでもっとも有名なコレクタでもある。キロバイトをバイトに変換するところまではしてくれるが、メトリクスの意味を理解するためには、Linuxの内部構造についてのドキュメント（https://www.kernel.org/doc/Documentation/filesystems/proc.txt）と経験から得た知識が必要とされる。

```
# HELP node_memory_MemTotal_bytes Memory information field MemTotal.
# TYPE node_memory_MemTotal_bytes gauge
node_memory_MemTotal_bytes 8.269582336e+09
```

たとえば、node_memory_MemTotal_bytesは、マシンの物理メモリの総容量[†3]である。自明でよいメトリクスだ。しかし、使用済みメモリのメトリクスはないので、どうにかしてほかのメトリクスから計算し、使われていないメモリがどれだけあるかを計算しなければならない。

node_memory_MemFree_bytesは、何によっても使われていないメモリの容量だが、あなたが使えるメモリはそれだけではない。理論的には、ページキャッシュ（node_memory_Cached_bytes）や書き込みバッファ（node_memory_Buffers_bytes）は回収して使えるが、そうすると一部のアプリケーション[†4]のパフォーマンスに悪影響を及ぼす。さらに、カーネルには、スラブ（slab）やページテーブルなど、メモリを使う部品が多数ある。

node_memory_MemAvailableは、カーネルが推計した本当に使えるメモリの容量だが、Linux 3.14で追加されたものだ。十分新しいカーネルを使っていれば、メモリを使い切っているかどうかを判定するために使えるメトリクスはこれである。

7.6 hwmonコレクタ

ベアメタルサーバを使っている場合、プレフィックスがnode_hwmon_のhwmonコレクタを使えば、温度やファンのスピードなどのハードウェア関連のメトリクスが得られる。これは、sensorsコマンドで得られるのと同じ情報である。

```
# HELP node_hwmon_sensor_label Label for given chip and sensor
# TYPE node_hwmon_sensor_label gauge
```

†3　おおよその容量。

†4　たとえば、Prometheus 2.0はページキャッシュを使っている。

```
node_hwmon_sensor_label{chip="platform_coretemp_0",
    label="core_0",sensor="temp2"} 1
node_hwmon_sensor_label{chip="platform_coretemp_0",
    label="core_1",sensor="temp3"} 1
# HELP node_hwmon_temp_celsius Hardware monitor for temperature (input)
# TYPE node_hwmon_temp_celsius gauge
node_hwmon_temp_celsius{chip="platform_coretemp_0",sensor="temp1"} 42
node_hwmon_temp_celsius{chip="platform_coretemp_0",sensor="temp2"} 42
node_hwmon_temp_celsius{chip="platform_coretemp_0",sensor="temp3"} 41
```

node_hwmon_temp_celsiusはさまざまなコンポーネントの温度で、node_hwmon_sensor_labelが開示するセンサラベル[†5]を持つこともある。

すべてのハードウェアでそうだというわけではないが、一部のハードウェア[†6]では、センサラベルがなければどのセンサだかわからない場合がある。上のメトリクスの場合、temp3は1番のCPUコアを表している。

group_leftを使えば、node_hwmon_temp_celsiusにnode_hwmon_sensor_labelから得られるラベルを結合できる。group_leftについては「15.2.2　多対一対応とgroup_left」で詳しく説明する。

```
  node_hwmon_temp_celsius
* ignoring(label) group_left(label)
  node_hwmon_sensor_label
```

7.7　statコレクタ

statコレクタは/proc/statのメトリクスを提供するもので、さまざまな情報が混ざり合っている[†7]。

node_boot_time_secondsはカーネルの起動した時刻であり、これを使えばカーネルが起動されてからどれだけたっているかがわかる。

```
time() - node_boot_time_seconds
```

node_intr_totalは、発生したハードウェア割り込みの数を示す。node_interrupts_totalではないので注意していただきたい。node_interrupts_totalは、interruptsコレクタが提供しているが、カーディナリティが高いためデフォルトでは無効になっている。

ほかのメトリクスはプロセスに関連したものだ。node_forks_totalはforkシステムコールの回数、node_context_switches_totalはコンテキストスイッチの回数のカウンタで、node_procs_blockedとnode_procs_runningは、それぞれブロックされているプロセス、実行しているプロセスの数を示す。

---

†5　ここで言うラベルは、Prometheusのラベルのことではない。/sys/devices/platform/coretemp.0/hwmon/hwmon1/temp3_labelなどのファイルから得られるセンサラベルである。

†6　上のメトリクスを生成した私のラップトップなど。

†7　以前はCPUのメトリクスも提供していたが、現在はリファクタリングによってCPUのメトリクスはcpuコレクタに移されている。

7.8 unameコレクタ

unameコレクタは、「6.5　シングルスタットパネル」でも使ったnode_uname_infoというメトリクスだけを開示する。

```
# HELP node_uname_info Labeled system information as provided by the uname
    system call.
# TYPE node_uname_info gauge
node_uname_info{domainname="(none)",machine="x86_64",nodename="kozo",
    release="4.4.0-101-generic",sysname="Linux",
    version="#124-Ubuntu SMP Fri Nov 10 18:29:59 UTC 2017"} 1
```

nodenameラベルはマシンのホスト名で、instanceターゲットラベルやその他の名前（たとえばDNS名）とは異なる場合がある（「8.2.2　ターゲットラベル」参照）。

特定のバージョンのカーネルを実行するマシンの数は、次のようにすれば計算できる。

```
count by(release)(node_uname_info)
```

7.9 loadavgコレクタ

loadavgコレクタは、node_load1、node_load5、node_load15としてそれぞれ1、5、15分のロードアベレージを提供する。

このメトリクスの意味はプラットフォームによってまちまちなので、あなたが思っている意味とは異なる場合がある。たとえば、Linuxでは、ランキューで待機しているプロセスの数だけでなく、I/O待ちのプロセスなどの割り込み不能なプロセスの数も含まれる。

ロードアベレージは、マシンが何らかのビジーの定義に基づき、最近ビジー状態になったかどうかをざっと判断するためには役に立つが、アラートの対象には向いていない。詳しくは"Linux Load Averages: Solving the Mystery"（Linuxロードアベレージ：謎の解明）というブログ記事（http://www.brendangregg.com/blog/2017-08-08/linux-load-averages.html）を読むことをお勧めする。

> つまらない数値だが、人々には大切だと思われている。
>
> ——Linuxのloadavg.cファイルに含まれるコメント

7.10 textfileコレクタ

textfileコレクタは、今まで説明してきたコレクタとは少し異なる。このコレクタはカーネルからではなく、あなたが作ったファイルからメトリクスを得る。

Node exporterはルート以外のユーザが実行するツールとして作られているが、SMART[†8]のメトリクスのように、`smartctl`コマンドを実行するためにルート特権が必要なメトリクスもある。

ルート特権を必要とするメトリクスのほか、`iptables`などのコマンドを実行しなければ得られない情報もある。Node exporterは、信頼性を維持するために自分ではプロセスを起動しない。

一般に、textfileコレクタを使うためには、`smartctl`、`iptables`といったコマンドを実行し、その出力をPrometheusのテキスト開示形式に変換して、特定のディレクトリに自動的にファイルを書き込むcronjobを作る。Node exporterは、スクレイプのたびにそのディレクトリのファイルを読み込み、出力にそのファイルから得たメトリクスを組み込む。

このコレクタを使えば、cronjobを介して独自メトリクスを追加したり、マシンのChefロールなど、構成管理ツールの出力ファイルから得られる変化の少ない情報をinfoメトリクス（「5.5.2　info」参照）として使えるように提供したりできる。

textfileコレクタは、Node exporterのほかのコレクタと同様に、マシンについてのメトリクスを提供することを意図している。たとえば、Node exporterがまだ開示していないカーネルメトリクスやアクセスするためにルート特権が必要なメトリクスである。保留しているパッケージのアップデートがあるかどうかとか、リブートが必要かどうかといったOSレベルのメトリクスもある。厳密に言えばオペレーティングシステムというよりもサービスのメトリクスだが、マシンで実行されているCassandra[†9]ノードのバックアップがマシンの暴走によって失敗したかどうかを管理するために、バックアップが最後に完了した時刻を記録する場合のように、バッチジョブの完了時刻を記録するのもtextfileコレクタのよい使い方である。これは、Cassandraノードとマシンのライフサイクルが同じだからだ[†10]。

textfileコレクタは、Prometheusをプッシュ型に変えるために使ってはならない。また、ほかのexporterやマシンで実行されているアプリケーションのメトリクスを取り込み、すべてNode exporterの/metricsで開示するための手段としてtextfileコレクタを使うのもよくない。Prometheusには、個々のexporterやアプリケーションを別々にスクレイプさせるようにすべきだ。

7.10.1　textfileコレクタの使い方

textfileコレクタはデフォルトで有効だが、実際に動作させるためには、Node exporterのコマンドラインに`--collector.textfile.directory`フラグを追加しなければならない。そして、このフラグには、情報が混ざっておかしくならないように、この目的だけのために使われるディレクトリを指定する。

textfileコレクタの動作を確かめたいときには、**例7-1**に示すように、ディレクトリを作り、

---

†8　Self-Monitoring, Analysis, and Reporting Technology (S.M.A.R.T.)は、ハードディスクのメトリクスで、エラーの予測、検出に役立つ。

†9　分散データベース。

†10　バッチジョブに関するメトリクスがマシンと異なるライフサイクルである場合、それはおそらくサービスレベルバッチジョブであり、「4.4　Pushgateway」で説明したPushgatewayを使うべきだ。

Prometheusの開示形式（「4.7　メトリクスの開示形式」参照）に従った単純なファイルを書き込み、このディレクトリを使うようにコマンドラインで指定してNode exporterを起動する。textfileコレクタは、拡張子.promが付けられたファイルだけを参照する。

例7-1　単純な例を使ったtextfileコレクタの実行

```
hostname $ mkdir textfile
hostname $ echo example_metric 1 > textfile/example.prom
hostname $ ./node_exporter --collector.textfile.directory=$PWD/textfile
```

Node exporterの/metricsを見ると、このメトリクスが含まれていることがわかる。

```
# HELP example_metric Metric read from /some/path/textfile/example.prom
# TYPE example_metric untyped
example_metric 1
```

HELPが指定されていなければ、textfileコレクタが自動生成してくれる。複数のファイルに同じメトリクスを置くとき（もちろん、ラベルを変えて）には、それぞれで同じHELPを指定する必要がある。HELPに不一致があると、エラーになる。

通常、.promファイルはcrontabで作成、更新する。スクレイプはいつ発生するかわからないので、部分的に書き込まれたファイルをNode exporterに見せないようにすることが大切だ。そこで、同じディレクトリに一時ファイルをまず作ってから、完成したファイルを最終的なファイル名に変えるようにしよう[†11]。

例7-2は、textfileコレクタ用のファイルに出力するcrontabを示している。スクリプトは、一時ファイル[†12]にメトリクスを作ってから、ファイル名を最終的なものに変えている。この例は短いコマンドを使っているのでわかりやすいが、実際のユースケースでは、読んで意味がわかるようなスクリプトになるように工夫したい。

例7-2　textfileコレクタを使って`shadow_entries`メトリクスとして/etc/shadowファイルの行数を開示するための/etc/crontab

```
TEXTFILE=/path/to/textfile/directory

# 全部を1行に書かなければならない
*/5 * * * * root (echo -n 'shadow_entries '; grep -c . /etc/shadow)
    > $TEXTFILE/shadow.prom.$$
    && mv $TEXTFILE/shadow.prom.$$ $TEXTFILE/shadow.prom
```

Node exporterのGitHubリポジトリ（https://github.com/prometheus/node_exporter/tree/master/

†11　`rename`システムコールはアトミックだが、同じファイルシステム上でなければ使えない。

†12　シェルのなかの`$$`は現在のプロセスID（pid）に展開される。

text_collector_examples）には、textfileコレクタ用のさまざまなスクリプト例が掲載されている。

7.10.2 タイムスタンプ

Prometheus開示形式はタイムスタンプをサポートしているが、textfileコレクタでは使えない。textfileコレクタのメトリクスは、同時にスクレイプされたほかのメトリクスと同じタイムスタンプにはならないはずなので、セマンティクスとして無意味だからだ。

その代わり、node_textfile_mtime_secondsメトリクスからファイルのmtime[†13]がわかる。この値が古すぎるなら、問題が起きているということなので、cronjobが動作していないというアラートを送ることができる。

```
# HELP node_textfile_mtime_seconds Unixtime mtime of textfiles successfully read.
# TYPE node_textfile_mtime_seconds gauge
node_textfile_mtime_seconds{file="example.prom"} 1.516205651e+09
```

Node exporterを実行したので、今度はモニタリングの対象マシンをPrometheusに知らせる方法について学ぼう。

†13 mtimeは、ファイルが最後に書き換えられた日時である。

8章
サービスディスカバリ

今まではPrometheusにスクレイプの対象を指示するために、もっぱら`static_configs`による静的な設定を使ってきた。単純なユースケース[†1]ではそれでもよいが、マシンの追加、削除されるたびに手作業でprometheus.ymlを更新しなければならないのは煩わしく感じられてくる。特に、毎分のように新しいインスタンスが起動されるダイナミックな環境ではそうだ。この章では、Prometheusにスクレイプの対象を知らせる方法を学ぶ。

あなたは、すべてのマシンとサービスがどこにあり、どのようにレイアウトされているかをすでに知っている。**サービスディスカバリ**（Service Discovery、SD）は、その情報を格納したデータベースからPrometheusに情報提供できるようにする。Prometheusは、Consul、Amazon EC2、Kubernetesなどのサービス情報の主要な情報源を最初からサポートしている。使おうとしている情報源がそのような形ではサポートされていない場合でも、ファイルベースのサービスディスカバリメカニズムを組み込むことができる。AnsibleやChefなどの構成管理システムが管理するマシンとサービスのリストを適切な形式で書き込むか、使っているデータソースから情報を引き出してくるスクリプトを定期的に実行したりすればよい。

モニタリングのターゲット、すなわち何をスクレイプすべきかがわかっても、それは第1歩に過ぎない。ラベル（**5章**）はPrometheusの重要な要素であり、ターゲットに**ターゲットラベル**（target label）を割り当てれば、自分にとって意味がある形で情報を分類、整理できる。ターゲットラベルは、同じ環境や同じチームが運用するマシン群のなかで同じ役割のターゲットを集計できるようにする。

ターゲットラベルは、アプリケーションやexporterではなく、Prometheusで設定されるため、チームごとに自分たちに意味のあるような形でラベル階層を作ることができる。インフラストラクチャチームは、マシンがどのラックにあってどのPDU[†2]につながっているかがわかれば十分だろう。それに対

†1　たとえば、私の自宅のPrometheusはハードコードされた静的設定を使っているが、それは自宅のマシンが数台しかないからである。

†2　データセンタの配電システムの一部であるPower Distribution Unit、すなわち電源タップのことである。PDUは、通常複数のラックに電力を供給するので、個々のマシンのCPU負荷がわかれば、個々のPDUが必要とされる電力を確実に供給できるようにするために役立つ。

し、データベースチームは、マシンが本番環境のPostgreSQLマスタかどうかを意識するはずだ。ごくまれに発生する問題を調査するカーネル開発者がいる場合、彼らはどのバージョンのカーネルが使われているかを知りたがるだろう。

サービスディスカバリとプルモデルの組み合わせなら、個々のチームが自分たちにとって意味のあるターゲットラベルを使って自分たちのPrometheusを実行できるので、こういったまちまちの視点をすべて共存させることができる。

8.1 サービスディスカバリのメカニズム

サービスディスカバリは、すでにあるマシンとサービスデータベースを統合するために作られたものである。Prometheus 2.2.1では、すでに説明した静的ディスカバリに加えて、Azure、Consul、DNS、EC2、OpenStack、File、GCE、Kubernetes、Marathon、Nerve、Serverset、Tritonのサポートを含んでいる。

サービスディスカバリは、Prometheusにマシンのリストを提供すればよいというものではない。システム全体を見渡せるようにするというもっと大きな関心事がある。アプリケーションは通信する相手を見つけ出す必要があるし、ハードウェア技術者は、電源を安全に止めて修理できるマシンがどれかを知る必要がある。そのため、マシンとサービスをただ並べただけのリストではなく、それらがどのように構成されているか、それらのライフサイクルはどうなっているかといった情報も与えられるようにしなければならない。

優れたサービスディスカバリメカニズムは、**メタデータ**（metadata）を提供する。メタデータとしては、サービスの名前、説明、オーナーチーム、構造化タグ、その他役に立つさまざまな情報が考えられる。メタデータはターゲットラベルに変換される。一般に、メタデータは多ければ多いほどよい。

本書ではサービスディスカバリのすべてについて詳細に説明することはできない。まだ構成管理とサービスデータベースに手を付けていないという人は、まずConsulを試してみるとよいだろう。

トップダウンとボトムアップ

サービスディスカバリメカニズムをあれこれ見てみると、ふたつの大きなカテゴリに分類されることがわかる。Consulのようにサービスインスタンスがサービスディスカバリに登録するタイプのシステムは、ボトムアップである。逆に、EC2のように、サービスディスカバリがあるべきものを知っているシステムは、トップダウンである。

どちらのアプローチも珍しいものではない。トップダウンシステムなら、実行されるべきものが実行されていないことを簡単に知ることができる。しかし、ボトムアップシステムの場合、アプリケーションインスタンスが登録前に落ちたかどうかなどを知るためには、同期を取るために別の調停プロセスが必要になるだろう。

8.1.1 静的設定

静的設定、つまりprometheus.ymlで直接ターゲットを指定する方法についてはすでに**2章**で説明した。システム構成が単純、小規模で、変更されることがまれならこの方法が便利だ。ホームネットワークやローカルのPushgatewayだけを対象とするスクレイプ設定、あるいは**例8-1**のようなPrometheus自身のスクレイプなどでは、これでよい。

例8-1 静的サービスディスカバリを使ってPrometheusに自分自身をスクレイプさせる

```
scrape_configs:
 - job_name: prometheus
   static_configs:
    - targets:
      - localhost:9090
```

Ansibleなどの構成管理ツールを使っている場合、**例8-2**に示すように、テンプレートシステムに知っているすべてのマシンのリストを書き出させれば、それらのNode exporterをスクレイプできる。

例8-2 Ansibleのテンプレートシステムを使ってすべてのマシンのNode exporterのためのターゲットを作る

```
scrape_configs:
 - job_name: node
   static_configs:
    - targets:
{% for host in groups["all"] %}
      - {{ host }}:9100
{% endfor %}
```

静的設定は、ターゲットのリストだけでなく、`labels`フィールドでターゲットのためのラベルも指定できる。しかし、このような機能が必要な場合は、「8.1.2　ファイル」で説明するファイルSDを使った方がよい場合が多い。

`static_configs`が複数形になっているのは、設定がリストだということを示しており、**例8-3**に示すように、ひとつのスクレイプ設定で複数の静的設定を指定できる。静的設定でこのようなことをしたからといって特に大きな意味はないが、ほかのサービスディスカバリメカニズムで複数のデータソースとやり取りしたいときには便利な場合がある。スクレイプ設定のなかで複数のサービスディスカバリメカニズムを混ぜ合わせ、マッチングすることもできるが、こういうことをすると、設定がわかりにくくなりがちである。

例8-3 それぞれ独自の静的設定を持つふたつのモニタリングターゲットを指定する

```
scrape_configs:
 - job_name: node
   static_configs:
    - targets:
       - host1:9100
    - targets:
       - host2:9100
```

同じことがスクレイプ設定のリストであるscrape_configsにも当てはまり、いくつでも好きなだけのスクレイプ設定を指定できる。制限は、job_nameが一意でなければならないということだけだ。

8.1.2 ファイル

ファイルサービスディスカバリ（通常は**ファイルSD**と呼ばれる）は、ネットワークを使わず、ローカルのファイルシステム上にあなたが用意したファイルからモニタリングターゲットを読み出す。これを使えば、Prometheusが最初からサポートしていなかったり、利用可能なメタデータではやりたいことがうまくできないときにサービスディスカバリシステムと連携できる。

ファイルとして与えられるのは、JSONかYAMLの形式のものである。ファイル拡張子は、JSONなら.json、YAMLなら.ymlか.yamlでなければならない。**例8-4**はJSONの例で、filesd.jsonというファイルに格納する。ひとつのファイルに入れられるターゲットの数に制限はない。

例8-4 3つのターゲットを持つfilesd.json

```
[
  {
    "targets": [ "host1:9100", "host2:9100" ],
    "labels": {
      "team": "infra",
      "job": "node"
    }
  },
  {
    "targets": [ "host1:9090" ],
    "labels": {
      "team": "monitoring",
      "job": "prometheus"
    }
  }
]
```

JSON

JSON形式は完璧ではない。ここで困るのは、リストやハッシュの最後の要素の末尾にカンマを入れられないことである。JSONファイルの生成は、手作業ではなく、JSONライブラリを使うことをお勧めしたい。

Prometheus内では、**例8-5**に示すように、スクレイプ設定で`file_sd_configs`を使う。個々のファイルSD設定はファイルパスのリストを受け付け、ファイル名でglobを使うことができる[†3]。パスはPrometheusの作業ディレクトリ（Prometheusを起動するディレクトリ）からの相対パスである。

例8-5　ファイルSDを使っているprometheus.yml

```
scrape_configs:
 - job_name: file
   file_sd_configs:
    - files:
       - '*.json'
```

ファイルSDを使うときには、メタデータを提供してリラベルしようとしたりせず、最終的なターゲットラベルを提供するのが普通である。

ブラウザでhttp://localhost:9090/service-discovery[†4]に行き、show moreをクリックすると、**図8-1**に示すように、filesd.json[†5]の`job`ラベルと`team`ラベルの両方が表示される。これらは見かけだけのターゲットなので、ネットワーク上に本当に`host1`と`host2`がなければスクレイプは失敗する。

ファイルでターゲットを提供するということは、構成管理システムのテンプレートや定期的にファイルを書き込むデーモン、あるいはwgetを実行するcronjobを介してウェブサービスからファイルが生成されるかもしれないということである。ファイルシステム内の変化はinotifyで自動的に検出されるので、「7.10.1　textfileコレクタの使い方」のときと同じように、ファイルの入れ替えは`rename`を使ってアトミックに実行すべきだ。

†3　しかし、ディレクトリでglobを使うことはできない。そのため、`a/b/*.json`ならよいが、`a/*/file.json`は使えない。

†4　このエンドポイントは、Prometheus 2.1.0で追加されたものである。古いバージョンでメタデータを見るには、Targetsページの Labelsの上でホバリングする。

†5　この章の**コラム「重複するジョブ」**で詳しく説明するように、`job_name`はデフォルトに過ぎない。その他の`__`ラベルは特殊なものであり、「8.3　スクレイプの方法」で詳しく説明する。

図8-1　ファイルSDによって見つかった3つのターゲットを示すサービスディスカバリステータスページ

8.1.3　Consul

Consulサービスディスカバリは、ネットワークを使うサービスディスカバリメカニズムである（ほとんどのSDメカニズムはそうだ）。まだ社内にSDシステムを導入していないなら、Consulは比較的簡単に立ち上げられるのでお薦めできる。Consulは個々のマシンにエージェントを持っており、それらの間でgossipを使う。アプリケーションがやり取りするのは、実行されているマシンのローカルエージェントだけである。一部のエージェントはサーバでもあり、永続化や整合性の確保の仕事を担う。

試してみたい場合は、**例8-6**のようにして開発環境用のConsulエージェントを構成すればよい。本番環境でConsulを使いたい場合は、公式のGetting Startedガイド（https://learn.hashicorp.com/consul/getting-started/install.html）に従うようにしよう。

例8-6　開発モードでのConsulエージェントのセットアップ

```
hostname $ wget https://releases.hashicorp.com/consul/1.0.2/
    consul_1.0.2_linux_amd64.zip
hostname $ unzip consul_1.0.2_linux_amd64.zip
hostname $ ./consul agent -dev
```

システムの構成に成功すると、ブラウザでhttp://localhost:8500/に行けばConsul UIが表示される。Consulにはサービスの概念がある。開発用構成でのサービスはひとつだけであり、それはConsul自身である。次に、Prometheusを**例8-7**のような構成で実行しよう。

例8-7　Consulサービスディスカバリを使うprometheus.yml

```
scrape_configs:
 - job_name: consul
   consul_sd_configs:
    - server: 'localhost:8500'
```

ブラウザでhttp://localhost:9090/service-discoveryに行くと、**図8-2**のように、Consulサービスディスカバリがひとつのターゲットを見つけていることがメタデータとともに示される。これがターゲットになっているのは、instance、jobラベルによってである。ほかのエージェントやサービスがあれば、それらもここに表示される。

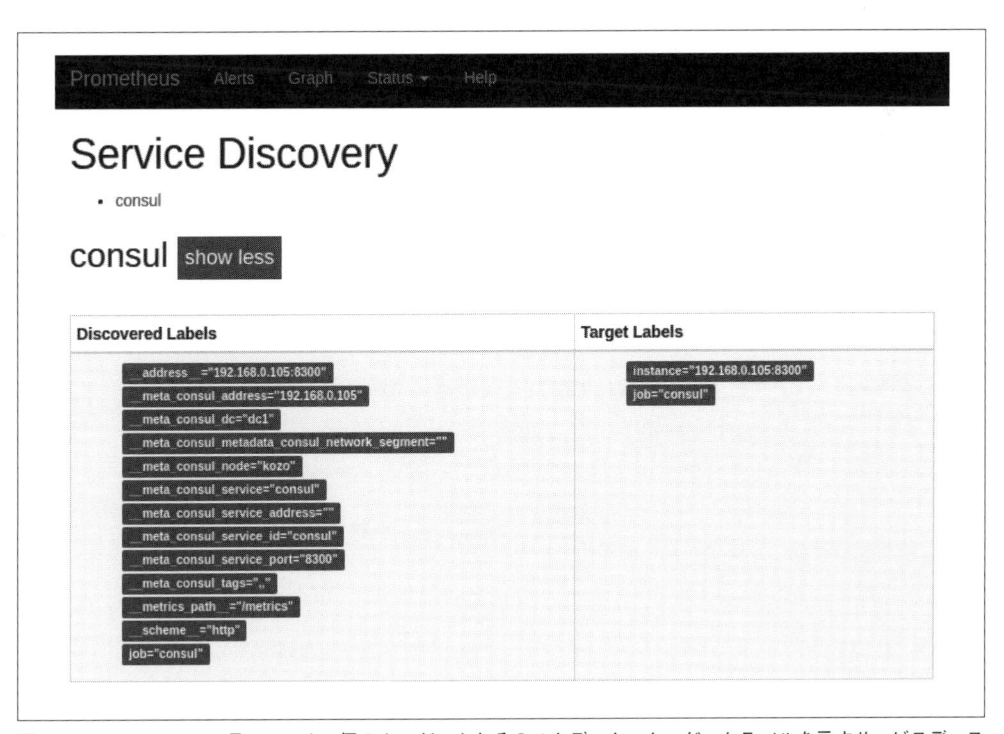

図8-2　Consulによって見つかった1個のターゲットとそのメタデータ、ターゲットラベルを示すサービスディスカバリステータスページ

Consulは/metricsを開示しないので、Prometheusからスクレイプしようとしても失敗する。しかし、Consulエージェントを実行し、スクレイプできるNode exporterを実行しているはずのすべてのマシンを見つけられるだけの情報を提供する。その仕組みについては、「8.2 リラベル」で説明する。

Consul自体をモニタリングしたい場合は、Consul exporterが使える[†6]。

8.1.4 EC2

AmazonのElastic Compute Cloud（いわゆるEC2）は、広く使われている仮想マシンプロバイダである。そして、特別な準備をしなくてもPrometheusでサービスディスカバリのために使えるクラウドプロバイダのひとつでもある。

EC2を使うためには、PrometheusにEC2 APIを使うための認証情報を与えなければならない。たとえば、**例8-8**に示すように、`AmazonEC2ReadOnlyAccess`ポリシ[†7]のIAMユーザをセットアップし、スクレイプ設定でアクセスキーとシークレットキーを提供すればよい。

例8-8 EC2サービスディスカバリを使うprometheus.yml

```
scrape_configs:
 - job_name: ec2
   ec2_sd_configs:
    - region: <region>
      access_key: <access key>
      secret_key: <secret key>
```

まだ何も実行していないのであれば、Prometheusでモニタリング対象として設定したEC2リージョンで少なくともひとつのEC2インスタンスを起動しよう。ブラウザでhttp://localhost:9090/servicediscoveryに行くと、発見したターゲットとEC2から得られたメタデータが表示される。たとえば、**`__meta_ec2_tag_Name="My Display Name"`**は、このインスタンスの**`Name`**タグで、EC2コンソールで表示される名前である（**図8-3**参照）。

`instance`ラベルがプライベートIPを使っていることに注目しよう。Prometheusはモニタリング対象のそばで実行される前提なので、これは妥当なデフォルトだ。すべてのEC2インスタンスがパブリックIPを持っているわけではないし、EC2インスタンスのパブリックIPアドレスとやり取りすると料金

---

†6 監訳注：Consul 1.1.0からConsulエージェント自体にメトリクスをPrometheus形式で出力する機能が追加されている。

†7 必要なのは`EC2:DescribeInstances`パーミッションだけだが、最初のうちはポリシを使った方がセットアップしやすい。

が発生する。

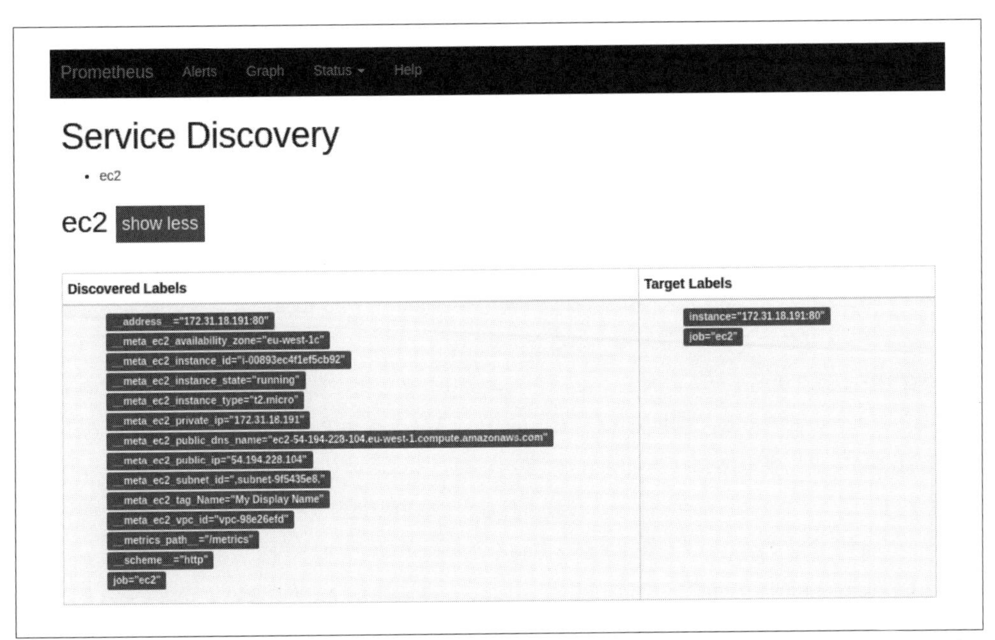

図8-3　EC2によって見つかったひとつのターゲットとそのメタデータ、ターゲットラベルを表示するサービスディスカバリステータスページ

ほかのクラウドプロバイダ用のサービスディスカバリも、おおよそ同じようなものになっているが、必要とされる設定や返されるメタデータはまちまちである。

8.2　リラベル

今までのサービスディスカバリメカニズムの例からもわかるように、ターゲットとそのメタデータは未加工では少し使いにくいかもしれない。ファイルSDと統合すれば、望むような形でターゲットとラベルをPrometheusに提供できるが、ほとんどの場合はそんなことをする必要はない。代わりに、**リラベル**（relabel）を使ってメタデータとターゲットとの対応関係をPrometheusに教えればよい。

Prometheusのラベル名では、ピリオドやアスタリスクを含む多くの文字が使えないので、それらはサービスディスカバリメタデータではアンダースコアに置き換えられている。

サービスディスカバリとリラベルを設定しておけば、新しいマシンとアプリケーションが自動的にピックアップされるというのが理想である。しかし現実には、構成が成熟して複雑になり、Prometheusの設定ファイルを定期的に更新しなければならなくなって、そうはうまくいかないだろう。しかし、その頃にはそれだけが小さな問題点になっているしっかりとしたインフラストラクチャができているはずだ。

8.2.1 スクレイプするものの選択

真っ先に設定したいものは、実際にスクレイプしたいターゲットである。あなたがひとつのサービスを実行するひとつのチームのメンバなら、自分のPrometheusに同じEC2リージョンのすべてのターゲットをスクレイプさせようとは思わないだろう。

インフラストラクチャチームのマシンだけをモニタリングしたいものとして、**例8-5**をどのように書き換えたらよいだろうか。**例8-9**のようにkeepという**リラベルアクション**（relabel action）を指定すればよい。正規表現はsource_labelsに並べられたラベルの値に適用され（値はセミコロンで区切られている）、マッチしたターゲットは残される。この例ではアクションはひとつしかないので、team="infra"を含むすべてのターゲットが残される。

しかし、team="monitoring"ラベルのターゲットは、正規表現がマッチしないので捨てられる。

リラベルで使われる正規表現は**完全にアンカリングされている**†8ものとして扱われ、infraというパターンはfooinfraやinfrabarにはマッチしない。

例8-9　keepリラベルアクションを使ってteam="infra"ラベルを持つターゲットだけをモニタリングする

```
scrape_configs:
 - job_name: file
   file_sd_configs:
    - files:
       - '*.json'
   relabel_configs:
    - source_labels: [team]
      regex: infra
      action: keep
```

relabel_configsでは、複数のリラベルアクションを指定できる。keep、dropアクションでターゲットが絞られない限り、すべてのリラベルアクションが順に処理される。たとえば、**例8-10**では、ラベルにinfraとmonitoringの両方の値を持たせることはできないので、すべてのターゲットが捨てられる。

†8　監訳注：infraは^infra$として扱われるということである。

例8-10 teamラベルとして両立しない値を要求するふたつのリラベルアクション

```
scrape_configs:
 - job_name: file
   file_sd_configs:
    - files:
       - '*.json'
   relabel_configs:
    - source_labels: [team]
      regex: infra
      action: keep
    - source_labels: [team]
      regex: monitoring
      action: keep
```

ラベルとして複数の値を認めたいときには、OR演算子として|（パイプ記号）を使う。これであれかこれのどちらかという意味になる。**例8-11**は、インフラストラクチャチームかモニタリングチームで必要とされるターゲットを残す正しい方法を示している。

例8-11 |を使ってラベルの値として2種類のものを認める

```
scrape_configs:
 - job_name: file
   file_sd_configs:
    - files:
       - '*.json'
   relabel_configs:
    - source_labels: [team]
      regex: infra|monitoring
      action: keep
```

マッチしないターゲットを捨てるkeepアクションのほかに、マッチするターゲットを捨てるdropアクションも使える。また、source_labelsで複数のラベルを指定することもできる。すると、それらのラベルの値がセミコロンで区切られた形で連結される[†9]。モニタリングチームのPrometheusジョブをスクレイプしたくない場合には、**例8-12**のようにふたつのラベルの値を組み合わせて指定すればよい。

例8-12 複数のソースラベルを使う

```
scrape_configs:
 - job_name: file
   file_sd_configs:
    - files:
       - '*.json'
   relabel_configs:
    - source_labels: [job, team]
      regex: prometheus;monitoring
      action: drop
```

†9 区切り文字は、separatorで変更できる。

リラベルをどのように使うかはあなた次第である。何らかのローカルルールを決めておくようにしよう。たとえば、EC2インスタンスにはオーナーチームの名前を示すteamタグを持たせ、すべての本番サービスにはConsulでproductionタグを持たせるようにする。ローカルルールがなければ、新しいサービスを導入するたびに、モニタリングのための特別な処理が必要になる。それは時間の使い方として問題だろう。

サービスディスカバリメカニズムに何らかの形の健全性チェックが含まれている場合でも、それを使って不健全なインスタンスを捨ててはならない。あるインスタンスが不健全だとされていても、特に起動、終了の前後などでは役に立つメトリクスを生成することがある。

Prometheusは、アプリケーションインスタンスごとにターゲットを必要とする。ロードバランサ越しのスクレイプは、スクレイプするたびにどのインスタンスに当たるかわからず、たとえばカウンタが逆行しているように見えることがあり得るので、機能しない。

正規表現

Prometheusは、Go付属のRE2正規表現エンジンを使っている。RE2は線形時間でマッチが終わるように設計されているが、後方参照、先読み、その他一部の高度な機能をサポートしない。

正規表現をよく知らない読者のために説明しておくと、正規表現がサポートされていれば、**パターン**と呼ばれるルールに基づいてテキストをテストできる。正規表現の基本をまとめると次のようになる。

パターン	マッチするもの
a	1個のa
.	1個の文字(文字なら数字、記号、改行などの特殊文字も含めて何でもよい)
\.	1個のピリオド
.*	0個以上の任意の文字
.+	1個以上の任意の文字
a+	1個以上のa
[0-9]	1個の数字(0から9までのどれか)
\d	1個の数字(0から9までのどれか)
\d*	0個以上の数字
[^0-9]	1個の数字以外の文字
ab	aの後ろにbが続くもの
a(b|c*)	aの後ろにbか0個以上のcが続くもの(1個のaのみも含まれる)

また、丸かっこはキャプチャグループを作る。たとえば、(.)(\d+)というパターンを指定してa123という文字を与えると、第1のキャプチャグループにはa、第2のキャプチャグループには

123が格納される。キャプチャグループは、文字列の一部を抽出してあとで使いたいときに役に立つ。

8.2.2 ターゲットラベル

ターゲットラベルは、スクレイプが返すすべての時系列データに付加されるラベルである。ターゲットラベルはターゲットのアイデンティティなので[†10]、一般にバージョン番号やマシンオーナーのように時間とともに変化してはならない。

ターゲットラベルが変わるたびに、スクレイプされた時系列データのラベルは変わり、アイデンティティも変わる。これはグラフの断絶を引き起こし、ルールやアラートで問題を引き起こす可能性がある。

では、どのようなものがよいターゲットラベルになるのだろうか。すでにすべてのターゲットが持つターゲットラベルとして、jobやinstanceを見てきた。開発中のものか本番運用されているものか、リージョン、データセンタ、管理しているチームなどの、アプリケーションの大きな分類にターゲットラベルを付けることもよくある。シャーディングされているかどうかなど、アプリケーションのなかの構造にラベルを付けてもよい。

ターゲットラベルは、最終的にPromQLでターゲットを選択、分類、集計するために使うものである。たとえば、開発中のシステムと本番システムとでアラートへの対処方法を変えたい場合や、もっとも負荷が高いのはアプリケーションのどのシャードかとか、もっともCPU時間を使っているのはどのチームかなどを知りたい場合に使う。

しかし、ターゲットラベルにはコストがかかる。ラベルを1個追加したからといってリソースは大して消費しないが、PromQLを書くときに本当のコストがかかる。PromQL式をひとつ書くたびに、新ラベルのことをいちいち考えなければならないのである。たとえば、ターゲットごとに一意なhostラベルを追加したとする。すると、それまでとは異なり、ターゲットごとに一意に決まるのはinstanceだけだとは言えなくなってしまうため、without(instance)を使っていた集計はすべておかしくなる。この問題については、**14章**で詳しく説明する。

おおよその目安として、ターゲットラベルは、階層構造にすべきである。新しいターゲットラベルは、従来のターゲットラベルで同じものを細分化するために使う。たとえば、リージョンにデータセンタが含まれ、データセンタに環境が含まれ、環境にサービスが含まれ、サービスにジョブが含まれ、ジョブにインスタンスが含まれるというような関係である。しかし、これは厳格なルールではない。たとえば、

†10 ほかの設定が異なるふたつのターゲットが同じターゲットラベルを持つことはあり得るが、upなどのメトリクスが衝突を起こすので、このようなことは避けるべきである。

現在のデータセンタがひとつだけでも、少し先を見越してデータセンタのラベルを設けてもよい[†11]。

アプリケーションが知っていることでも、バージョン番号のようにターゲットラベルにしても無意味なものがある。バージョン番号は、「5.5.2 info」で説明したように、infoメトリクスを使って開示できる。

Prometheusのすべてのターゲットにたとえばregionのようなラベルを付けたいときには、「18.2.1 外部ラベル」で説明するexternal_labelsを使うようにすべきだ。

8.2.2.1 replaceアクション

では、ターゲットラベルを指定するためのリラベルはどうすればよいのだろうか。答えはreplaceアクションである。replaceアクションを使えば、正規表現を使ってラベルをコピーできる。

たとえば、monitoringチームがmonitorチームに名称変更されたものの、ファイルSDの入力を変えられないので、**例8-5**をもとにリラベルを使うものとする。**例8-13**は、正規表現monitoring（この場合はmonitoringという文字列そのもの）にマッチするteamラベルを探し、monitorに置き換える。

例8-13 リラベルのreplaceアクションを使ってteam="monitoring"をteam="monitor"に変える

```
scrape_configs:
 - job_name: file
   file_sd_configs:
    - files:
       - '*.json'
   relabel_configs:
    - source_labels: [team]
      regex: monitoring
      replacement: monitor
      target_label: team
      action: replace
```

これは非常に単純だが、実際に新しいラベル値をいちいち指定しなければならないということになると、かなりの作業量になる。monitoringのingがまずいのだとすれば、チーム名の最後のingを取り除くという方法でリラベルをすればよい。**例8-14**は、ingで終わるすべての文字列にマッチし、それまでの部分を第1キャプチャグループに格納する正規表現(.*)ingを使ってこれを行っている。置換後の値は第1キャプチャグループの内容になり、それがteamラベルになる。

例8-14 リラベルのreplaceアクションを使ってteamラベルの末尾のingを取り除く

```
scrape_configs:
 - job_name: file
```

† 11 しかし、先を見越してと言っても度を越してはならない。年月とともにアーキテクチャが変化し、それに合わせてターゲットラベルの階層構造も見直さなければならなくなることは珍しいことではない。一般に、その変化がどのようなものになるのかを予測することは不可能である。たとえば、旧来の自社データセンタからゾーンの概念を持つEC2などのクラウドプロバイダに切り替えるときのことを考えてみよう。

```
file_sd_configs:
 - files:
   - '*.json'
relabel_configs:
 - source_labels: [team]
   regex: '(.*)ing'
   replacement: '${1}'
   target_label: team
   action: replace
```

図8-4に示すように、team="infra"のように、ターゲットのラベルが正規表現にマッチしない場合には、replaceアクションはターゲットに影響を及ぼさない。

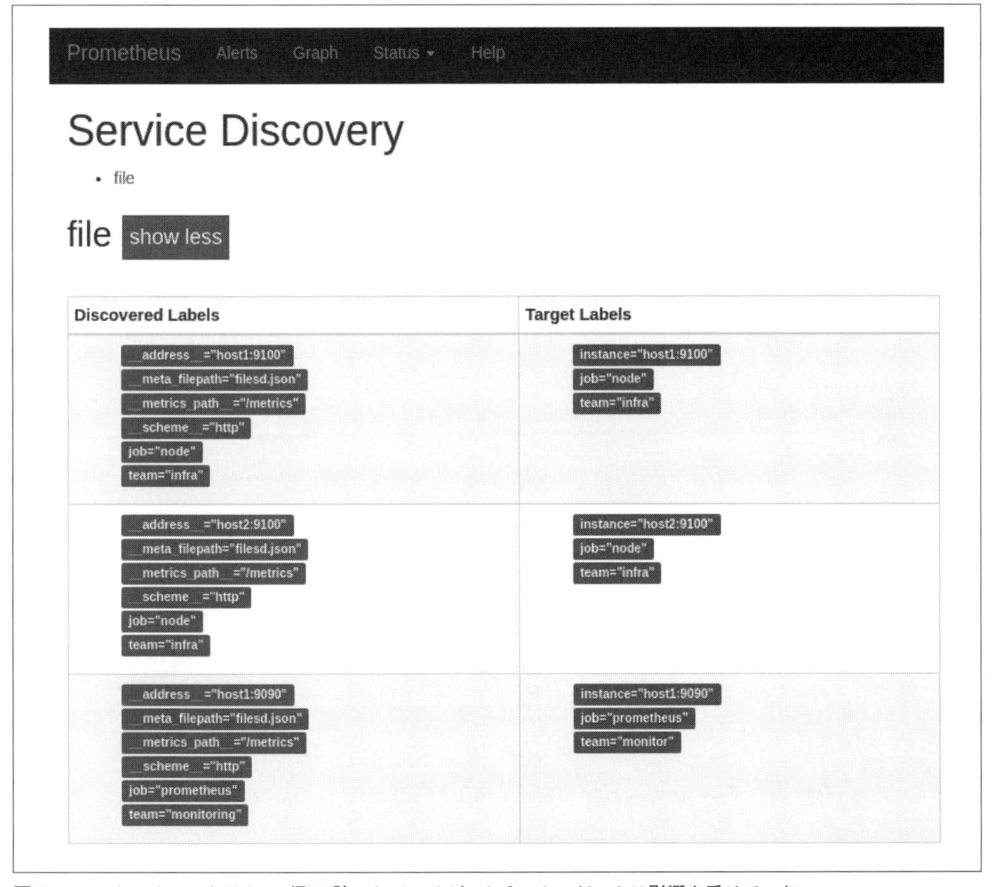

図8-4　monitoringからはingが取り除かれているが、infraターゲットは影響を受けていない

値が空文字列のラベルはラベルがないのと同じなので、teamラベルを捨てたい場合には、**例8-15**を使う。

例8-15 リラベルのreplaceアクションを使ってteamラベルを捨てる

```
scrape_configs:
 - job_name: file
   file_sd_configs:
    - files:
      - '*.json'
   relabel_configs:
    - source_labels: []
      regex: '(.*)'
      replacement: '${1}'
      target_label: team
      action: replace
```

先頭が__のラベルは、すべてターゲットラベルのリラベルの最後に捨てられるので、自分で捨てなくてよい。

文字列全体を対象として正規表現を適用し、キャプチャして、それを新しい値として使うのは一般的なことなので、すべてデフォルトになっている。そのため、**例8-16**のようにその部分を省略しても[†12]、**例8-15**と同じ効果が得られる。

例8-16 デフォルトを使ってteamラベルを簡潔に捨てる

```
scrape_configs:
 - job_name: file
   file_sd_configs:
    - files:
       - '*.json'
   relabel_configs:
    - source_labels: []
      target_label: team
```

replaceアクションの仕組みの基本がわかってきたので、もう少しリアルな例を見てみよう。**例8-7**では、ポート80のターゲットを作ったが、Node exporterが使っている9100に変更すれば役に立つだろう。**例8-17**では、Consulが使っているアドレスに`:9100`を追加して、それを`__address__`ラベルにしている。

例8-17 ConsulのIPアドレスにNode exporter用のポート9100を追加する

```
scrape_configs:
 - job_name: node
   consul_sd_configs:
    - server: 'localhost:8500'
   relabel_configs:
```

†12 `source_labels: []`も省略できるが、ここではラベルが捨てられることをはっきりさせるために残しておいた。

```
- source_labels: [__meta_consul_address]
  regex: '(.*)'
  replacement: '${1}:9100'
  target_label: __address__
```

リラベルによってひとつのスクレイプ設定からふたつの同じターゲットができてしまった場合、それらは自動的にひとつにまとめられる。そのため、個々のマシンで多数のConsulサービスを実行していても、**例8-17**でひとつのマシンから作られるターゲットはひとつだけである。

8.2.2.2 job、instance、__address__

今までの例では、instanceというターゲットラベルがあったが、メタデータには対応するinstanceラベルはなかったことに気付かれたのではないだろうか。このラベルはどこから来たのだろうか。答えを言うと、ターゲットがinstanceラベルを持っていない場合には、デフォルトで__address__ラベルの値が使われるのだ。

instanceは、jobとともに、ターゲットがかならず持っているラベルである。jobは、デフォルトで設定オプションのjob_nameから値を得ている。jobラベルは、同じ目的を持つ一連のインスタンスを示し、一般にすべて同じバイナリと構成で実行される[†13]。instanceラベルは、ジョブのなかのひとつのインスタンスを識別する。

__address__は、スクレイプするときにPrometheusが接続するホストとポートである。__address__はinstanceラベルのデフォルトを提供するが、別々のラベルなので、両者で異なる値を指定できる。たとえば、**例8-18**に示すように、アドレスとしてはIPアドレスを使いつつ、instanceラベルではConsulのノード名を使いたい場合があるかもしれない。これは、host、node、aliasといった良さそうな名前のラベルを追加するよりもよい方法だ。この方法なら、ターゲットごとに一意な第2のラベルを追加して、PromQLがややこしくなることを避けられる。

例8-18　アドレスとしてはConsulのIPと9100番ポートの組み合わせを使い、instanceラベルとしてはノード名を使う例

```
scrape_configs:
 - job_name: consul
   consul_sd_configs:
    - server: 'localhost:8500'
   relabel_configs:
    - source_labels: [__meta_consul_address]
      regex: '(.*)'
      replacement: '${1}:9100'
      target_label: __address__
    - source_labels: [__meta_consul_node]
```

†13　ジョブは、別のラベルでシャードに分割される場合がある。

```
      regex: '(.*)'
      replacement: '${1}:9100'
      target_label: instance
```

Prometheusは__address__を使ってDNSの解決をするため、ip:portではなくhost:portを使えばinstanceラベルを読みやすくできる。

8.2.2.3 labelmap

labelmapアクションは、ラベルの値ではなくラベルの名前を操作するという点で、今までに見てきたdrop、keep、replaceとは異なる。

これが役に立つのは、使っているサービスディスカバリがすでにキーバリューラベルを持っており、その一部をターゲットラベルとして使いたいときである。これを使えば、新しいラベルが追加されるたびにPrometheusの設定を変更せずに、それに対応するターゲットラベルを設定できる。

たとえば、EC2のタグはキーバリューペアになっている。すでにローカルルールとしてserviceタグにサービス名を指定することにしている場合、Prometheusのjobラベルの意味とセマンティクスが一致する。さらに、monitor_というプレフィックスを持つタグは、ターゲットラベルになるというようなローカルルールを設けている場合もあるだろう。そうすると、EC2のmonitor_foo=barというタグは、Prometheusのfoo="bar"というターゲットラベルになる。**例8-19**は、jobラベルのためにreplaceアクション、monitor_プレフィックスのためにlabelmapアクションを使ってこれを行っている。

例8-19　EC2サービスタグをjobラベルとして使い、monitor_というプレフィックスを持つすべてのタグを新たなターゲットラベルとして使う

```
scrape_configs:
 - job_name: ec2
   ec2_sd_configs:
    - region: <region>
      access_key: <access key>
      secret_key: <secret key>
   relabel_configs:
    - source_labels: [__meta_ec2_tag_service]
      target_label: job
    - regex: __meta_ec2_public_tag_monitor_(.*)
      replacement: '${1}'
      action: labelmap
```

しかし、このようなシナリオで、すべてのラベルをやみくもにコピーすることには注意が必要である。アーキテクチャ全体のなかで、この種のメタデータを使うのはPrometheusだけとは限らないからだ。たとえば、社内での課金のために、すべてのEC2インスタンスにコストセンタタグを追加したとする。もしlabelmapアクションによってこのタグを自動的にターゲットラベルにしてしまうと、すべてのター

ゲットラベルが変更されてしまい、グラフやアラートが動作しなくなる可能性がある。そのため、よく知られている名前（ここではserviceタグなど）、または名前空間が明確に示された名前（monitor_など）を使用することが賢明である。

8.2.2.4 リスト

すべてのサービスディスカバリメカニズムがキーバリューラベルやタグを持っているわけではない。Consulのように単なるタグのリストを持っているだけという場合もある。しかし、Consul以外にも、EC2のサブネットID[†14]のように、サービスディスカバリメカニズムがリストをキーバリューメタデータに変換しなければならない場面はいくつもある。

変換は、リスト内の要素をカンマ区切りでひとつにまとめ、それをラベルの値にするという方法で行われる。正しい正規表現を書きやすくするために、値の先頭や末尾にもカンマが入る。

たとえば、あるConsulサービスがdublinとprodのふたつのタグを持っていたとする。タグには順序がないので、__meta_consul_tagsタグの値は、,dublin,prod,か,prod,dublin,になる。本番ターゲットだけをスクレイプしたい場合は、例8-20のようなkeepアクションを使えばよい。

例8-20　prodタグを持つConsulサービスだけを残す

```
scrape_configs:
 - job_name: node
   consul_sd_configs:
    - server: 'localhost:8500'
   relabel_configs:
    - source_labels: [__meta_consul_tags]
      regex: '.*,prod,.*'
      action: keep
```

キーバリューペアの値だけになっているタグがある場合がある。そのような値でもラベルに変換できるが、どういう値があり得るかを知っている必要がある。例8-21は、ターゲットの環境を示すタグをenvラベルに変換する方法を示している。

例8-21　envラベルの値としてprod、staging、devタグを使う

```
scrape_configs:
 - job_name: node
   consul_sd_configs:
    - server: 'localhost:8500'
   relabel_configs:
    - source_labels: [__meta_consul_tags]
      regex: '.*,(prod|staging|dev),.*'
      target_label: env
```

†14　EC2インスタンスは複数のネットワークインタフェイスを持つことができ、それぞれが異なるサブネットに属する場合がある。

リラベルのルールが複雑な場合は、値を置いておく一時ラベルが必要になることがあるかもしれない。そのような目的のために、__tmpというプレフィックスが予約されている。

8.3 スクレイプの方法

これで接続先のターゲットラベルと__address__が用意できた。しかし、/metrics以外のパスやクライアントの認証情報など、必要な設定情報がまだ残っている。

例8-22は、使えるオプションのなかでも比較的よく使われているものを示している。これらは時間とともに変わっていくので、ドキュメント（https://prometheus.io/docs/prometheus/latest/configuration/configuration/#scrape_config）で最新の設定を確認していただきたい。

例8-22　利用できるオプションの一部を示すスクレイプ設定

```
scrape_configs:
 - job_name: example
   consul_sd_configs:
    - server: 'localhost:8500'
   scrape_timeout: 5s
   metrics_path: /admin/metrics
   params:
     foo: [bar]
   scheme: https
   tls_config:
     insecure_skip_verify: true
   basic_auth:
     username: brian
     password: hunter2
```

metrics_pathはURLのパス部分だけであり、たとえば/metrics?foo=barとしようとすると、/metrics%3Ffoo=barにエスケープされる。URLパラメータは、paramsに置くようにすべきだ。もっとも、これが必要になるのは、フェデレーション、SNMP/Blackbox exporterを含む一部のexporterだけである。デバッグが難しくなるので、ヘッダを自由に追加することはできない。提供されている以上の自由が必要なら、いつでもproxy_urlでプロキシサーバを指定して、スクレイプリクエストを操作すればよい。

schemeはhttpかhttpsにできる。そして、httpsでTLSクライアント認証を使いたい場合は、key_file、cert_fileといったオプションが使える。insecure_skip_verifyを使えば、スクレイプターゲットのTLS証明書のチェックを無効にできるが、セキュリティという観点からはお勧めできない。

TLSクライアント認証以外にも、basic_authとbearer_tokenを通じてHTTP Basic認証とHTTP Bearerトークン認証が提供されている。Bearerトークンは、bearer_token_fileを使って設定ではなくファイルから読み出すこともできる。Bearerトークンと Basic認証のパスワードは機密情報なので、何かの間違いでリークすることがないよう、Prometheusのステータスページではマスクされる。

スクレイプ設定では、scrape_timeoutだけでなくscrape_intervalも上書きできるが、一般に、Prometheusでは健全性を保つために単一のスクレイプインターバルを使うようにすべきだ。

これらのスクレイプ設定の項目のうち、スキーム、パスおよび各URLパラメータは __scheme__、__metrics_path__、__param_<name>ラベルとして提供され、リラベルにより上書きできる。同じ名前の複数のURLパラメータがある場合は、最初のものだけが有効になる。その他の設定項目は、健全性とかセキュリティといった理由でリラベルできない。

サービスディスカバリのメタデータはセキュリティ上機密性を要するとは考えられておらず[†15]、Prometheus UIにアクセスできる人なら誰でもアクセスできる。機密情報を指定できるのはスクレイプ設定だけなので、使う認証情報は、サービス全体を通じて標準化することが推奨されている。

重複するジョブ

job_nameは一意でなければならないが、デフォルトに過ぎないので、異なるスクレイプ設定が同じjobラベルを持つターゲットを生み出すことは妨げられない。

たとえば、異なる認証情報を必要とするジョブがあり、どちらのジョブかをConsulタグで識別する場合、keep、dropアクションでジョブを区別し、replaceを使ってjobラベルを設定すればよい。

```
- job_name: my_job
  consul_sd_configs:
   - server: 'localhost:8500'
  relabel
   - source_labels: [__meta_consul_tags]
     regex: '.*,specialsecret,.*'
     action: drop
  basic_auth:
     username: brian
     password: normalSecret

- job_name: my_job_special_secret
  consul_sd_configs:
   - server: 'localhost:8500'
  relabel
   - source_labels: [__meta_consul_tags]
     regex: '.*,specialsecret,.*'
     action: keep
   - replacement: my_job
```

†15 一般に、サービスディスカバリシステムは認証情報を保持するような形で設計されたりしない。

```
        target_label: job
    basic_auth:
        username: brian
        password: specialSecret
```

8.3.1 metric_relabel_configs

リラベルは、サービスディスカバリのメタデータをターゲットラベルにマッピングするというもともとの用途以外のほかの目的でも使われている。そのようなもののひとつがメトリクスのリラベルである。ターゲットからスクレイプした時系列データをリラベルするのだ。

どこでどのようなリラベルアクションが使えるかについて制限はないので、今まで説明してきたkeep、drop、replace、labelmapというリラベルアクションは、すべてmetric_relabel_configsでも使える[†16]。

どちらがどちらかを覚えやすくするために言っておくと、relabel_configsは何をスクレイプするかを明らかにするために使われるのに対し、metrics_relabel_configsはスクレイプが終わったあとで使われる。

メトリクスのリラベルが使われるのは、コストのかかるメトリクスを捨てるときと、問題のあるメトリクスを修正するときである。そのような問題はソースで解決した方がよいが、解決途中で戦術的な選択肢があるのはよいことだ。

メトリクスのリラベルを使うと、スクレイプされたあと、ストレージに書き込まれる前の時系列データにアクセスできる。keep、dropアクションは、どの時系列データをインジェストするかを選択するために__name__ラベルに対して使える（**5章**のコラム「予約済みラベルと__name__」参照）。たとえば、Prometheusのhttp_request_size_bytes[†17]メトリクスのカーディナリティが高すぎてパフォーマンス問題が起きていることがわかったら、**例8-23**のようにして捨てることができる。このメトリクスは、依然としてネットワーク転送され、パースされるが、こうすれば、ちょっと一息つける。

例8-23 metric_relabel_configsを使ってコストの高いメトリクスを捨てる

```
scrape_configs:
 - job_name: prometheus
   static_configs:
```

---

†16 だからといってリラベルが使われるすべての状況ですべてのリラベルアクションに意味があるというわけではない。

†17 このメトリクスはPrometheus 2.3.0でヒストグラムに変更され、prometheus_http_response_size_bytesという名前になった。

```
      - targets:
        - localhost:9090
    metric_relabel_configs:
     - source_labels: [__name__]
       regex: http_request_size_bytes
       action: drop
```

3章のコラム「累積ヒストグラム」で説明したようにメトリクスのラベルも使えるので、ヒストグラムの特定のバケットを捨てることができる。その場合でも、分位数は計算できる。**例8-24**は、Prometheusのprometheus_tsdb_compaction_duration_secondsヒストグラムを使ってこれを示している。

例8-24 カーディナリティを下げるためにヒストグラムのバケットを捨てる

```
scrape_configs:
 - job_name: prometheus
   static_configs:
    - targets:
       - localhost:9090
   metric_relabel_configs:
    - source_labels: [__name__, le]
      regex: 'prometheus_tsdb_compaction_duration_seconds_bucket;(4|32|256)'
      action: drop
```

metric_relabel_configsは、ターゲットからスクレイプしたメトリクスだけに適用される。スクレイプ自体についてのメトリクスでターゲットラベルしか持たないupなどのメトリクスでは使えない。

metric_relabel_configsは、メトリクス名やラベル名の変更、メトリクス名からのラベルの抽出などにも使える。

8.3.1.1 labeldropとlabelkeep

ターゲットのリラベルで必要になるとは考えられないものの、メトリクスのリラベルでは使われるリラベルアクションがあとふたつある。exporterは、ラベルに夢中になり過ぎたり、インストルメンテーションラベルとターゲットラベルを取り違えたりして、自分がターゲットラベルだと思ったものを返してくることがある。replaceアクションは、あらかじめ名前がわかっているラベル名だけしか扱えないが、いつもそうだとは限らない。

labeldrop、labelkeepアクションはこのようなときに使われる。これらはlabelmapと同様にラベルの値ではなくラベルの名前に適用される。そして、labeldropとlabelkeepは、ラベルをコピーするのではなく捨てる。**例8-25**は、labeldropを使って特定のプレフィックスを持つすべてのラベルを捨てている。

例8-25 スクレイプしたラベルのなかで先頭がnode_になっているものをすべて捨てる

```
scrape_configs:
 - job_name: misbehaving
   static_configs:
    - targets:
       - localhost:1234
   metric_relabel_configs:
    - regex: 'node_.*'
      action: labeldrop
```

これらのアクションを使わなければならないときには、可能ならlabeldropを使った方がよい。labelkeepを使うと、__name__、le、quantileを含め、残しておきたいラベルを全部リストアップしなければならなくなる。

8.3.2 ラベルの衝突とhonor_labels

exporterがあなたの必要とするラベルがどれかについて間違って判断しているときにはlabeldropが使えるが、必要とするラベルを本当に知っているexporterも少しある。たとえば、「4.4 Pushgateway」で説明したように、Pushgatewayのメトリクスにはinstanceラベルを設定するべきではないので、Pushgatewayのinstanceターゲットラベルが適用されないようにするための手段が必要になる。

しかし、まずスクレイプのインストルメンテーションラベルと同じ名前のターゲットラベルがあるときにどうなるかから見ていこう。この場合、動作がおかしいアプリケーションがターゲットラベルのセットアップを妨害しないように、ターゲットラベルが優先される。たとえば、jobラベルが衝突している場合、インストルメンテーションラベルはexported_jobに名称変更される。

しかし、インストルメンテーションラベルを優先させてターゲットラベル名を変えたいときには、スクレイプ設定でhonor_labels: trueを設定する。これは、Prometheusにおいて空ラベルをラベルなしと扱わない場所のひとつである。スクレイプされたメトリクスが明示的にinstance=""ラベルを持ち、さらにhonor_labels: trueが設定されている場合、その時系列データはinstanceラベルを持たない。Pushgatewayはこのテクニックを使っている。

Pushgateway以外にも、ほかのモニタリングシステムからメトリクスをインジェストするときにhonor_labelsの出番がやってくることがある。それは、**11章**で推奨しているアプリケーションインスタンスごとにひとつのexporterを実行するという方法に従わない場合である。

ターゲットラベルとインストルメンテーションラベルの衝突の処理をもっと細かく管理したい場合には、metric_relabel_configsを使えば、ストレージにメトリクスが追加される前にラベルを調整できる。ラベルの衝突とhonor_labelsの処理は、metric_relabel_configsよりも先に行われる。

サービスディスカバリを理解したので、次章では、コンテナのモニタリングとKubernetesでサービスディスカバリがどのように使われているかを学ぶことにしよう。

9章
コンテナとKubernetes

Docker（ドッカー）やKubernetes（クーバネティス）といったテクノロジの登場とともに、コンテナを使ったデプロイは一般的になってきている。あなたもすでにこれらを使っているかもしれない。この章では、コンテナのもとで使えるexporterを紹介し、KubernetesのもとでのPrometheusの使い方を説明する。

Prometheusのコンポーネントは、**7章**で述べたようにNode exporterだけを例外として、コンテナのもとでも問題なく実行できる。

9.1 cAdvisor

Node exporterがマシンについてのメトリクスを提供するのと同じように、cAdvisor（シーアドバイザ）は**cgroups**についてのメトリクスを提供するexporterである。cgroupsはLinuxカーネルの隔離機能で、通常はLinuxでコンテナを実装するために使われ、systemdなどのランタイム環境もこれを使っている。

cAdvisorはDockerで実行できる。

```
docker run \
  --volume=/:/rootfs:ro \
  --volume=/var/run:/var/run:rw \
  --volume=/sys:/sys:ro \
  --volume=/var/lib/docker/:/var/lib/docker:ro \
  --volume=/dev/disk/:/dev/disk:ro \
  --publish=8080:8080 \
  --detach=true \
  --name=cadvisor \
  google/cadvisor:v0.28.3
```

Prometheus Goクライアントライブラリの誤った使い方による問題があるので、0.28.3より前のcAdvisorは使ってはならない。

http://localhost:8080/metricsに行くと、図9-1に示すように、メトリクスの長いリストが表示される。

コンテナのメトリクスには、container_というプレフィックスが付けられており、どれもidラベルがある。先頭が/docker/となっているidラベルはDockerとそのコンテナからのもので、先頭が/user.slice/、/system.slice/のidラベルはマシンで実行されているsystemdからのものである。cgroupsを使うほかのソフトウェアがある場合は、そのcgroupsも表示される。

```
# HELP cadvisor_version_info A metric with a constant '1' value labeled by kernel
version, OS version, docker version, cadvisor version & cadvisor revision.
# TYPE cadvisor_version_info gauge
cadvisor_version_info{cadvisorRevision="1e567c2",cadvisorVersion="v0.28.3",dockerVersion=
"1.11.2",kernelVersion="4.4.0-101-generic",osVersion="Alpine Linux v3.4"} 1
# HELP container_cpu_load_average_10s Value of container cpu load average over the last
10 seconds.
# TYPE container_cpu_load_average_10s gauge
container_cpu_load_average_10s{id="/",image="",name=""} 0
container_cpu_load_average_10s{id="/docker",image="",name=""} 0
container_cpu_load_average_10s{id="/docker/2021405b75f2b12c8a8c6aa93e9c4b52f0a8f2ff3d5c92
2eefd9ae8e35e5d805",image="google/cadvisor:v0.28.3",name="cadvisor"} 0
container_cpu_load_average_10s{id="/init.scope",image="",name=""} 0
container_cpu_load_average_10s{id="/system.slice",image="",name=""} 0
container_cpu_load_average_10s{id="/system.slice/ModemManager.service",image="",name=""}
0
container_cpu_load_average_10s{id="/system.slice/NetworkManager-wait-
online.service",image="",name=""} 0
container_cpu_load_average_10s{id="/system.slice/NetworkManager.service",image="",name=""
} 0
container_cpu_load_average_10s{id="/system.slice/accounts-
daemon.service",image="",name=""} 0
container_cpu_load_average_10s{id="/system.slice/acpid.service",image="",name=""} 0
container_cpu_load_average_10s{id="/system.slice/alsa-restore.service",image="",name=""}
0
container_cpu_load_average_10s{id="/system.slice/apparmor.service",image="",name=""} 0
container_cpu_load_average_10s{id="/system.slice/apport.service",image="",name=""} 0
container_cpu_load_average_10s{id="/system.slice/avahi-daemon.service",image="",name=""}
0
container_cpu_load_average_10s{id="/system.slice/binfmt-
support.service",image="",name=""} 0
```

図9-1 cAdvisorの/metricsページの冒頭

これらのメトリクスは、次のようなprometheus.ymlでスクレイプできる。

```
scrape_configs:
 - job_name: cadvisor
   static_configs:
    - targets:
      - localhost:8080
```

9.1.1 CPU

コンテナのCPUのメトリクスは、container_cpu_usage_seconds_total、container_cpu_system_seconds_total、container_cpu_user_seconds_totalの3つである。

container_cpu_usage_seconds_totalは、モードではなく、CPUごとに分けられる。container_cpu_system_seconds_total、container_cpu_user_seconds_totalは、「7.1 cpuコレクタ」で説明

したNode exporterのcpuコレクタと同様に、それぞれユーザモードとシステムモードに対応している。これらはどれもrate関数が使えるカウンタである。

1台のマシンに多数のコンテナとCPUがあると、cAdvisorが生成するメトリクスのカーディナリティは非常に高くなり、パフォーマンス問題を起こすことがある。「8.3.1 metric_relabel_configs」で説明したdropリラベルアクションを使えば、あまり使わないメトリクスをスクレイプ時に捨てることができる。

9.1.2 メモリ

Node exporterの場合と同様に、メモリ使用量のメトリクスはとても明快だとは言えず、理解するためにはソースコードやドキュメントを熟読する必要がある。

container_memory_cacheはコンテナが使っているページキャッシュのサイズ（単位バイト）で、container_memory_rssは常駐セットサイズ（RSS、単位バイト）である。これらはマップトファイル（memory-mapped file）のサイズ[†1]を含んでいないので、プロセスから見えるRSSや物理メモリとは異なる。container_memory_usage_bytesは、RSSとページキャッシュの合計である。container_spec_memory_limit_bytesは、使用できるメモリの上限で、0でなければcontainer_memory_usage_bytesを制限する。container_memory_working_set_bytesは、container_memory_usage_bytesからアクティブでないファイルバックトメモリ（カーネルが開示するtotal_inactive_file）を引いて計算される。

実際には、開示されているRSSにもっとも近いのはcontainer_memory_working_set_bytesで、ページキャッシュを含んでいるcontainer_memory_usage_bytesも注視しておきたい。

一般に、cgroupから出力されるメトリクスよりも、プロセス自体が生成するprocess_resident_memory_bytesなどのメトリクスを使うことをお勧めする。しかし、アプリケーションがPrometheusメトリクスを開示していない場合にはcAdvisorはよい代用品になるので、デバッグやプロファイリングではcAdvisorメトリクスも重要である。

9.1.3 ラベル

cgroupsは、/cgroupをルートとする階層構造になっている。個々のcgroupのメトリクスは、その下のcgroupの使用量が含まれている。これでは、メトリクスの合計か平均には意味がなければならないというルールに違反しており、5章のコラム「テーブル例外」で説明したテーブル例外のひとつになっている。

---

†1 マップトファイルには、mmapとプロセスが使っているライブラリの両方が含まれる。これはカーネルからfile_mappedとして開示されているが、cAdvisorはこれを使っていないので、cAdvisorからは標準のRSSはわからない。

cAdvisorは、idラベル以外にも、コンテナが持っているラベルを追加している。Dockerコンテナの場合、実行されている特定のDockerイメージのためのimageとDocker内でのコンテナの名前であるnameのふたつのラベルがかならずある。

Dockerがコンテナのために持っているメタデータラベルも、container_label_プレフィックスを持つラベルとして含まれる。スクレイプから得られるこれらのラベルによってモニタリングがうまくいかない場合があるので、**例9-1**に示すように、「8.3.1.1 labeldropとlabelkeep」で説明したlabeldropでこれらのラベルを取り除くようにすべきだ[†2]。

例9-1 labeldropを使ってcAdvisorのcontainer_label_ラベルを捨てる

```
scrape_configs:
- job_name: cadvisor
  static_configs:
   - targets:
      - localhost:9090
  metric_relabel_configs:
   - regex: 'container_label_.*'
     action: labeldrop
```

9.2 Kubernetes

Kubernetesは、広く使われているコンテナオーケストレーションプラットフォームである。Prometheusと同様に、KubernetesプロジェクトもCNCF (Cloud Native Computing Foundation)の一部になっている。この節では、Kubernetes上でのPrometheusの実行方法とKubernetesのサービスディスカバリのはたらきについてを説明する。Kubernetesは大規模で動きの速いプロジェクトなので、細かい部分までは踏み込まない。深く学びたい読者は、Joe Beda、Brendan Burns、Kelsey Hightower著『入門 Kubernetes』(オライリー、原書 “Kubernetes: Up and Running” O'Reilly) をお薦めする。

9.2.1 Kubernetes内でのPrometheusの実行

本書では、KubernetesのもとでのPrometheusの使い方は、仮想マシン内でシングルノードのKubernetesクラスタを実行するためのツール、Minikube (https://github.com/kubernetes/minikube)を使って説明する。

例9-2の手順に従っていただきたい。私はVirtualBoxがすでにインストールされているLinux amd64マシンを使っている。異なる環境を使っている場合は、Minikubeのインストール方法のドキュメント (https://github.com/kubernetes/minikube#installation) を参照していただきたい。私が使っ

---

†2 labeldrop、labelkeepリラベルアクションが追加された最大の理由はcAdvisorのこのような動作にある。

ているバージョンは、Minikube 0.24.1とKubernetes 1.8.0である[†3]。

例9-2 Minikubeのダウンロードと実行

```
hostname $ wget \
    https://storage.googleapis.com/minikube/releases/v0.24.1/minikube-linux-amd64
hostname $ mv minikube-linux-amd64 minikube
hostname $ chmod +x minikube
hostname $ ./minikube start
Starting local Kubernetes v1.8.0 cluster...
Starting VM...
Getting VM IP address...
Moving files into cluster...
Setting up certs...
Connecting to cluster...
Setting up kubeconfig...
Starting cluster components...
Kubectl is now configured to use the cluster.
Loading cached images from config file.
```

minikube dashboard --urlを実行すると、Kubernetesクラスタの情報を見られるKubernetes DashboardのURLが得られる。

Kubernetesクラスタを操作するためのコマンドラインツール、kubectlもインストールしなければならない。**例9-3**は、kubectlをインストールして、Kubernetesクラスタとやり取りできていることを確認するための方法を示している。

例9-3 kubectlのダウンロードとテスト

```
hostname $ wget \
    https://storage.googleapis.com/kubernetes-release/release/v1.9.2/bin/linux/amd64
    /kubectl
hostname $ chmod +x kubectl
hostname $ ./kubectl get services
NAME         TYPE        CLUSTER-IP   EXTERNAL-IP   PORT(S)   AGE
kubernetes   ClusterIP   10.96.0.1    <none>        443/TCP   44s
```

例9-4は、MinikubeのもとでPrometheusを実行する方法を示している。prometheus-deployment.ymlには、Prometheusがクラスタ内のPodやノードといったリソースにアクセスできるようにするためのパーミッション、Prometheusの設定ファイルを保持するConfigMap、Prometheusを実行するためのDeployment、Prometheus UIにアクセスしやすくするためのServiceが含まれている。最後の

†3 監訳注：2019年2月時点で最新のMinikube 0.34.1とKubernetes 1.13.3を使う手順がGitHub（https://github.com/superbrothers/prometheus-up-and-running-ja-examples）にある。合わせて参照してほしい。

`./minikube service`コマンドは、Prometheus UIにアクセスするためのURLを返している。

例9-4　パーミッションをセットアップしてKubernetes上でPrometheusを実行する

```
hostname $./kubectl apply -f prometheus-deployment.yml
hostname $./minikube service prometheus --url
http://192.168.99.100:30114
```

ターゲットのステータスページは図9-2のようになる。prometheus-deployment.ymlは、GitHubにある（https://raw.githubusercontent.com/prometheus-up-and-running/examples/master/9/prometheus-deployment.yml）。

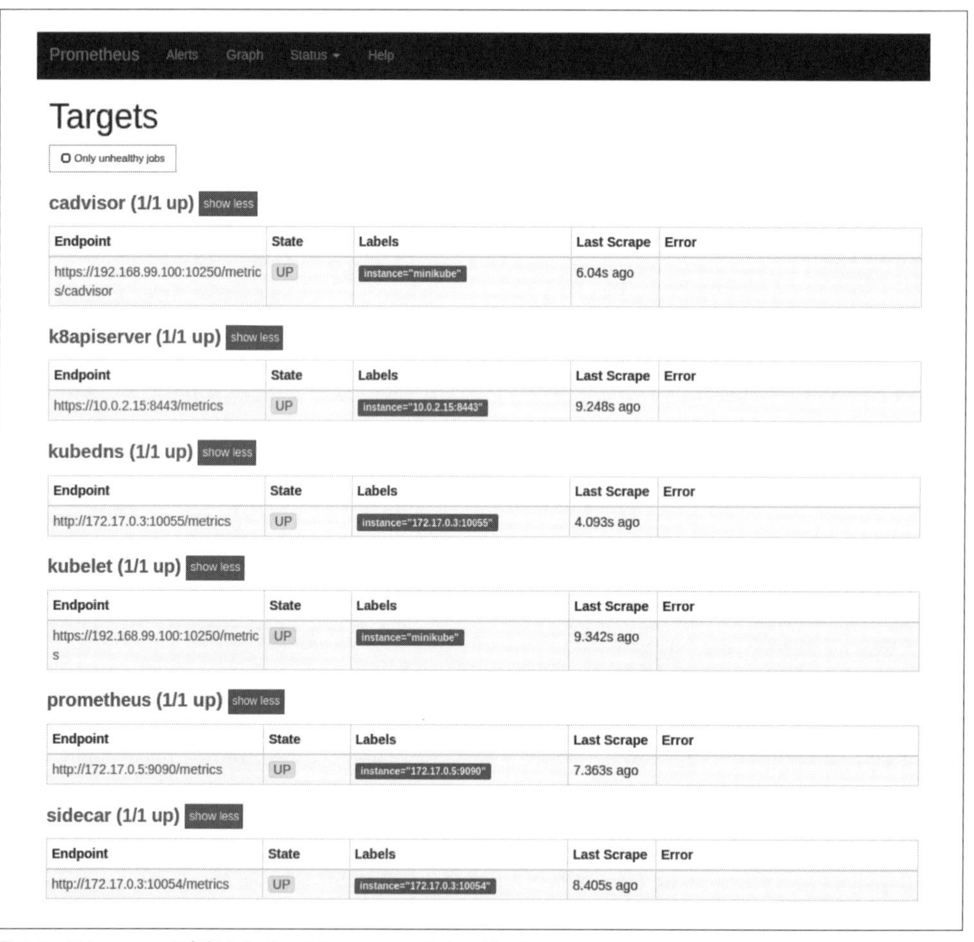

図9-2　Kubernetesで実行されているPrometheusのターゲット

これはKubernetes上でのモニタリングの基本的な考え方を示す構成であり、本番環境で直接使えるものではない。たとえば、このままではPrometheusを再起動するたびにすべてのデータが失われてしまう。

9.2.2 サービスディスカバリ

Prometheusで使えるKubernetesサービスディスカバリには、現在のところ、node、endpoints、service、pod、ingressの5種類がある。Prometheusは、Kubernetes APIを使ってターゲットを探し出してくる。

9.2.2.1 Node

Nodeサービスディスカバリは、Kubernetesクラスタを構成するノードを探し出すもので、Kubernetesまわりのインフラストラクチャをモニタリングするために使われる。各ノードで実行されるエージェントはkubeletと呼ばれる。Kubernetesクラスタの健全性のモニタリングの一部として、kubeletをスクレイプする（例9-5）。

例9-5　prometheus.ymlのなかのkubeletをスクレイプするための部分

```
scrape_configs:
- job_name: 'kubelet'
  kubernetes_sd_configs:
   - role: node
  scheme: https
  tls_config:
    ca_file: /var/run/secrets/kubernetes.io/serviceaccount/ca.crt
    insecure_skip_verify: true
```

例9-5は、Prometheusがkubeletをスクレイプするために使っている設定である。各行を細かく見ていこう。

```
job_name: 'kubelet'
```

デフォルトのジョブラベルを提供している。relabel_configsがないので、ジョブラベルとしてはkubeletが使われる[†4]。

```
kubernetes_sd_configs:
- role: node
```

nodeロールのKubernetesサービスディスカバリが提供されている。nodeロールは、kubeletごとにひとつずつのターゲットを探し出す。Prometheusは一般にクラスタ内で実行されるため、Kubernetesサービスディスカバリは、デフォルトでKubernetes APIで認証するように設定されている。

†4　ジョブラベルとしてnodeは使わない。一般にnodeというジョブラベルはNode exporterのために使われる。

```
  scheme: https
  tls_config:
    ca_file: /var/run/secrets/kubernetes.io/serviceaccount/ca.crt
    insecure_skip_verify: true
```

kubeletはHTTPSを介して/metricsを提供するので、schemeをそのように指定しなければならない。通常、KubernetesクラスタはTLS証明書の署名のために使われる自分用のCA（certificate authority）を持っているため、ca_fileはスクレイプのためにそれを提供する。しかし、Minikubeではこれを正しく処理できないため、セキュリティチェックを省略するためのinsecure_skip_verifyが必要になる[†5]。

返されるターゲットはkubeletを指しており、このMinikube用セットアップでは認証/認可は無効にされるので、これ以上の設定は不要である[†6]。

スクレイプ設定のtls_configには、スクレイプのためのTLS設定が含まれる。kubernetes_sd_configsには、サービスディスカバリがKubernetes APIとやり取りするときのためのTLS設定であるtls_configもある。

使えるメタデータとしては、ノードのアノテーションやラベルがある（**図9-3**参照）。relabel_configsでこのメタデータを操作すれば、異なるハードウェアを使っているノードのように、ノードのサブセットを区別するためのラベルを追加できる。

kubeletは、自身の/metricsエンドポイントには、コンテナレベルの情報ではなくkubelet自体についてのメトリクスのみを含んでおり、/metrics/cadvisorエンドポイントには、cAdvisorが組み込まれている。**例9-6**に示すように、kubeletのためのスクレイプ設定にmetrics_pathを追加するだけでその組み込まれたcAdvisorをスクレイプできる[†7]。組み込まれたcAdvisorは、Kubernetesのnamespaceとpod_nameのためのラベルを含んでいる。

---

†5　監訳注：Minikubeの新しいバージョンでは、証明書を正しく処理できる。

†6　監訳注：2019年2月時点で最新のMinikube 0.34.1では、認証/認可がデフォルトで有効のため、この設定ではうまくいかない。認証/認可に対応したprometheus.ymlがGitHub（https://raw.githubusercontent.com/superbrothers/prur-ja-examples/master/9/9-5-prometheus.yml）にある。

†7　監訳注：2019年2月時点で最新のMinikube 0.34.1では、認証/認可が有効になっているため、この設定ではスクレイプに失敗する。認証/認可に対応したprometheus.ymlがGitHub（https://raw.githubusercontent.com/superbrothers/prur-ja-examples/master/9/9-6-prometheus.yml）にある。

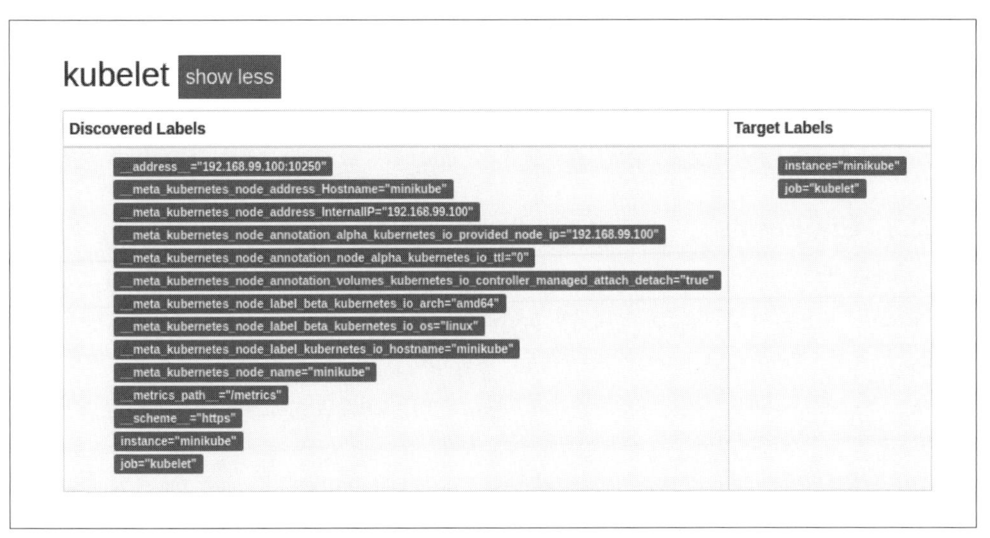

図9-3　Prometheusサービスディスカバリステータスページのkubeletの部分

例9-6　prometheus.ymlのなかのkubelet組み込みcAdvisorをスクレイプするための部分

```
scrape_configs:
- job_name: 'cadvisor'
  kubernetes_sd_configs:
   - role: node
  scheme: https
  tls_config:
    ca_file: /var/run/secrets/kubernetes.io/serviceaccount/ca.crt
    insecure_skip_verify: true
  metrics_path: /metrics/cadvisor
```

Nodeサービスディスカバリは、Kubernetesクラスタの各マシンで実行されるものでモニタリングしたいあらゆるものに使える。たとえば、MinikubeノードでNode exporterが実行されていれば、ポートをリラベルすることによりスクレイプできる。

9.2.2.2 Service

Nodeサービスディスカバリは、Kubernetesとその下のインフラストラクチャのモニタリングには役に立つが、Kubernetes上で実行されているアプリケーションのモニタリングにはあまり役に立たない。

Kubernetes上でアプリケーションを構成する方法は複数あり、まだ標準がひとつにまとまっていない。しかし、**Service**（サービス）は使うことになるだろう。Serviceとは、Kubernetes上のアプリケーションが互いに相手を見つけるための方法である。

`service`ロールというものがあるが、これは期待できるものではない。`service`ロールはServiceのポート[†8]ごとにひとつのターゲットを返す。しかし、Serviceは基本的にはロードバランサである。ロードバランサを介してターゲットをスクレイプしても、Prometheusは毎回異なるアプリケーションインスタンスをスクレイプしてしまう可能性があるので、あまり意味はない。ただし、サービスが応答するかどうかをチェックするブラックボックスモニタリングにはserviceロールも役に立つだろう。

9.2.2.3 Endpoints

Prometheusは、アプリケーションインスタンスごとにターゲットを持つように構成すべきであり、endpointsロールはまさにそれを提供する。ServiceはPodによって支えられている。Pod（ポッド）とは、ネットワークとストレージを共有し、密接に結合しているコンテナのグループである。endpointsロールは、個々のServiceのポートごとに、ターゲットとしてそのServiceを支えているPodを返す。さらに、Podの他のポートもターゲットとして返される。

言葉が多すぎる感じになってきたので、例を見てみよう。Minikubeで実行されているServiceのひとつにKubernetes APIサーバのkubernetes Serviceがある。**例9-7**は、このAPIサーバを探し出してスクレイプする設定である。

例9-7 Kubernetes APIサーバをスクレイプするために使えるprometheus.ymlの一部

```
scrape_configs:
- job_name: 'k8apiserver'
  kubernetes_sd_configs:
   - role: endpoints
  scheme: https
  tls_config:
    ca_file: /var/run/secrets/kubernetes.io/serviceaccount/ca.crt
    insecure_skip_verify: true
  bearer_token_file: /var/run/secrets/kubernetes.io/serviceaccount/token
  relabel_configs:
   - source_labels:
      - __meta_kubernetes_namespace
      - __meta_kubernetes_service_name
      - __meta_kubernetes_endpoint_port_name
     action: keep
     regex: default;kubernetes;https
```

数行ずつに分解してこのスクレイプ設定を詳しく見ていこう。

```
job_name: 'k8apiserver'
```

jobラベルを変更するリラベルがないので、jobラベルはk8apiserverになる。

```
kubernetes_sd_configs:
- role: endpoints
```

†8 Serviceは複数のポートを持つことができる。

endpointsロールを使うKubernetesサービスディスカバリがひとつあり、それは個々のServiceを支えるすべてのPodのすべてのポートごとにひとつのターゲットを返す。

```
scheme: https
tls_config:
  ca_file: /var/run/secrets/kubernetes.io/serviceaccount/ca.crt
  insecure_skip_verify: true
bearer_token_file: /var/run/secrets/kubernetes.io/serviceaccount/token
```

APIサーバは、kubeletと同様にHTTPSを介して配信される。それに加えて認証が必要であり、それはbearer_token_fileによって提供される。

```
relabel_configs:
- source_labels:
    - __meta_kubernetes_namespace
    - __meta_kubernetes_service_name
    - __meta_kubernetes_endpoint_port_name
  action: keep
  regex: default;kubernetes;https
```

このリラベル設定により、default名前空間（namespace）内のkubernetesというServiceの一部でhttpsという名前のポートを持つターゲットだけが返されるようになる。

図9-4は返されるターゲットを示している。APIサーバは特別であり、あまりメタデータがない。ターゲットになり得るその他のものはすべて捨てられる。

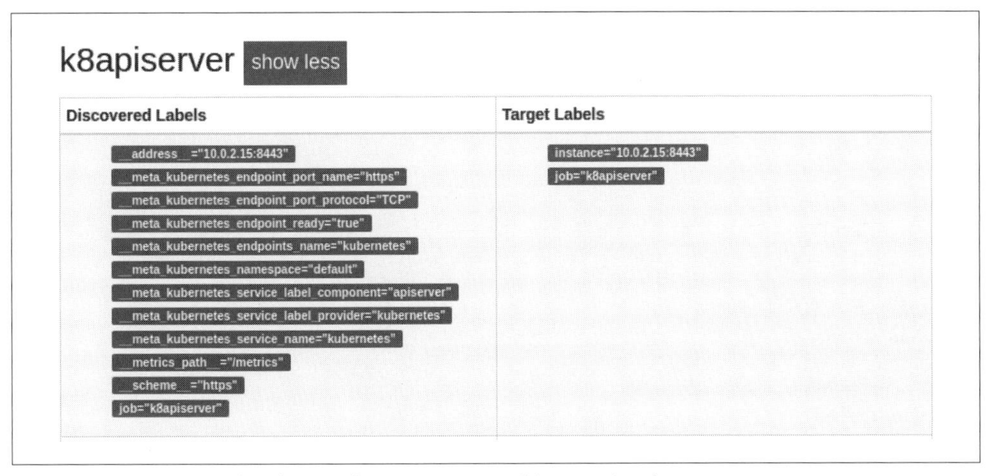

図9-4　Prometheusサービスディスカバリステータスページ上のAPIサーバ

APIサーバをスクレイプしたいこともあるだろうが、ほとんどのときはもっぱらアプリケーションをスクレイプすることになる。例9-9は、すべてのServiceのPodを自動的にスクレイプする方法を示している。

例9-8 APIサーバを除くすべてのServiceを支えるPodをスクレイプするprometheus.ymlの一部

```
scrape_configs:
 - job_name: 'k8services'
   kubernetes_sd_configs:
    - role: endpoints
   relabel_configs:
    - source_labels:
       - __meta_kubernetes_namespace
       - __meta_kubernetes_service_name
      regex: default;kubernetes
      action: drop
    - source_labels:
       - __meta_kubernetes_namespace
      regex: default
      action: keep
    - source_labels: [__meta_kubernetes_service_name]
      target_label: job
```

これも数行ずつに分割して見てみよう。

```
job_name: 'k8services'
kubernetes_sd_configs:
 - role: endpoints
```

先ほどの例と同様に、この部分はジョブ名とendpointsロールを指定するが、後ろにリラベルがあるので、これがjobラベルになるわけではない。

ターゲットはすべてただのHTTPだということがわかっているので、HTTPSの設定はない。認証が不要なのでbearer_token_fileもない。bearerトークンを送信すると、すべてのサービスにあなたへの成り済ましを許すことになる[†9]。

```
relabel_configs:
- source_labels:
    - __meta_kubernetes_namespace
    - __meta_kubernetes_service_name
  regex: default;kubernetes
  action: drop
- source_labels:
    - __meta_kubernetes_namespace
  regex: default
  action: keep
```

APIサーバはすでにほかのスクレイプ設定で処理しているので捨てている。また、アプリケーション

†9 これはベーシック認証でも同じだが、TLSクライアント証明書認証のようなチャレンジレスポンスメカニズムではそうならない。

を起動しているdefault名前空間だけを見ている[†10]。

```
- source_labels: [__meta_kubernetes_service_name]
  target_label: job
```

このリラベルアクションはKubernetes Service名をjobラベルとして使うものである。スクレイプ設定で指定したjob_nameはデフォルトに過ぎないので、使われない。

こうすれば、Prometheusは自動的に新しいServiceを拾い出し、適切なjobラベルを付けてスクレイプを始める。今回の場合、図9-5に見られるServiceは、Prometheus自身である。

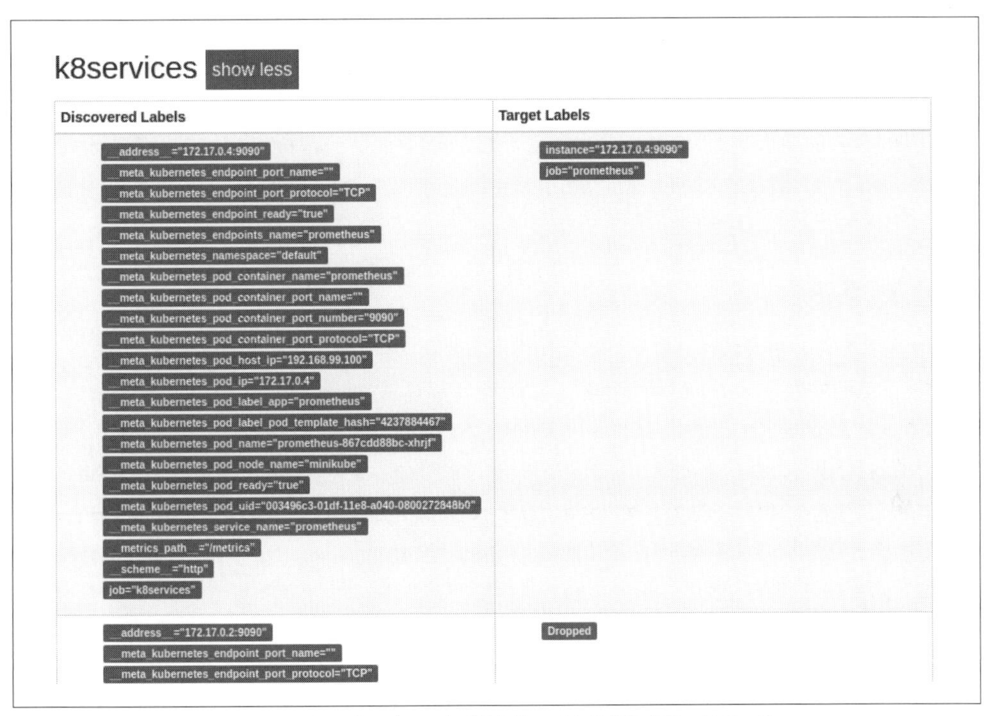

図9-5　Prometheusは、endpointサービスディスカバリを使って自分自身を見つけている

ここから1歩先に進めば、例9-9に示すように、リラベルを使ってServiceやPodのメタデータからラベルを追加したり、Kubernetesアノテーションから__scheme__ __metrics_path__を設定したりすることさえできる。ここでは、Serviceのprometheus.io/scheme、prometheus.io/path、prometheus.io/portアノテーション[†11]を探し、あればそれを使っている。

†10　kube-dnsはkube-system名前空間にあるので、例9-10との間で混乱が起きることもない。

†11　ラベル名ではフォワードスラッシュは使えないので、アンダースコアを使っている。

例9-9 Kubernetes Serviceのアノテーションを使ったリラベルによりオプションでターゲットのスキーム、パス、ポートを設定する

```
relabel_configs:
 - source_labels: [__meta_kubernetes_service_annotation_prometheus_io_scheme]
   regex: (.+)
   target_label: __scheme__
 - source_labels: [__meta_kubernetes_service_annotation_prometheus_io_path]
   regex: (.+)
   target_label: __metrics_path__
 - source_labels:
    - __address__
    - __meta_kubernetes_service_annotation_prometheus_io_port
   regex: ([^:]+)(:\d+)?;(\d+)
   replacement: ${1}:${3}
   target_label: __address__
```

これではServiceあたりひとつのポートだけしかモニタリングできない。prometheus.io/port2アノテーションを使った別のスクレイプ設定を作れば(そして同様のことを繰り返していけば)、必要な数だけポートをモニタリングできる。

9.2.2.4 Pod

endpointsを探し出せれば、サービスを支える主要なプロセスのモニタリングには役立つが、endpointsロールでは、Serviceの一部になっていないPodは見つからない。

podロールはPodを探し出す。podロールはすべてのPodのすべてのポートのためにターゲットを返す。Podは自分がどのServiceのメンバかを知らないので、ラベルやアノテーションなどのServiceのメタデータは使えないが、Podのメタデータにはすべてアクセスできる。これをどう使い分けるかは、どのようなローカルルールを使うかという問題に帰着する。Kubernetesエコシステムは急速に発展しており、まだ標準がひとつに固まっていないのである。

たとえば、すべてのPodはServiceに属していなければならないというローカルルールを作れば、サービスディスカバリではendpointsロールを使うことになる。それに対し、すべてのPodは自分が属する(単一の)Kubernetes Serviceを示すラベルを持つことにするというローカルルールを作れば、サービスディスカバリではpodロールを使うことになる。すべてのポートは名前を持つので、それを利用して、prom-httpというプレフィックスを持つポートはHTTP、prom-httpsというプレフィックスを持つポートはHTTPSでスクレイプするというローカルルールを作ることもできる。

Minikubeに付属するコンポーネントのなかにDNSサービスを提供するkube-dnsというものがある[†12]。kube-dnsのPodには複数のポートがあり、そのなかにはPrometheusメトリクスを配信するmetricsという名前のポートも含まれている。**例9-10**は、このポートを探し出し、jobラベルとしてコ

† 12 監訳注：Kubernetes 1.11からkube-dnsに代わってCoreDNSが標準のDNSサービスとして提供されている。Kubernetesの新しいバージョンを使っている場合、kube-dnsの代わりにcorednsがいるかもしれない。

ンテナの名前を使う方法を示している（**図9-6**参照）。

例9-10　名前が`metrics`のすべてのPodのポートを探し出し、`job`ラベルとしてコンテナ名を使う

```
scrape_configs:
- job_name: 'k8pods'
  kubernetes_sd_configs:
   - role: pod
  relabel_configs:
   - source_labels: [__meta_kubernetes_pod_container_port_name]
     regex: metrics
     action: keep
   - source_labels: [__meta_kubernetes_pod_container_name]
     target_label: job
```

図9-6　podサービスディスカバリでふたつのターゲットが見つかったところ

モニタリングの対象を管理するための方法としては、Kubernetesの**CustomResource Definition（カスタムリソース定義）**機能を利用しているPrometheus Operator（https://github.com/coreos/prometheus-operator）もある。Prometheus Operatorは、PrometheusやAlertmanagerの実行も管理してくれる。

9.2.2.5 Ingress

Ingress（イングレス）は、クラスタの外にKubernetes Serviceを公開するための手段である。IngressはServiceの上に位置するリソースなので、serviceロールと同様に、ingressロールも基本的にロードバランサである。複数のPodがService、そしてIngressを支えている場合は、Prometheusによるスクレイプに問題が起きる。そのため、このロールはブラックボックスモニタリングだけに使うべきである。

9.2.3 kube-state-metrics

Kubernetesサービスディスカバリを使えば、PrometheusにアプリケーションとKubernetesインフラストラクチャのスクレイプをさせることができるが、これにはKubernetesがService、Pod、Deployment、その他のリソースについて知っているメトリクスは含まれない。これは、kubeletやKubernetes APIサーバなどのアプリケーションが開示するのが自分自身のパフォーマンスについての情報で、内部のデータ構造を吐き出しているわけではないからだ[†13]。

それらのメトリクスは、ほかのエンドポイントから入手するか[†14]、そういうものがなければ、適切なexporterを使って入手することになる。Kubernetesの場合、kube-state-metricsがそのようなexporterに該当する。

kube-state-metricsを実行するには、**例9-11**に示すコマンドを実行する。それから、ブラウザで返されたURLの/metricsを開けばよい。kube-state-metrics.ymlはGitHubにある（https://raw.githubusercontent.com/prometheus-up-and-running/examples/master/9/kube-state-metrics.yml）。

例9-11　kube-state-metricsを起動する

```
hostname $./kubectl apply -f kube-state-metrics.yml
hostname $./minikube service kube-state-metrics --url
http://192.168.99.100:31774
```

役に立つメトリクスとしては、Deploymentの望ましいPod数を示すkube_deployment_spec_replicas、ノードの問題を示すkube_node_status_condition、Podのリスタート回数を示すkube_

---

†13　言い換えれば、データベースのexporterは、メトリクスとしてデータベースの内容を吐き出したりしないということである。

†14　ほかのエンドポイントでcAdvisorのメトリクスを開示するkubeletのように。

pod_container_status_restarts_totalがある。

このkube-state-metricsは、**例9-8**のスクレイプ設定によりPrometheusによって自動的にスクレイプされる。

kube-state-metricsには、「5.5.1　列挙」、「5.5.2　info」の例がいくつか含まれている。kube_node_status_conditionは列挙（enum）、kube_pod_infoはinfoの例である。

コンテナ環境でのPrometheusの使い方がわかったので、今度はよく使うことになるexporterの一部を見てみよう。

10章
よく使われるexporter

すでに**7章**でNode exporterを詳しく見てきた。おそらく最初に使うexporterはNode exporterになるだろうが、使えるexporterは文字通り数百もある。

ここでは、今も増え続けるexporterをすべて紹介しようとは思っていない。実例を使ってexporterを使うときによくあることを説明したいと思う。ここで学んだことは、あなたが自分の環境で実際にexporterを使うときに役に立つはずだ。

もっとも単純なexporterは、Node exporterがそうだったように、あなたが何も設定しなくてもそのままで動く。しかし、通常はどのアプリケーションインスタンスをスクレイプするかを知らせるために最小限の設定が必要になる。exporterが扱うデータが非常に一般的、抽象的な場合は、細かい設定が必要になる。

一般に、exporterを必要とするアプリケーションインスタンスには、インスタンスごとにひとつのexporterを用意する。本来、Prometheusは、すべてのアプリケーションがダイレクトインストルメンテーションを持っており、Prometheusにそれを探し出させて直接スクレイプさせるという形で使われることを想定して作られており、それが可能でなければexporterを使うことになっている。このアーキテクチャをできる限り維持しようというわけである。exporterを対象のアプリケーションインスタンスのすぐそばで実行すれば、システムが大きくなっても管理しやすく、障害ドメインも揃う。このガイドラインを破り、複数のインスタンスをスクレイプする機能を提供しているexporterを見かけることがあるだろうが、そういったものでも本来のかたちでデプロイできるし、「8.3.1　metric_relabel_configs」で示したテクニックを使えば余分なラベルを取り除ける。

10.1　Consul exporter

Consulはすでに「8.1.3　Consul」でインストールして実行している。まだそのConsulが実行されているとすると、**例10-1**のコマンドでConsul exporterをダウンロード、実行できる。Consulは通常8500番のポートで実行されるが、Consul exporterはデフォルトでそのポートを使うので、特に設定は不要である。

例10-1 Consul exporterのダウンロードと実行

```
hostname $ wget https://github.com/prometheus/consul_exporter/releases/
    download/v0.3.0/consul_exporter-0.3.0.linux-amd64.tar.gz
hostname $ tar -xzf consul_exporter-0.3.0.linux-amd64.tar.gz
hostname $ cd consul_exporter-0.3.0.linux-amd64/
hostname $ ./consul_exporter
INFO[0000] Starting consul_exporter (version=0.3.0, branch=master,
    revision=5f439584f4c4369186fec234d18eb071ec76fdde)
    source="consul_exporter.go:319"
INFO[0000] Build context (go=go1.7.5, user=root@4100b077eec6,
    date=20170302-02:05:48)  source="consul_exporter.go:320"
INFO[0000] Listening on :9107                     source="consul_exporter.go:339"
```

ブラウザでhttp://localhost:9107/metricsを開けば、使えるメトリクスが表示される。

ここでまず注目すべきメトリクスは、consul_upである。一部のexporterは、データのフェッチに失敗するとPrometheusにHTTPエラーを返すことがあり、その結果、Prometheusでのupが0になる。しかし、多くのexporterは、このような場合でもスクレイプに成功しており、問題があるかどうかを示すためにconsul_upなどのメトリクスを使う。そのため、Consulが落ちているというアラートを送るときには、upとconsul_upの両方をチェックすべきである。Consulを停止させてから/metricsを見ると、consul_upが0になっており、Consulを再起動すると1に戻ることがわかる。

consul_catalog_service_node_healthyは、Consulノードのさまざまなサービスの健全性を教えてくれる。これは、kube-state-metrics（「9.2.3 kube-state-metrics」参照）がノードやコンテナの健全性（ただし、Kubernetesクラスタ全体の）を教えてくれるのと似ている。

consul_serf_lan_membersはクラスタ内のConsulエージェントの数である。この情報は、Consulクラスタの**リーダ**（leader）だけが送れば十分なように思われるかもしれないが、ネットワーク分断などの障害があるときには、クラスタにどれぐらいのメンバがいるかについての見方がエージェントによって変わり得ることを忘れてはならない。一般に、この種のメトリクスはクラスタのすべてのメンバが提供する。そして、必要な値はPromQLによる集計を使って作り出す。

Consul exporterについてのメトリクスもある。consul_exporter_build_infoはビルド情報であり、さまざまなprocess_、go_メトリクスでプロセスとGoランタイムについての情報を提供する。これらはConsul exporter自体の問題をデバッグするときに役立つ。

PrometheusにConsul exporterをスクレイプさせるためには、**例10-2**のようにPrometheusを設定する。スクレイプはexporter経由で行われるが、スクレイプしているものはConsulなので、ここではjobラベルをconsulとしている。

exporterは、プロキシの一種だと考えることができる。exporterはPrometheusからのスクレイプリクエストを受け取り、プロセスからメトリクスをフェッチし、Prometheusが理解できる形式に変換してから、それをPrometheusに返す。

例10-2　ローカルのConsul exporterをスクレイプするためのprometheus.yml

```
global:
  scrape_interval: 10s
scrape_configs:
 - job_name: consul
   static_configs:
    - targets:
      - localhost:9107
```

10.2 HAProxy exporter

HAProxy exporterは典型的なexporterである。試してみるためには、まず、**例10-3**のような内容でhaproxy.cfgという名前の設定ファイルを作る必要がある。

例10-3　1234番ポートでNode exporterのプロキシとなり、1235番ポートをステータスポートとして使うhaproxy.cfg

```
defaults
  mode http
  timeout server 5s
  timeout connect 5s
  timeout client 5s

frontend frontend
  bind *:1234
  use_backend backend

backend backend
  server node_exporter 127.0.0.1:9100

frontend monitoring
  bind *:1235
  no log
  stats uri /
  stats enable
```

haproxy.cfgを用意したらHAProxyを実行できる。

```
docker run -v $PWD:/usr/local/etc/haproxy:ro haproxy:1.7
```

この設定ファイルは、http://localhost:1234をNode exporterに対するプロキシとする（Node exporterがまだ実行されていれば）。設定ファイルで重要なのは次の部分だ。

```
frontend monitoring
  bind *:1235
  no log
  stats uri /
  stats enable
```

この部分は、統計情報レポート用のHAProxyフロントエンドをhttp://localhost:1235で公開する設定である。特に、http://localhost:1235/;csvからはHAProxy exporterが使うCSV出力が得られる。次に、**例10-4**のようにして、HAProxy exporterをダウンロード、実行する。

例10-4 HAProxy exporterをダウンロード、実行する

```
hostname $ wget https://github.com/prometheus/haproxy_exporter/releases/download/
    v0.9.0/haproxy_exporter-0.9.0.linux-amd64.tar.gz
hostname $ tar -xzf haproxy_exporter-0.9.0.linux-amd64.tar.gz
hostname $ cd haproxy_exporter-0.9.0.linux-amd64/
hostname $ ./haproxy_exporter --haproxy.scrape-uri 'http://localhost:1235/;csv'
INFO[0000] Starting haproxy_exporter (version=0.9.0, branch=HEAD,
    revision=865ad4922f9ab35372b8a6d02ab6ef96805560fe)
    source=haproxy_exporter.go:495
INFO[0000] Build context (go=go1.9.2, user=root@4b9b5f43f4a2,
    date=20180123-18:27:27)  source=haproxy_exporter.go:496
INFO[0000] Listening on :9101                     source=haproxy_exporter.go:521
```

http://localhost:9101/metricsに行くと、生成されたメトリクスが表示される。Consul exporterのconsul_upと同様に、HAProxyとのやり取りが成功しているかどうかを示すhaproxy_upメトリクスがある。

HAProxyには、**フロントエンド**、**バックエンド**、**サーバ**があり、それぞれhaproxy_frontend_、haproxy_backend_、haproxy_server_というプレフィックスが付いたメトリクスを持っている。たとえば、haproxy_server_bytes_out_totalは、各サーバが返したバイト数のカウンタ[†1]である。

バックエンドは多数のサーバを抱えていることがあるので、haproxy_server_のカーディナリティが問題を起こすことがある。そこで、コマンドラインフラグの--haproxy.server-metric-fieldsを使えば、どのメトリクスを返すかを制限できる。

これは、メトリクスのカーディナリティが高いときに、exporterがオプションでカーディナリティを下げる手段を提供する例である。同じ目的でも、MySQLd exporterなどは、ほとんどのメトリクスをデフォルトで無効にするという逆のアプローチを取っている。

†1 このバージョンのHAProxy exporterでは、TYPEが誤ってgaugeになっている。exporterでは、この種のタイプの誤りは珍しいことではない。本来ならcounterかuntypedを使うべきところである。（監訳注：2019年2月時点で最新の0.10.0でもgaugeのまま変更されていない。）

exporterのデフォルトポート

Prometheus、Node exporter、Alertmanager、この章のその他のexporterがどれも同じようなポート番号を使っていることに気付かれたかもしれない。

exporterがまだほんの数個しかなかった頃、それらの多くは同じデフォルトポート番号を使っていた。たとえば、Node exporterとHAProxy exporterは、どちらもデフォルトで8080番のポートを使っていた。しかし、これではPrometheusを試すときやデプロイするときに煩わしいので、公式のexporterがそれぞれ異なるポートを使うためのhttps://github.com/prometheus/prometheus/wiki/Default-port-allocationsというウィキページが作られた。

このページはexporterの包括的なリストに成長し、番号を無視するユーザを除けば、今では当初の目的を越える役割を果たすようになっている。

1.8.0以前のHAProxyは、1個のCPUコアしか使えなかったので、古いバージョンで複数のコアを使うためには複数のHAProxyプロセスを実行しなければならない。そして、HAProxy exporterも、ひとつのHAProxyプロセスに対してひとつずつ実行しなければならない。

HAProxy exporterには、今までほかのexporterがほとんど実装してこなかった注目すべき特徴がもうひとつある。Unixのデーモンは、自分のプロセスIDを格納する**pidファイル**を持っていることが多い。このようなpidファイルは、**initシステム**によるプロセス制御のために使われる。HAProxy exporterの`--haproxy.pid-file`というコマンドラインフラグにpidファイルを渡すと、HAProxy exporterは、HAProxy自体のスクレイプに失敗したとしても、HAProxyプロセスの`haproxy_process_`メトリクスを含む。これらのメトリクスは、`process_`メトリクスと同じであるが、HAProxy exporterではなく、HAProxyを参照している点が異なる。

HAProxy exporterがPrometheusにスクレイプされるようにするための設定は、**例10-5**に示すように、ほかのexporterと同じようなものだ。

例10-5　ローカルのHAProxy exporterをスクレイプするためのprometheus.yml

```
global:
  scrape_interval: 10s
scrape_configs:
 - job_name: haproxy
   static_configs:
    - targets:
      - localhost:9101
```

10.3 Grok exporter

アプリケーションは、exporterを使ってPrometheusが理解できる形式に変換できるようなメトリクスを生成するものばかりではない。しかし、そのようなアプリケーションでもログなら生成しているかもしれない。Grok exporterを使えば、それらのログをメトリクスに変換できる[†2]。Grokは構造化されていないログをパースするための手段で、一般にLogstash[†3]とともに使われる。Grok exporterは、同じパターン言語を使っているので、すでに作ってあるパターンを再利用できる。

次のような単純なログがあったとする。

```
GET /foo 1.23
GET /bar 3.2
POST /foo 4.6
```

このログは、example.logというファイルに格納されている。このようなログは、Grok exporterでメトリクスに変換できる。まず、amd64アーキテクチャのLinux用0.2.3 Grok exporter（http://bit.ly/2MBd6kK）をダウンロードし、解凍する。次に、**例10-6**のような内容でgrok.ymlというファイルを作る。

例10-6　単純なログファイルをパースしてメトリクスを生成するためのgrok.yml

```
global:
  config_version: 2
input:
  type: file
  path: example.log
  readall: true  # Use false in production
grok:
  additional_patterns:
   - 'METHOD [A-Z]+'
   - 'PATH [^ ]+'
   - 'NUMBER [0-9.]+'
metrics:
 - type: counter
   name: log_http_requests_total
   help: HTTP requests
   match: '%{METHOD} %{PATH:path} %{NUMBER:latency}'
   labels:
     path: '{{.path}}'
 - type: histogram
   name: log_http_request_latency_seconds_total
   help: HTTP request latency
   match: '%{METHOD} %{PATH:path} %{NUMBER:latency}'
   value: '{{.latency}}'
```

†2　同じような機能を持つものとしては、https://github.com/google/mtailもある。

†3　ELKスタックのLである。

```
server:
   port: 9144
```

そして、Grok exporterを実行する。

```
./grok_exporter -config grok.yml
```

数行ずつに分割してgrok.ymlファイルを細かく見ていこう。最初にボイラープレートコードがある。

```
global:
  config_version: 2
```

次に、読み込むファイルを定義する。ここでは、この例と同じ結果が表示されるようにreadall: trueを使っているが、本番システムでは、デフォルトのfalseにして、ファイルの末尾だけが読み込まれるようにしなければならない。

```
input:
  type: file
  path: example.log
  readall: true  # 本番環境ではfalseを使うこと
```

Grokは正規表現によるパターンを使う。ここでは、何が起きているのかを理解しやすくするために、すべてのパターンを手作業で定義しているが、すでにあるものを再利用することもできる。

```
grok:
  additional_patterns:
   - 'METHOD [A-Z]+'
   - 'PATH [^ ]+'
   - 'NUMBER [0-9.]+'
```

ふたつのメトリクスを作る。第1のメトリクスは、log_http_requests_totalという名前のカウンタで、pathラベルを持つ。

```
metrics:
 - type: counter
   name: log_http_requests_total
   help: HTTP requests
   match: '%{METHOD} %{PATH:path} %{NUMBER:latency}'
   labels:
     path: '{{.path}}'
```

第2のメトリクスは、log_http_request_latency_seconds_totalという名前のヒストグラムで、レイテンシの値を観測し、ラベルはない。

```
 - type: histogram
   name: log_http_request_latency_seconds_total
   help: HTTP request latency
   match: '%{METHOD} %{PATH:path} %{NUMBER:latency}'
   value: '{{.latency}}'
```

最後に、exporterがどのポートでメトリクスを開示するかを定義する。

```
server:
    port: 9144
```

http://localhost:9144にアクセスすると、次のメトリクスが見つかる。

```
# HELP log_http_request_latency_seconds_total HTTP request latency
# TYPE log_http_request_latency_seconds_total histogram
log_http_request_latency_seconds_total_bucket{le="0.005"} 0
log_http_request_latency_seconds_total_bucket{le="0.01"} 0
log_http_request_latency_seconds_total_bucket{le="0.025"} 0
log_http_request_latency_seconds_total_bucket{le="0.05"} 0
log_http_request_latency_seconds_total_bucket{le="0.1"} 1
log_http_request_latency_seconds_total_bucket{le="0.25"} 2
log_http_request_latency_seconds_total_bucket{le="0.5"} 3
log_http_request_latency_seconds_total_bucket{le="1"} 3
log_http_request_latency_seconds_total_bucket{le="2.5"} 3
log_http_request_latency_seconds_total_bucket{le="5"} 3
log_http_request_latency_seconds_total_bucket{le="10"} 3
log_http_request_latency_seconds_total_bucket{le="+Inf"} 3
log_http_request_latency_seconds_total_sum 0.57
log_http_request_latency_seconds_total_count 3
# HELP log_http_requests_total HTTP requests
# TYPE log_http_requests_total counter
log_http_requests_total{path="/bar"} 1
log_http_requests_total{path="/foo"} 2
```

ご覧のように、Grok exporterは、普通のexporterと比べて設定が込み入っている。開示したいメトリクスを1つひとつ定義しなければならないので、ほとんどダイレクトインストルメンテーション並みの作業が必要だ。一般に、モニタリングが必要なアプリケーションインスタンスごとに実行し、**例10-7**に示すように、Prometheusはいつもの方法でGrok exporterをスクレイプする。

例10-7 ローカルのGrok exporterをスクレイプするためのprometheus.yml

```
global:
  scrape_interval: 10s
scrape_configs:
 - job_name: grok
   static_configs:
    - targets:
       - localhost:9144
```

10.4 Blackbox exporter

exporterのデプロイ方法として推奨されているのは、各アプリケーションインスタンスに寄り添う形でひとつずつ実行することだが、技術的な理由でそうできない場合がある[†4]。通常、それはブラックボックスモニタリング、すなわち内部についての特別な知識を持たないシステム外からのモニタリングの場合だ。私はブラックボックスモニタリングは、ユニットテストをするときのスモークテストのようなものだと考えるようにしている。その目的は、状況が極端に悪くなっているときにそれにいち早く気付くことだ。

ユーザの立場から見て、サービスが機能しているかどうかをモニタリングするとき、通常なら、ユーザがアクセスしているのと同じロードバランサや仮想IP (VIP) アドレスをモニタリングする。しかし、VIPは**仮想IP**なので、VIP上でexporterを実行することはできない。別のアーキテクチャが必要になる。

Prometheusには、BlackboxスタイルとかSNMPスタイルと呼ばれる一連のexporterがあるが、これはアプリケーションインスタンスとともに実行することのできないexporterのなかのふたつの代表例にちなんだものだ。Blackbox exporterは、必然的にネットワーク上のどこか別の場所で実行する必要があり、対象となるアプリケーションインスタンスがない。SNMP[†5] exporterの場合、ネットワークデバイス上で独自コードを実行できることはまずない。もし実行できる場合ならSNMP exporterではなくNode exporterを使う。

では、Blackboxスタイル、SNMPスタイルのexporterはほかのexporterとどのように違うのだろうか。これらは特定のひとつのターゲットとやり取りするようには設定されず、ターゲットはURLパラメータで指定される。その他の設定は、いつもと同じようにexporter側で行われる。こうすることにより、サービスディスカバリとスクレイプのスケジューリングはPrometheusが担当し、Prometheusが理解できる形式へのメトリクスの変換はexporterが担当する体制を維持できる。

Blackbox exporterは、ICMP、TCP、HTTP、DNSをプロービング（探索、調査）できる。これからそれぞれについて説明していくが、まず、**例10-8**のようにして、Blackbox exporterを実行しておこう。

例10-8　Blackbox exporterのダウンロードと実行

```
hostname $ wget https://github.com/prometheus/blackbox_exporter/releases/download/
    v0.12.0/blackbox_exporter-0.12.0.linux-amd64.tar.gz
hostname $ tar -xzf blackbox_exporter-0.12.0.linux-amd64.tar.gz
hostname $ cd blackbox_exporter-0.12.0.linux-amd64/
hostname $ sudo ./blackbox_exporter
level=info ... msg="Starting blackbox_exporter" version="(version=0.12.0,
    branch=HEAD, revision=4a22506cf0cf139d9b2f9cde099f0012d9fcabde)"
level=info ... msg="Loaded config file"
level=info ... msg="Listening on address" address=:9115
```

ブラウザでhttp://localhost:9115/に行くと、**図10-1**のようなステータスページが表示されるはずだ。

† 4　政治的な理由から不可能な場合と区別するためにこう言っている。

† 5　Simple Network Management Protocolの略で、ネットワークデバイスのメトリクス開示（をはじめとするさまざまな機能）のための標準である。ときどき、ほかのハードウェアでもメトリクスを開示していることがある。

Blackbox Exporter

Probe prometheus.io for http_2xx

Debug probe prometheus.io for http_2xx

Metrics

Configuration

Recent Probes

Module	Target	Result	Debug

図10-1　Blackbox exporterのステータスページ

10.4.1 ICMP

ICMP（Internet Control Message Protocol）は、IP（Internet Protocol）の一部である。Blackbox exporterにとってのICMPは**Ping**、すなわち**Echo Request**（Ping要求）、**Echo Reply**（Ping応答）メッセージである[†6]。

ICMPはRAWソケットを使うため、一般のexporterよりも高い権限が必要になる。**例10-8**が`sudo`を使っているのはそのためだ。Linux上では、Blackbox exporterに`CAP_NET_RAW`ケーパビリティを与えるという方法もある。

最初はブラウザでhttp://localhost:9115/probe?module=icmp&target=localhostを開き、Blackbox exporterにlocalhostへのPingをさせよう。すると、次のような出力が生成されるはずだ。

```
# HELP probe_dns_lookup_time_seconds Returns the time taken for probe dns lookup
    in seconds
# TYPE probe_dns_lookup_time_seconds gauge
probe_dns_lookup_time_seconds 0.000164439
# HELP probe_duration_seconds Returns how long the probe took to complete
    in seconds
# TYPE probe_duration_seconds gauge
probe_duration_seconds 0.000670403
# HELP probe_ip_protocol Specifies whether probe ip protocol is IP4 or IP6
# TYPE probe_ip_protocol gauge
probe_ip_protocol 4
# HELP probe_success Displays whether or not the probe was a success
```

†6　PingのなかにはUDPやTCPも使えるものがあるが、そういうものは比較的まれだ。

```
# TYPE probe_success gauge
probe_success 1
```

ここでもっとも重要なメトリクスはprobe_successで、プローブに成功すれば1、そうでなければ0になる。これはconsul_upと似ており、アラートを送るときには、upだけでなくprobe_successも0ではないことをチェックしなければならない。「18.1.1 for」にこれの例が含まれている。

Blackbox exporterの/metricsは、CPUをどの程度使っているかなど、Blackbox exporter自身についてのメトリクスを提供する。ブラックボックスプローブの実行には、/probeを使う。

あらゆるタイプのプローブが生成するメトリクスはほかにもある。probe_ip_protocolは使われているIPプロトコルを示す。この場合、IPv4である。また、probe_duration_secondsは、プローブ全体でかかった時間（DNSの解決を含む）を示す。

PrometheusとBlackbox exporterが使う名前解決は、gethostbynameシステムコールではなく、DNSである。/etc/hostsやnsswitch.confなどの名前解決に使えるその他の情報源は、Blackbox exporterでは考慮されない。そのため、pingコマンドは動作しているのに、DNSでターゲットを解決できないためにBlackbox exporterが処理に失敗することがある。

blackbox.ymlの中身を見ると、icmpモジュールがある。

```
icmp:
  prober: icmp
```

この部分は、icmpというモジュールがあることを示している。これはURLの?module=icmpの部分で指定したものだ。このモジュールはicmpプローバ（prober）を使うというだけで、ほかに指定されているオプションはない。ICMPは非常に単純なので、dont_fragment、payload_sizeといったオプションが必要になるのはごく一部のユースケースだけだ。

ほかのターゲットも試せる。たとえば、ブラウザでhttp://localhost:9115/probe?module=icmp&target=www.google.comに行けば、google.comをプローブできる。icmpプローブでは、URLのtargetパラメータには、IPアドレスかホスト名を指定する。

このプローブは失敗して次のような出力になることがある。

```
# HELP probe_dns_lookup_time_seconds Returns the time taken for probe dns lookup
    in seconds
# TYPE probe_dns_lookup_time_seconds gauge
probe_dns_lookup_time_seconds 0.001169908
```

```
# HELP probe_duration_seconds Returns how long the probe took to complete
    in seconds
# TYPE probe_duration_seconds gauge
probe_duration_seconds 0.001397181
# HELP probe_ip_protocol Specifies whether probe ip protocol is IP4 or IP6
# TYPE probe_ip_protocol gauge
probe_ip_protocol 6
# HELP probe_success Displays whether or not the probe was a success
# TYPE probe_success gauge
probe_success 0
```

この出力ではprobe_successが0になっており、プローブ失敗を示している。probe_ip_protocolが6になっていることにも注目しよう。これはIPv6を示している。この場合、私が使っているマシンには、動作するIPv6がセットアップされていなかった。では、Blackbox exporterがなぜIPv6を使うのだろうか。

ターゲットは、Blackbox exporterで名前解決されるときにIPv6アドレスが返されたら、そちらを優先する。そうでなければ、IPv4アドレスを使う。google.comは両方を持っているので、IPv6が選ばれ、私のマシンでは失敗したのである。

URLの末尾に&debug=trueを追加し、http://localhost:9115/probe?module=icmp&target=www.google.com&debug=trueを表示すると、次のようなもっと詳しい出力が得られる。

```
Logs for the probe:
... module=icmp target=www.google.com level=info
        msg="Beginning probe" probe=icmp timeout_seconds=9.5
... module=icmp target=www.google.com level=info
        msg="Resolving target address" preferred_ip_protocol=ip6
... module=icmp target=www.google.com level=info
        msg="Resolved target address" ip=2a00:1450:400b:c03::63
... module=icmp target=www.google.com level=info
        msg="Creating socket"
... module=icmp target=www.google.com level=info
        msg="Creating ICMP packet" seq=10 id=3483
... module=icmp target=www.google.com level=info
        msg="Writing out packet"
... module=icmp target=www.google.com level=warn
        msg="Error writing to socket" err="write ip6 ::->2a00:1450:400b:c03::63:
        sendto: cannot assign requested address"
... module=icmp target=www.google.com level=error
        msg="Probe failed" duration_seconds=0.008982345

Metrics that would have been returned:
# HELP probe_dns_lookup_time_seconds Returns the time taken for probe dns lookup
    in seconds
# TYPE probe_dns_lookup_time_seconds gauge
probe_dns_lookup_time_seconds 0.008717006
# HELP probe_duration_seconds Returns how long the probe took to complete in
    seconds
# TYPE probe_duration_seconds gauge
```

```
probe_duration_seconds 0.008982345
# HELP probe_ip_protocol Specifies whether probe ip protocol is IP4 or IP6
# TYPE probe_ip_protocol gauge
probe_ip_protocol 6
# HELP probe_success Displays whether or not the probe was a success
# TYPE probe_success gauge
probe_success 0

Module configuration:
prober: icmp
```

デバッグ出力は膨大なものになるが、ていねいに読み進めると、プローブが何をしているのかを正確に知ることができる。ここで起きたエラーは、IPv6アドレスを与えられなかったsendtoシステムコールによるものである。IPv4を優先させたい場合には、blackbox.ymlにpreferred_ip_protocol: ipv4オプションを指定する新しいモジュールを追加すればよい。

```
icmp_ipv4:
  prober: icmp
  icmp:
    preferred_ip_protocol: ip4
```

Blackbox exporterを再起動してから†7、http://localhost:9115/probe?module=icmp_ipv4&target=www.google.comでこのモジュールを使うと、IPv4で動作するようになる。

10.4.2 TCP

TCP/IPのTCPはTransmission Control Protocolである。ウェブサイト（HTTP）、メール（SMTP）、リモートログイン（telnetとSSH）、チャット（IRC）など、多くの標準プロトコルがこれを使っている。Blackbox exporterのtcpプローブを使えば、TCPサービスを監視できる。行ベースのテキストプロトコルを使っているものでは単純なやり取りまでできる。

手始めに、http://localhost:9115/probe?module=tcp_connect&target=localhost:22でローカルのSSHサーバが22番のポートをリッスンしているかどうかをチェックしよう。

```
# HELP probe_dns_lookup_time_seconds Returns the time taken for probe dns lookup
    in seconds
# TYPE probe_dns_lookup_time_seconds gauge
probe_dns_lookup_time_seconds 0.000202381
# HELP probe_duration_seconds Returns how long the probe took to complete in
    seconds
# TYPE probe_duration_seconds gauge
probe_duration_seconds 0.000881654
# HELP probe_failed_due_to_regex Indicates if probe failed due to regex
# TYPE probe_failed_due_to_regex gauge
probe_failed_due_to_regex 0
```

†7 Prometheusと同様に、SIGHUPを送るという方法でも、Blackbox exporterは設定をリロードする。

```
# HELP probe_ip_protocol Specifies whether probe ip protocol is IP4 or IP6
# TYPE probe_ip_protocol gauge
probe_ip_protocol 4
# HELP probe_success Displays whether or not the probe was a success
# TYPE probe_success gauge
probe_success 1
```

これはICMPプローブが生成するメトリクスと非常によく似ている。probe_successが1なので、プローブは成功している。blackbox.ymlのtcp_connectモジュールの定義は次のようになっている。

```
tcp_connect:
  prober: tcp
```

このモジュールはターゲットへの接続を試み、接続すると同時に切断する。ssh_bannerモジュールはさらに先まで進み、リモートサーバから特定の応答が返されているかどうかをチェックできる。

```
ssh_banner:
  prober: tcp
  tcp:
    query_response:
    - expect: "^SSH-2.0-"
```

SSHセッションのごく最初の部分はプレーンテキストでやり取りされるので、プロトコルのこの部分はtcpプローブでチェックできる。単にTCPポートが開いているかどうかだけではなく、向こう側のサーバがSSHバナー[†8]で応答しているかどうかまでチェックできるので、こちらの方がtcp_connectよりもよい。

サーバが何か別のものを返した場合、expectの正規表現はマッチせず、probe_successは0になる。さらに、probe_failed_due_to_regexが1になる。Prometheusはメトリクスベースのシステムなので、イベントロギングとは異なり、デバッグ出力を完全な形で保存することはできない[†9]。しかし、Blackbox exporterは、問題の全貌を事後に知るために役立つ少数のメトリクスを提供できる。

すべてのサービスが別々のモジュールを必要とするようなら、サービス全体を通じて健全性チェックを標準化することを考えよう。サービスが/metricsを開示する場合、Prometheusのスクレイプで基本的な接続チェックができるので、Blackbox exporterでそれをする必要はあまりない。

tcpプローブは、TLS経由でも接続できる。blackbox.ymlファイルに次のような設定でtcp_connect_tlsモジュールを追加しよう。

---

†8　監訳注：SSHログイン時に表示されるメッセージのこと。

†9　ただし、直近のプローブのデバッグ情報は、Blackbox exporterのステータスページで見ることができる。

```
  tcp_connect_tls:
    prober: tcp
    tcp:
      tls: true
```

Blackbox exporterを再起動してから、http://localhost:9115/probe?module=tcp_connect_tls&target=www.robustperception.io:443に行くと、私の会社のウェブサイトがHTTPSで接続できるかどうかがわかる[†10]。tcpプローバでは、URLのtargetパラメータに、IPアドレスかホスト名の後ろにコロンをはさんでポート番号を付け加えたものを指定する。

出力されるメトリクスのなかに次のようなものがある。

```
# HELP probe_ssl_earliest_cert_expiry Returns earliest SSL cert expiry date
# TYPE probe_ssl_earliest_cert_expiry gauge
probe_ssl_earliest_cert_expiry 1.522039491e+09
```

probe_ssl_earliest_cert_expiry[†11]は、プロービングの副作用として生まれるもので、TLS/SSL証明書[†12]がいつ失効になるかを示す。これを使えば、失効になる前に有効期限が近付いている証明書を見つけ出せる。

HTTPはtcpプローブが使える行ベースのテキストプロトコル[†13]だが、HTTPのプローブにより適したhttpプローブが設けられている。

10.4.3 HTTP

HTTP（HyperText Transfer Protocol）はウェブの基礎であり、あなたが提供するサービスの大半が使っているはずのプロトコルである。ウェブアプリケーションのモニタリングの大半は、PrometheusがHTTPを介してスクレイプするメトリクスでこなせるが、HTTPサービスのブラックボックスモニタリングを実行したい場合がときどきある。

httpプローバでは、URLのtargetパラメータには、URL[†14]を指定する。たとえば、http://localhost:9115/probe?module=http_2xx&target=https://www.robustperception.ioに行けば、http_2xxモジュール[†15]を使ってHTTPSで私の会社のウェブサイトをチェックし、次のような出力を得ることができる。

```
# HELP probe_dns_lookup_time_seconds Returns the time taken for probe dns lookup
    in seconds
```

†10　443は、HTTPSの標準ポート番号である。

†11　このメトリクスは、秒という単位を示すべきなので、いずれ名称変更されるはずだ。（監訳注：2019年2月時点で最新の1.13.0でも変更されていない。）

†12　より正確に言うと、証明書チェーンのなかの最初に失効になる証明書。

†13　少なくともHTTP/2よりも前のバージョンでは。

†14　適切に符号化されていれば、URLパラメータを含めることもできる。

†15　http_2xxは、URLパラメータで明示的に指定しなければデフォルトで使われるモジュール名でもある。

```
# TYPE probe_dns_lookup_time_seconds gauge
probe_dns_lookup_time_seconds 0.00169128
# HELP probe_duration_seconds Returns how long the probe took to complete in
    seconds
# TYPE probe_duration_seconds gauge
probe_duration_seconds 0.191706498
# HELP probe_failed_due_to_regex Indicates if probe failed due to regex
# TYPE probe_failed_due_to_regex gauge
probe_failed_due_to_regex 0
# HELP probe_http_content_length Length of http content response
# TYPE probe_http_content_length gauge
probe_http_content_length -1
# HELP probe_http_duration_seconds Duration of http request by phase, summed over
    all redirects
# TYPE probe_http_duration_seconds gauge
probe_http_duration_seconds{phase="connect"} 0.018464759
probe_http_duration_seconds{phase="processing"} 0.132312499
probe_http_duration_seconds{phase="resolve"} 0.00169128
probe_http_duration_seconds{phase="tls"} 0.057145526
probe_http_duration_seconds{phase="transfer"} 6.0805e-05
# HELP probe_http_redirects The number of redirects
# TYPE probe_http_redirects gauge
probe_http_redirects 0
# HELP probe_http_ssl Indicates if SSL was used for the final redirect
# TYPE probe_http_ssl gauge
probe_http_ssl 1
# HELP probe_http_status_code Response HTTP status code
# TYPE probe_http_status_code gauge
probe_http_status_code 200
# HELP probe_http_version Returns the version of HTTP of the probe response
# TYPE probe_http_version gauge
probe_http_version 1.1
# HELP probe_ip_protocol Specifies whether probe ip protocol is IP4 or IP6
# TYPE probe_ip_protocol gauge
probe_ip_protocol 4
# HELP probe_ssl_earliest_cert_expiry Returns earliest SSL cert expiry in
    unixtime
# TYPE probe_ssl_earliest_cert_expiry gauge
probe_ssl_earliest_cert_expiry 1.522039491e+09
# HELP probe_success Displays whether or not the probe was a success
# TYPE probe_success gauge
probe_success 1
```

probe_successが含まれているほか、ステータスコード、HTTPバージョン、リクエストのさまざまなフェーズのタイミング情報など、デバッグに役立つメトリクスがいくつも含まれている。

httpプローブには、リクエストの方法やレスポンスを成功と見なすかどうかに影響を与えるさまざまなオプションがある。リクエストでHTTP認証、ヘッダ、POSTリクエストボディを指定し、レスポンスでステータスコード、HTTPバージョン、レスポンスボディが受け付けられるものかどうかをチェックできる。

たとえば、http://www.robustperception.ioにアクセスしたユーザがHTTPSのサイトにリダイレクトされ、ステータスコードとして200が返され、レスポンスボディに「Prometheus」という単語が含まれていることを確認したいものとする。そのためには、次のようなモジュールを作ればよい。

```
http_200_ssl_prometheus:
  prober: http
  http:
    valid_status_codes: [200]
    fail_if_not_ssl: true
    fail_if_not_matches_regexp:
      - Prometheus
```

ブラウザでhttp://localhost:9115/probe?module=http_200_ssl_prometheus&target=http://www.robustperception.ioに行くと、probe_successが1になっており、動作していることが確認できるはずだ。ブラウザでhttp://localhost:9115/probe?module=http_200_ssl_prometheus&target=http://prometheus.ioに行けば、http://prometheus.ioに対して同じことを確認できる[†16]。

Blackbox exporterはHTTPリダイレクトをたどるが[†17]、リダイレクト後もすべての機能が完全に動作するとは言えない。

この例は少しわざとらしいが、Blackbox exporterの各モジュールは、ここでhttp://www.robustperception.ioとhttp://prometheus.ioに対して行ったように、URLのtargetパラメータを変えれば異なるターゲットに対して実行できる特定のテストとなっている。たとえば、あなたのウェブサイトを配信するフロントエンドアプリケーションの各インスタンスが正しい結果を返していることをチェックできる。サービスが異なれば必要なテストも異なるので、各サービスのためにモジュールを作ってよい。ただし、URLパラメータを使ってモジュールを切り替えることはできない。そのようなことをすると、Blackbox exporterが公開プロキシ[†18]になってしまう上に、Prometheusとexporterの役割分担の境目が曖昧になってしまうので認めていないのである。

httpプローブは、Blackbox exporterのプローブのなかでももっとも設定が多い（ドキュメント[†19]にはすべてのオプションのリストが掲載されている）。Blackbox exporterは柔軟だが、HTTPプローブとしては所詮単純な方なので、すべてのユースケースを処理できるわけではない。より高度なものが必要なら、独自のexporterを書くか、ブラウザをシミュレートするWebDriver exporter（https://github.

---

†16　IPv6のセットアップができている場合。そうでなければ、**preferred_ip_protocol: ip4**を追加すること。
†17　no_follow_redirectsが設定されていなければ。
†18　セキュリティ的に賢明ではない。
†19　監訳注：https://github.com/prometheus/blackbox_exporter/blob/master/CONFIGURATION.md#http_probe

com/mattbostock/webdriver_exporter）などの既存exporterを利用する必要がある。

10.4.4 DNS

dnsプローブは、主としてDNSサーバをテストするためのものである。たとえば、すべてのDNSレプリカが結果を返していることをチェックできる。

DNSサーバがTCPを使って応答している[†20]かどうかをテストしたければ、blackbox.ymlに次のようなモジュールを作ればよい。

```
dns_tcp:
  prober: dns
  dns:
    transport_protocol: "tcp"
    query_name: "www.prometheus.io"
```

Blackbox exporterを再起動してhttp://localhost:9115/probe?module=dns_tcp&target=8.8.8.8に行くと、Google Public DNSサービス[†21]がTCPでも動作しているかどうかをチェックできる。URLのtargetパラメータはやり取りするDNSサーバ、query_nameパラメータはそのDNSサーバに送るDNSリクエストである。これは、**dig -tcp @8.8.8.8 www.prometheus.io**というコマンドを実行したときと同じ結果を返す。

dnsプローバでは、URLのtargetパラメータには、IPアドレスかホスト名の後ろにコロンをはさんでポート番号を付け加えたものを指定する。IPアドレスかホスト名だけを指定してもよい。その場合は、DNSの標準ポート番号である53が使われる。

dnsプローブは、DNSサーバをテストするだけでなく、DNSによる名前の解決結果を確認するためにも使える。しかし、通常は、さらに一歩進んでHTTP、TCP、ICMPのいずれかで返されたサービスとやり取りしたいところだ。そのような場合には、DNSチェックが付いてくるHTTP、TCP、ICMPプローブを使った方がよい。

dnsプローブを使った解決結果のチェックの例として、MXレコード[†22]が消えていないかどうかをチェックしてみよう。

blackbox.ymlに次のようなモジュールを作る。

```
dns_mx_present_rp_io:
  prober: dns
  dns:
    query_name: "robustperception.io"
    query_type: "MX"
```

---

†20 DNSは通常UDPを使うが、大規模な応答などではTCPも使える。残念ながら、多くのサイトオペレータたちはこのことを知らず、TCPの53番ポート（DNSのポート）をブロックしている。

†21 使っているIPアドレスは、8.8.8.8、8.8.4.4、2001:4860:4860::8888、2001:4860:4860::8844。

†22 メールで使われる。MXは、Mail eXchangerという意味である。

```
    validate_answer_rrs:
      fail_if_not_matches_regexp:
        - ".+"
```

Blackbox exporterを再起動してからhttp://localhost:9115/probe?module=dns_mx_present_rp_io&target=8.8.8.8に行けば、robustperception.ioがMXレコードを持っているかどうかをチェックできる。query_nameはモジュールごとに指定されるため、チェックしたいドメインごとにモジュールが必要になることに注意していただきたい。ここでは、Google Public DNSがパブリックのDNSリゾルバなので8.8.8.8を使っているが、ローカルのリゾルバを使ってもよい。

dnsプローブには、認可レコードをはじめとする各種DNSレコードなど、DNSレスポンスのさまざまな部分のチェックを助けるための機能がほかにもある。詳しくは、ドキュメント（https://github.com/prometheus/blackbox_exporter/blob/master/CONFIGURATION.md#dns_probe）で調べていただきたい。DNSの理解を深めるためには、RFC 1034（https://www.ietf.org/rfc/rfc1034.txt）、1035（https://www.ietf.org/rfc/rfc1035.txt）[†23]やPaul AlbitzとCricket Liuの『DNS & BIND』（オライリー、原書"DNS and BIND"、O'Reilly）を読むことをお勧めする。

10.4.5 Prometheusの設定

今まで示してきたように、Blackbox exporterは、/probeエンドポイントでURLパラメータmodule、targetを取る。「8.3　スクレイプの方法」で説明したように、paramsとmetrics_pathを使えばスクレイプ設定でこれらを指定できるが、そうするとターゲットごとにスクレイプ設定を作ることになり、せっかくPrometheusがサービスディスカバリ機能を持っているのに煩わしいことになる。

幸い、__param_<name>ラベルをリラベルすればURLパラメータを指定できるので、サービスディスカバリを活用できる。さらに、「8.2.2.2　job、instance、__address__」で説明したように、instanceとは別に__address__ラベルがあるので、実際のターゲットにはinstanceラベルを使いつつ、PrometheusにBlackbox exporterとやり取りさせることができる。**例10-9**は、これを実際に行う例である。

例10-9　複数のウェブサイトの動作確認をするprometheus.yml

```
scrape_configs:
 - job_name: blackbox
   metrics_path: /probe
   params:
     module: [http_2xx]
   static_configs:
    - targets:
       - http://www.prometheus.io
```

†23　私はこれらのRFCからDNSを学んだ。少し古臭くなっているが、DNSがどのように動作するのかをよく伝えてくれる。

```
      - http://www.robustperception.io
      - http://demo.robustperception.io
  relabel_configs:
   - source_labels: [__address__]
     target_label: __param_target
   - source_labels: [__param_target]
     target_label: instance
   - target_label: __address__
     replacement: 127.0.0.1:9115
```

数行ずつに分割して細かく説明しよう。

```
- job_name: 'blackbox'
  metrics_path: /probe
  params:
    module: [http_2xx]
```

デフォルトjobラベル、カスタムパス、1個のURLパラメータが指定されている。

```
  static_configs:
   - targets:
     - http://www.prometheus.io
     - http://www.robustperception.io
     - http://demo.robustperception.io
```

プローブを行う3つのウェブサイトを指定する。

```
  relabel_configs:
   - source_labels: [__address__]
     target_label: __param_target
   - source_labels: [__param_target]
     target_label: instance
   - target_label: __address__
     replacement: 127.0.0.1:9115
```

手品はrelabel_configsで行われる。まず、__address__ラベルの内容がURLのtargetパラメータの値になり、instanceラベルの値にもなる。これでinstanceラベルとURLのtargetパラメータは望み通りの値に設定されたが、__address__はまだBlackbox exporterではなくURLのままである。そこで、最後のリラベルアクションで__address__をローカルのBlackbox exporterのホストとポートに置き換える。

この設定でPrometheusを実行し、Targetsステータスページを見ると、**図10-2**のようになる。エンドポイントには適切なURLパラメータが設定され、instanceラベルはURLになっている。

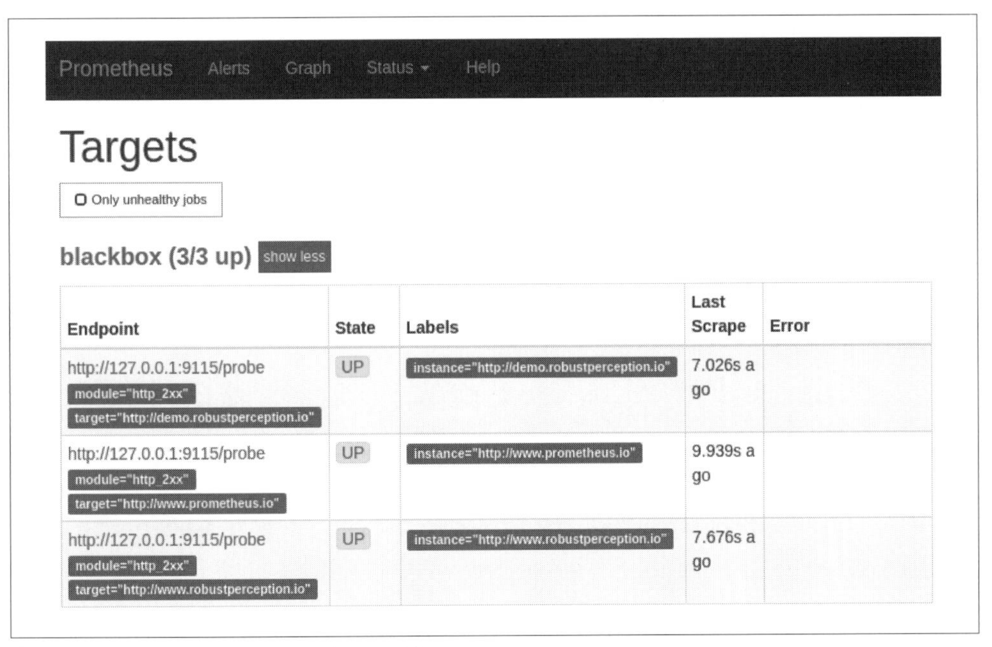

図10-2　Blackbox exporterのステータスページ

Blackbox exporterの場合、Stateが`UP`でも、プローブが成功したという意味ではなく、単にBlackbox exporterのスクレイプが成功したというだけである[†24]。プローブの成否を知るには、`probe_success`が`1`になっているかどうかをチェックしなければならない。

このアプローチは、`static_configs`に限られたものではない。ほかのすべてのサービスディスカバリメカニズムでも使える（**8章**参照）。たとえば、**例10-10**は、Consulに登録されているすべてのノードのNode exporterをスクレイプする**例8-17**をもとにして、Consulに登録されているすべてのノードのSSHが応答しているかどうかをチェックする。

例10-10　Consulに登録されているすべてのノードのSSHのチェック

```
scrape_configs:
 - job_name: node
   metrics_path: /probe
   params:
     module: [ssh_banner]
   consul_sd_configs:
    - server: 'localhost:8500'
```

†24　実際、**図10-2**の場合、私のマシンのIPv6の設定が正しくないため、http://www.prometheus.ioのプローブは失敗している。

```
relabel_configs:
 - source_labels: [__meta_consul_address]
   regex: '(.*)'
   replacement: '${1}:22'
   target_label: __param_target
 - source_labels: [__param_target]
   target_label: instance
 - target_label: __address__
   replacement: 127.0.0.1:9115
```

/metricsのスクレイプだけでなく、アプリケーションのブラックボックスモニタリングでもサービスディスカバリが使えるようになるところが、このアプローチの強みである。

Blackboxのタイムアウト

プローブのタイムアウトはどのように設定したらよいか悩むかもしれない。ありがたいことに、Blackboxプローバは、Prometheusの`scrape_timeout`に基づいてタイムアウトを自動的に決めてくれる。

Prometheusは、すべてのスクレイプに`X-Prometheus-Scrape-Timeout-Seconds`というHTTPヘッダを付ける。Blackbox exporterは、バッファ[†25]を引いたこの値をタイムアウトとして使う。そのため、通常、Blackbox exporterは、スクレイプ全体が失敗したときではなく、ターゲットが遅くなったときのデバッグに役立つ指標を返す。

blackbox.ymlの`timeout`フィールドを使えばタイムアウトをさらに短縮できる。

以上でどのようなexporterを相手にすることになるかがつかめたはずだ。次は、既存のモニタリングシステムからメトリクスを引き出す方法を学ぼう。

†25　コマンドラインフラグの`--timeout-offset`で指定される。（監訳注：デフォルトは、0.5である。）

11章 ほかのモニタリングシステムとの連携

すべてのアプリが直接Prometheusメトリクスを開示していればありがたいところだが、世界はそのようにはできていない。すでに使っているモニタリングシステムがあるかもしれないが、そのような場合、一日で全部Prometheusに切り替えるのは現実的ではない。

幸い、Prometheusの数百のexporterのなかには、ほかのモニタリングシステムのデータをPrometheus形式に変換してくれるものがいくつかある。理想の最終目標はPrometheusへの完全な切り替えでも、移行期間中には、この章で学ぶこの種のexporterがとても役に立つ。

11.1 その他のモニタリングシステム

モニタリングシステムのPrometheusとの互換性の度合いはまちまちである。ほとんど何もしなくても済むものもあれば、大変な作業が必要になるものもある。たとえば、InfluxDBは、データモデルがPrometheusのものとかなり似ているので、アプリケーションにInfluxDBラインプロトコルをInfluxDB exporter（http://bit.ly/2M5XpBb）に送れば、それをPrometheusでスクレイプできる。

collectdなどのシステムはラベル機能を持たないが、collectd exporter（http://bit.ly/2MDIEq8）を使えば、ほかに設定をしなくても、出力をPrometheusメトリクスに自動変換できる。バージョン5.7からは、collectdはWrite Prometheusプラグイン（http://bit.ly/2JPFy4I）という形でこのexporterをネイティブに組み込んでいる。

しかし、Prometheusメトリクスとして妥当なものに自動変換できるようなデータモデルを持っているモニタリングシステムばかりではない。Graphiteは伝統的にキーバリュー形式のラベルをサポートしていないが[†1]、一部のラベルはGraphite exporter（http://bit.ly/2M0Evvp）を使えばGraphiteのドット区切りの形式から抽出できる。StatsDは、基本的にGraphiteと同じデータモデルを使っているが、StatsDはメトリクスではなくイベントを使っているので、StatsD exporter（http://bit.ly/2t9v7i6）はイ

†1　ただし、最近のバージョン1.1.0になってキーバリューラベルのタグを追加している。

ベントをまとめてメトリクスにする。StatsD exporterは、ラベルの抽出もできる。

Java/JVMの世界では、JMX（Java Management eXtensions）がメトリクス開示の標準としてよく使われているが、JMXをどのように使うかはアプリケーションごとにかなり異なる。JMX exporter（http://bit.ly/2K3grrm）は妥当なデフォルトを持っているが、mBeanの構造が標準化されていないので、正規表現以外にまともな設定手段がない。しかし、設定例は豊富にあるし、JMX exporterはJavaエージェントとして実行されるように作られているので、別個のexporterプロセスを管理する必要はない。

SNMPのデータモデルはPrometheusのものと非常に近く、MIB[†2]を使っていれば、SNMP exporter（http://bit.ly/2t8kiNe）でSNMPメトリクスを自動的に生成できる。しかし、悪い知らせが二重にある。まず第1に、ベンダのMIBは無料では使えないことが多いため、自分でMIBを入手し、SNMP exporterに含まれている**ジェネレータ**（generator）を使ってSNMP exporterが理解できる形式にMIBを変換しなければならない。第2に、多くのベンダはSNMP仕様の文字面を追うだけで精神を理解していないため、追加設定やPromQLによるマンジング（データを使用または処理できるように、別の形式に変更する工程のこと）が必要になることがある。SNMP exporterは、「10.4 Blackbox exporter」で説明したように、Blackbox/SNMPスタイルのexporterであり、ほかのほとんどのexporterとは異なり、通常はアプリケーションインスタンスごとにひとつではなく、Prometheusごとにひとつ実行される。

SNMPはやり取りされる情報のサイズが非常に大きいネットワークプロトコルである。この問題を緩和するために、SNMP exporterは、モニタリングしているネットワークデバイスにできる限り近いネットワークで実行するとよい。また、多くのSNMPデバイスは、SNMPプロトコルで話すことができても、メトリクスを返すまでにかかる時間がばかばかしく長い。リクエストするメトリクスを厳しく選び、`scrape_interval`を甘めに設定しなければならないかもしれない。

さまざまなSaaS（Software as a Service）モニタリングシステムのメトリクスを抽出するために使えるexporterとして、CloudWatch exporter（http://bit.ly/2t9AYEa）、NewRelic exporter（http://bit.ly/2I3QyFJ）、pingdom exporter（http://bit.ly/2MFOZkP）などがある。この種のexporterでは、レートリミットの有無、アクセスするAPIを使うための料金などに注意する必要がある。

NRPE exporter（http://bit.ly/2yqJMKI）は、NRPEチェックを実行できるSNMP/Blackboxスタイルのexporterである。NRPEは、Nagios Remote Program Executionの略で、リモートマシンのNagiosチェックを実行するための方法だ。Nagiosスタイルのモニタリングによる既存のチェックの多くはNode exporterやその他のexporterで置き換えられるが、それよりも少し移植が難しいカスタム

†2　Management Information Base。基本的にはSNMPオブジェクトのスキーマである。

チェックがある。NRPE exporterは、「7.10　textfileコレクタ」で説明したtextfileコレクタなどでこれらのチェックをほかのソリューションに移植するまでのつなぎに使える。

ほかのモニタリングシステムとの連携方法は、exporterの実行だけではない。Dropwizardメトリクス[†3]などのインストルメンテーションシステムとの連携もある。Javaクライアント（http://bit.ly/2tmzNQK）には、レポーティング機能を使ってDropwizardメトリクスからメトリクスをプルし、/metricsにほかのダイレクトインストルメンテーションとともに表示する連携機能が含まれている。

Dropwizardは、JMXを介してメトリクスを開示することもできる。しかし、可能なら（つまりコードベースを自由にできるなら）、JMXではなく、JavaクライアントのDropwizard連携機能を使った方がよい。JMXではオーバーヘッドが高くなり、必要な設定も増える。

11.2 InfluxDB

InfluxDB exporterは、InfluxDB 0.9.0でInfluxDBに追加されたInfluxDBラインプロトコルを受け付ける。このプロトコルはHTTP上で動作するので、書き込みの受け付けと/metricsへの配信の両方で同じTCPポートが使える。Influx exporterは、**例11-1**のようにして実行する。

例11-1　InfluxDB exporterのダウンロードと実行

```
hostname $ wget https://github.com/prometheus/influxdb_exporter/releases/download/
    v0.1.0/influxdb_exporter-0.1.0.linux-amd64.tar.gz
hostname $ tar -xzf influxdb_exporter-0.1.0.linux-amd64.tar.gz
hostname $ cd influxdb_exporter-0.1.0.linux-amd64/
hostname $ ./influxdb_exporter
INFO[0000] Starting influxdb_exporter (version=0.1.0, branch=HEAD,
    revision=4d30f926a4d82f9db52604b0e4d10396a2994360)  source="main.go:258"
INFO[0000] Build context (go=go1.8.3, user=root@906a0f6cc645,
    date=20170726-15:10:21)  source="main.go:259"
INFO[0000] Listening on :9122                           source="main.go:297"
```

これで、InfluxDBラインプロトコルを使う既存アプリケーションにInfluxDB exporterを使わせることができる。手作業でラベル付きのメトリクスを送るには、次のようにする。

```
curl -XPOST 'http://localhost:9122/write' --data-binary \
    'example_metric,foo=bar value=43 1517339868000000000'
```

このあとでブラウザでhttp://localhost:9122/metricsを見ると、ほかの出力に混ざって次のものが含まれているはずである。

†3　以前はYammerメトリクスと呼ばれていた。

```
# HELP example_metric InfluxDB Metric
# TYPE example_metric untyped
example_metric{foo="bar"} 43
```

exporterに送ったタイムスタンプが示されていないことに気付かれただろうか。スクレイプは、スクレイプ時のアプリケーションの状態を表すメトリクスを同期的に集めることなので、/metricsでタイムスタンプを表示しても、まともなユースケースはほとんどない。しかし、ほかのモニタリングシステムとやり取りするときには、そうとは限らないので、タイムスタンプを使う意味がある。本稿執筆時点[†4]では、Javaクライアントライブラリだけがカスタムコレクタでタイムスタンプをサポートしている。メトリクスがタイムスタンプなしでエクスポートされたときには、Prometheusはスクレイプが行われた時刻を使う。InfluxDB exporterは、数分後の時点でガベージコレクトし、開示を止める。これはプッシュをプルに変換するときの難題である。それに対し、プルからプッシュへの変換は、**例4-13**で示したようにきわめて単純である。

InfluxDB exporterは、**例11-2**に示すように、ほかのexporterと同じようにスクレイプできる。

例11-2 ローカルのInfluxDB exporterをスクレイプするためのprometheus.yml

```
global:
  scrape_interval: 10s
scrape_configs:
 - job_name: application_name
   static_configs:
    - targets:
      - localhost:9122
```

11.3 StatsD

StatsDは、イベントを取り込み、一定時間に渡って集計してメトリクスにする。StatsDにイベントを送ることは、カウンタのinc、サマリのobserveを呼び出すようなものだと考えることができる。StatsD exporterは、まさにこれを行ってStatsDイベントをPrometheusクライアントライブラリのメトリクス、インストルメンテーション呼び出しに変換している。

StatsD exporterは、**例11-3**のようにして実行する。

例11-3 StatsD exporterのダウンロードと実行

```
hostname $ wget https://github.com/prometheus/statsd_exporter/releases/download/
    v0.6.0/statsd_exporter-0.6.0.linux-amd64.tar.gz
hostname $ tar -xzf statsd_exporter-0.6.0.linux-amd64.tar.gz
hostname $ cd statsd_exporter-0.6.0.linux-amd64/
hostname $ ./statsd_exporter
INFO[0000] Starting StatsD -> Prometheus Exporter (version=0.6.0, branch=HEAD,
```

†4 監訳注：本書の原書執筆時のことであり、2018年2月頃である。

```
    revision=3fd85c92fc0d91b3c77bcb1a8b2c7aa2e2a99d04)  source="main.go:149"
INFO[0000] Build context (go=go1.9.2, user=root@29b80e16fc07,
    date=20180117-17:45:48)  source="main.go:150"
INFO[0000] Accepting StatsD Traffic: UDP :9125, TCP :9125  source="main.go:151"
INFO[0000] Accepting Prometheus Requests on :9102        source="main.go:152"
```

StatsDはカスタムTCP、UDPプロトコルを使っているので、/metricsのスクレイプとは別のポートを使ってイベントを送る必要がある。

手作業でゲージを送るには、次のようにする[†5]。

```
echo 'example_gauge:123|g' | nc localhost 9125
```

http://localhost:9102/metricsには、次のように出力される。

```
# HELP example_gauge Metric autogenerated by statsd_exporter.
# TYPE example_gauge gauge
example_gauge 123
```

カウンタのインクリメントやサマリ/ヒストグラムの観測値も送れる。

```
echo 'example_counter_total:1|c' | nc localhost 9125
echo 'example_latency_total:20|ms' | nc localhost 9125
```

StatsDプロトコルは、定義に不完全な部分があり、多くの実装は整数値しかサポートしない。StatsD exporterにはこのような制限はないが、多くのメトリクスがPrometheusで使い慣れている基本単位になっていないことに注意する必要がある。

StatsDは、位置が意味を持つGraphiteのドット区切りの記法が使われていることが多いため、ラベルを抽出することもできる。たとえば、`app.http.requests.eu-west-1./foo`は、Prometheusの`app_http_requests_total{region="euwest1",path="/foo"}`と同じ意味になる。このような変換を実現するには、mapping.ymlに次のような変換の記述を追加し、

```
mappings:
- match: app.http.requests.*.*
  name: app_http_requests_total
  labels:
    region: "${1}"
    path: "${2}"
```

StatsD exporterを実行するときにmapping.ymlを指定する。

```
./statsd_exporter -statsd.mapping-config mapping.yml
```

このパターンに従ってStatsD exporterに要求を送れば、適切な名前とラベルが付けられる。

---

†5 ncは便利なネットワークユーティリティで、名前はnetcatを略したものだ。手元にないようならインストールする必要がある。

```
echo 'app.http.requests.eu-west-1./foo:1|c' | nc localhost 9125
echo 'app.http.requests.eu-west-1./bar:1|c' | nc localhost 9125
```

http://localhost:9102/metricsに行くと、次のような情報が表示されるだろう。

```
# HELP app_http_requests_total Metric autogenerated by statsd_exporter.
# TYPE app_http_requests_total counter
app_http_requests_total{path="/bar",region="eu-west-1"} 1
app_http_requests_total{path="/foo",region="eu-west-1"} 1
```

Graphite exporterにも、ドット区切りの文字列をラベルに変換するための同じようなメカニズムがある。

Prometheusへの移行が完了しても、ウェブアプリケーションでPHPやPerlといった言語を使っている場合には、StatsD exporterを使い続けることになるかもしれない。「4.1.3 Gunicornによるマルチプロセス」で説明したように、Prometheusは、寿命が長くマルチスレッドになっているアプリケーションを前提としている。PHPのような言語は、一般にマルチプロセスであるだけでなく、寿命がひとつのHTTPリクエストの処理だけで終わるようなプロセスで使われる。Pythonクライアントがマルチプロセスデプロイで使っているようなアプローチは、理論的には典型的なPHPデプロイでも使えるが、StatsD exporterの方が実用的に感じるだろう。この分野では、prom-aggregation-gateway(https://github.com/weaveworks/prom-aggregation-gateway)もある。

私は、プッシュをプルに変換するInfluxDB、Graphite、StatsD、collectdなどのexporterでは、アプリケーションインスタンスごとにひとつのexporterを使い、アプリケーションと同じライフサイクルで運用することをお勧めする。アプリケーションインスタンスを起動、停止、再実行するのと同じタイミングでexporterを起動、停止、再実行するのである。こうすると、管理がしやすくなり、ラベルの変更にまつわる問題が避けられ、exporterがボトルネックになるのを防げる[†6]。

使えるexporterは何百もあるが、自分でexporterを書いたり、既存のexporterを拡張したりしなければならない場合もあるだろう。次章では、exporterの書き方を説明する。

†6 Prometheusが開発された理由のひとつは、SoundCloudでは多くのアプリケーションがひとつのStatsDにメトリクスを送っていたためにスケーリング問題が起きたことにある。

12章
exporterの書き方

アプリケーションにダイレクトインストルメンテーションを追加できず、アプリケーションを対象とする既存のexporterも見つからない場合がある。そうなれば、自分でexporterを書かなければならない。幸い、exporterは比較的簡単に書ける。難しいのは、アプリケーションが開示するメトリクスの意味を明らかにすることだ。単位はわからず、ドキュメントはあったとしても曖昧なことがある。この章では、の書き方を学ぶ。

12.1 Consulのtelemetry

ここでは、Consulのための小さなexporterを書くことにする。Consulについては、すでに「10.1 Consul exporter」でConsul exporterのバージョン0.3.0を紹介しているが、このバージョンは、新しく追加されたtelemetry APIのメトリクスをサポートしていない[†1]。

exporterはどのプログラミング言語でも書けるが、大半はGoで書かれており、この章でもGoを使うことにする。しかし、少数ながらPythonで書かれているexporterも見かけるだろうし、さらに少数だがJavaによるものもある。

Consulが実行されていないなら、**例8-6**に従ってもう1度起動しておこう。http://localhost:8500/v1/agent/metricsに移動すると、相手にすることになるJSON出力がわかる(**例12-1**参照)。幸い、Consulは自由に使えるGoライブラリを提供しており、このJSONを自分でパースする必要はない。

例12-1 Consulエージェントのメトリクス出力例の一部

```
{
  "Timestamp": "2018-01-31 14:42:10 +0000 UTC",
  "Gauges": [
    {
        "Name": "consul.autopilot.failure_tolerance",
```

†1 Consul exporterのバージョン0.4.0ではこれらのメトリクスもサポートされるだろう。(監訳注:2018年8月にリリースされたバージョン0.4.0で、これらのメトリクスはサポートされなかった。)

```
          "Value": 0,
          "Labels": {}
      }
    ],
    "Points": [],
    "Counters": [
      {
          "Name": "consul.raft.apply",
          "Count": 1,
          "Sum": 1, "Min": 1, "Max": 1, "Mean": 1, "Stddev": 0,
          "Labels": {}
      }
    ],
    "Samples": [
      {
          "Name": "consul.fsm.coordinate.batch-update",
          "Count": 1,
          "Sum": 0.13156799972057343,
          "Min": 0.13156799972057343, "Max": 0.13156799972057343,
          "Mean": 0.13156799972057343, "Stddev": 0,
          "Labels": {}
      }
    ]
  }
```

もうひとつありがたいことに、Consulはカウンタとゲージを分類してくれている[†2]。Samplesも、サマリメトリクスのCountとSumを使って処理できそうだ。そこですべてのSamplesを見直してみると、どうもこれはレイテンシを追跡しているようだということがわかる。ドキュメント（https://www.consul.io/docs/agent/telemetry.html）を読み進めると、やはりSamplesは**時間計測値**（timers）だということが確認できる。これは、Prometheusではサマリだということである（「3.4　サマリ」参照）。時間計測値はすべてミリ秒単位なので、秒に変換できる[†3]。JSONにはラベルのためのフィールドがあるが、どれも使われていないので無視できる。それ以外では、メトリクス名に無効な文字が含まれていないことを確認するだけでよい。

これでConsulが開示するメトリクスをどのようなロジックで処理すべきかがわかった。exporterは、**例12-2**のように書くことができる。

例12-2　ConsulメトリクスのためのGo言語で書かれたexporter、consul_metrics.go

```
package main

import (
```

†2　カウンタという名前のものが本当にカウンタだとは限らない。たとえば、Dropwizardは、値が減ることもあるカウンタを使っている。そのカウンタなるものが実際にどのように使われているかによって、Prometheusではカウンタ、ゲージ、untypedとして扱うことになる。

†3　Samplesの一部だけが時間計測値だったとしたら、それをそのまま開示するか、どれがレイテンシでどれがそうではないかを示すリストを保守しなければならなかったところだろう。

```
  "log"
  "net/http"
  "regexp"

  "github.com/hashicorp/consul/api"
  "github.com/prometheus/client_golang/prometheus"
  "github.com/prometheus/client_golang/prometheus/promhttp"
)

var (
  up = prometheus.NewDesc(
    "consul_up",
    "Was talking to Consul successful.",
    nil, nil,
  )
  invalidChars = regexp.MustCompile("[^a-zA-Z0-9:_]")
)

type ConsulCollector struct {
}

// prometheus.Collectorの実装
func (c ConsulCollector) Describe(ch chan<- *prometheus.Desc) {
  ch <- up
}

// prometheus.Collectorの実装
func (c ConsulCollector) Collect(ch chan<- prometheus.Metric) {
  consul, err := api.NewClient(api.DefaultConfig())
  if err != nil {
    ch <- prometheus.MustNewConstMetric(up, prometheus.GaugeValue, 0)
    return
  }

  metrics, err := consul.Agent().Metrics()
  if err != nil {
    ch <- prometheus.MustNewConstMetric(up, prometheus.GaugeValue, 0)
    return
  }
  ch <- prometheus.MustNewConstMetric(up, prometheus.GaugeValue, 1)

  for _, g := range metrics.Gauges {
    name := invalidChars.ReplaceAllLiteralString(g.Name, "_")
    desc := prometheus.NewDesc(name, "Consul metric "+g.Name, nil, nil)
    ch <- prometheus.MustNewConstMetric(
        desc, prometheus.GaugeValue, float64(g.Value))
  }

  for _, c := range metrics.Counters {
    name := invalidChars.ReplaceAllLiteralString(c.Name, "_")
    desc := prometheus.NewDesc(name+"_total", "Consul metric "+c.Name, nil, nil)
    ch <- prometheus.MustNewConstMetric(
        desc, prometheus.CounterValue, float64(c.Count))
```

```
  }

  for _, s := range metrics.Samples {
    // すべてのサンプルがミリ秒単位の時間なので、秒単位に変換する
    name := invalidChars.ReplaceAllLiteralString(s.Name, "_") + "_seconds"
    countDesc := prometheus.NewDesc(
        name+"_count", "Consul metric "+s.Name, nil, nil)
    ch <- prometheus.MustNewConstMetric(
        countDesc, prometheus.CounterValue, float64(s.Count))
    sumDesc := prometheus.NewDesc(
        name+"_sum", "Consul metric "+s.Name, nil, nil)
    ch <- prometheus.MustNewConstMetric(
        sumDesc, prometheus.CounterValue, s.Sum/1000)
  }
}

func main() {
  c := ConsulCollector{}
  prometheus.MustRegister(c)
  http.Handle("/metrics", promhttp.Handler())
  log.Fatal(http.ListenAndServe(":8000", nil))
}
```

Goの開発環境があれば、次のようにしてexporterを実行できる。

```
go get -d -u github.com/hashicorp/consul/api
go get -d -u github.com/prometheus/client_golang/prometheus
go run consul_metrics.go
```

http://localhost:8000/metricsに行けば、次のようなメトリクスが表示される。

```
# HELP consul_autopilot_failure_tolerance Consul metric
    consul.autopilot.failure_tolerance
# TYPE consul_autopilot_failure_tolerance gauge
consul_autopilot_failure_tolerance 0
# HELP consul_raft_apply_total Consul metric consul.raft.apply
# TYPE consul_raft_apply_total counter
consul_raft_apply_total 1
# HELP consul_fsm_coordinate_batch_update_seconds_count Consul metric
    consul.fsm.coordinate.batch-update
# TYPE consul_fsm_coordinate_batch_update_seconds_count counter
consul_fsm_coordinate_batch_update_seconds_count 1
# HELP consul_fsm_coordinate_batch_update_seconds_sum Consul metric
    consul.fsm.coordinate.batch-update
# TYPE consul_fsm_coordinate_batch_update_seconds_sum counter
consul_fsm_coordinate_batch_update_seconds_sum 1.3156799972057343e-01
```

すばらしい。でもこのコードはどのようにして動作するのだろうか。次節でそれを説明する。

12.2 カスタムコレクタ

ダイレクトインストルメンテーションでは、クライアントライブラリはインストルメンテーションイベントを取り込み、メトリクスの値を経時的に追跡する。クライアントライブラリは、そのためにカウンタ、ゲージ、サマリ、ヒストグラムの4種類のメトリクスを提供する。これらはどれも**コレクタ**（collector）の例である。スクレイプ時には、レジストリ内の各コレクタが**収集**（collected）される。つまり、メトリクスの提供を求められる。/metricsのスクレイプによって返されるのは、これらのメトリクスである。カウンタをはじめとする4種類の標準メトリクスタイプは、ひとつのメトリクスファミリを返すだけである。

ダイレクトインストルメンテーションを使わず、ほかのソースからメトリクスを提供したい場合は、**カスタムコレクタ**（custom collector）を使う。カスタムコレクタは、標準の4種類ではないコレクタで、任意の数のメトリクスファミリを返せる。収集は/metricsのスクレイプのたびに行われ、個々の収集結果は、コレクタのメトリクスの首尾一貫したスナップショットになる。

Go言語でコレクタを書く場合、`prometheus.Collector`インタフェイスを実装しなければならない。つまり、コレクタは、決められたシグネチャの`Describe`、`Collect`メソッドを持つオブジェクトでなければならないのだ。

`Describe`メソッドは、自分が生成するメトリクスを説明する記述を返す。具体的には、メトリクスの名前、ラベル名、ヘルプ文字列である。`Describe`は登録時に呼び出され、メトリクスの重複登録を避けるために使われる。exporterが持てるメトリクスには2種類のタイプがあり、ひとつは名前とラベルがあらかじめわかっているもの、もうひとつはスクレイプ時にならないとそれらが決まらないものである。この例では、`consul_up`はあらかじめわかっており、`NewDesc`で1度`Desc`を作ってそれを`Describe`で渡せばよい。それ以外のメトリクスはすべてスクレイプ時にダイナミックに生成されるので、ここには入れられない。

```
var (
  up = prometheus.NewDesc(
    "consul_up",
    "Was talking to Consul successful.",
    nil, nil,
  )
)
// prometheus.Collectorの実装
func (c ConsulCollector) Describe(ch chan<- *prometheus.Desc) {
  ch <- up
}
```

Goクライアントは、`Describe`が少なくともひとつの`Desc`を提供することを要件としている。すべてのメトリクスがダイナミックなものなら、この要件をクリアするためにダミーの`Desc`を提供すればよい。

カスタムコレクタの核心部は、Collectメソッドである。このメソッドは、ターゲットのアプリケーションインスタンスから必要なデータをすべて取り出し、適宜マンジング（データを使用または処理できるように、別の形式に変更する工程のこと）し、クライアントライブラリにメトリクスを送り返す。この場合は、Consulに接続し、そのメトリクスをフェッチしなければならない。エラーが起きればconsul_upを0、収集が成功すれば1にして返す。メトリクスがときどきしか返されないようでは、PromQLでの処理が難しくなる[†4]。consul_upがあれば、Consulとの通信に問題があるときにアラートを送って不具合を知らせられる。

consul_upの値を返すために、prometheus.MustNewConstMetricを使ってこのスクレイプのサンプルを提供している。このメソッドは、Desc、タイプ、値を取る。

```
// prometheus.Collectorの実装
func (c ConsulCollector) Collect(ch chan<- prometheus.Metric) {
  consul, err := api.NewClient(api.DefaultConfig())
  if err != nil {
    ch <- prometheus.MustNewConstMetric(up, prometheus.GaugeValue, 0)
    return
  }

  metrics, err := consul.Agent().Metrics()
  if err != nil {
    ch <- prometheus.MustNewConstMetric(up, prometheus.GaugeValue, 0)
    return
  }
  ch <- prometheus.MustNewConstMetric(up, prometheus.GaugeValue, 1)
```

値のタイプとして指定できるのは、GaugeValue、CounterValue、UntypedValueの3種類である。GaugeValue、CounterValueはすでにご存知の通りである。UntypedValueは、メトリクスがカウンタかゲージかがはっきりしないときに使われる。ダイレクトインストルメンテーションではこのようなことはできないが、ほかのモニタリング、インストルメンテーションシステムのメトリクスのタイプがはっきりせず、はっきりさせようとしても無意味なことは珍しいことではない。

Consulからメトリクスを得たので、ゲージを処理できる。メトリクス名に含まれるドット、ハイフンなどの無効文字は、アンダースコアに変換する。そして、その場でDescを作り、すぐにMustNewConstMetricで使う。

```
  for _, g := range metrics.Gauges {
    name := invalidChars.ReplaceAllLiteralString(g.Name, "_")
    desc := prometheus.NewDesc(name, "Consul metric "+g.Name, nil, nil)
    ch <- prometheus.MustNewConstMetric(
        desc, prometheus.GaugeValue, float64(g.Value))
  }
```

† 4 「15.2.3.1 or演算子」参照。

カウンタの処理もほぼ同じだが、メトリクス名に_totalというサフィックスを追加するところが異なる。

```
for _, c := range metrics.Counters {
  name := invalidChars.ReplaceAllLiteralString(c.Name, "_")
  desc := prometheus.NewDesc(name+"_total", "Consul metric "+c.Name, nil, nil)
  ch <- prometheus.MustNewConstMetric(
      desc, prometheus.CounterValue, float64(s.Count))
}
```

metrics.Samplesの処理は、ゲージ、カウンタよりも複雑である。サンプルはPrometheusのサマリだが、現在のGoクライアントのMustNewConstMetricではサマリはサポートされていない[†5]。代わりにふたつのカウンタを使ってエミュレートする。メトリクス名には_secondsを追加し、ミリ秒から秒への変換のために、合計値を1000で割っている。

```
for _, s := range metrics.Samples {
  // すべてのサンプルがミリ秒単位の時間なので、秒単位に変換する
  name := invalidChars.ReplaceAllLiteralString(s.Name, "_") + "_seconds"
  countDesc := prometheus.NewDesc(
      name+"_count", "Consul metric "+s.Name, nil, nil)
  ch <- prometheus.MustNewConstMetric(
      countDesc, prometheus.CounterValue, float64(s.Count))
  sumDesc := prometheus.NewDesc(
      name+"_sum", "Consul metric "+s.Name, nil, nil)
  ch <- prometheus.MustNewConstMetric(
      sumDesc, prometheus.CounterValue, s.Sum/1000)
}
```

ここで使われているs.Sumはfloat64なので問題ないが、sumが整数のときの整数による除算は、不必要に精度を落とさないように注意する必要がある。つまり、float64(sum)/1000として、まず浮動小数点数への変換を行ってから除算を行えば正しいが、float64(sum/1000)とすると、最初に整数値を1000で除算してしまうので、3桁分の精度が失われる。

最後に、ダイレクトインストルメンテーションメトリクスのときと同じように、カスタムコレクタオブジェクトのインスタンスを作り、デフォルトレジストリに登録する。

```
c := ConsulCollector{}
prometheus.MustRegister(c)
```

開示は通常の方法で行われる。これは、すでに「4.2 Go」で説明した通りである。

†5 監訳注：2019年2月時点の最新バージョン0.9.2でもサポートされていない。

```
http.Handle("/metrics", promhttp.Handler())
log.Fatal(http.ListenAndServe(":8000", nil))
```

もちろん、これは単純化された例だ。実際には、クライアントのデフォルトに任せるのではなく、コマンドラインフラグなどの方法でターゲットのConsulサーバを設定できるようにすることになるはずだ。また、スクレイプ間でクライアントを再利用し、クライアントのさまざまな認証オプションを指定できるようにするだろう。

min、max、mean、stddevはあまり役に立たないので捨てている。平均は合計と個数を使って計算できる。一方、min、max、stddevは、計測された期間がわからないので集計不能である。

デフォルトレジストリが使われているので、結果にはgo_、process_メトリクスも含まれている。これらはexporter自身のパフォーマンスを知らせるので、process_open_fdsを使ったファイルディスクリプタリークなどの問題の検出に役立つ。これらのメトリクスのためにexporterを別個にスクレイプしなくても済むわけである。

exporterにデフォルトレジストリを使わないのは、Blackbox/SNMPスタイルのexporterを書くときだけだろう[†6]。この場合、コレクタはスクレイプのためのURLパラメータにアクセスできないので、URLパラメータの何らかの解釈が必要になる[†7]。また、exporter自体のモニタリングのために、exporterの/metricsをスクレイプすることになる。

比較のために、同等のexporterをPython 3で書くと、**例12-3**のようになる。Goで書かれたものと大部分は同じだが、サマリを表すSummaryMetricFamilyがあり、ふたつの別々のカウンタでサマリをエミュレートしなくてもよいところだけは大きく異なる。Pythonクライアントは、Goクライアントほどサニティチェック（sanity check）が充実していないので、その部分には少し注意が必要である。

例12-3　ConsulメトリクスのためのPython 3で書かれたexporter、consul_metrics.py

```
import json
import re
import time
from urllib.request import urlopen

from prometheus_client.core import GaugeMetricFamily, CounterMetricFamily
from prometheus_client.core import SummaryMetricFamily, REGISTRY
from prometheus_client import start_http_server
```

†6　監訳注：Blackbox exporterの場合、/metricsではなく/probeでブラックボックスプローブのメトリクスを開示している。

†7　監訳注：「10.4.5　Prometheusの設定」で説明したようなリラベルマジックが必要になる。

```
def sanitise_name(s):
    return re.sub(r"[^a-zA-Z0-9:_]", "_", s)

class ConsulCollector(object):
  def collect(self):
    out = urlopen("http://localhost:8500/v1/agent/metrics").read()
    metrics = json.loads(out.decode("utf-8"))

    for g in metrics["Gauges"]:
      yield GaugeMetricFamily(sanitise_name(g["Name"]),
          "Consul metric " + g["Name"], g["Value"])

    for c in metrics["Counters"]:
      yield CounterMetricFamily(sanitise_name(c["Name"]) + "_total",
          "Consul metric " + c["Name"], c["Count"])

    for s in metrics["Samples"]:
      yield SummaryMetricFamily(sanitise_name(s["Name"]) + "_seconds",
          "Consul metric " + s["Name"],
          count_value=c["Count"], sum_value=s["Sum"] / 1000)

if __name__ == '__main__':
  REGISTRY.register(ConsulCollector())
  start_http_server(8000)
  while True:
    time.sleep(1)
```

12.2.1 ラベル

先ほどの例では、ラベルのないメトリクスしかなかった。ラベルを提供するためには、Descでラベル名を指定して、MustNewConstMetricで値を指定しなければならない。

GoのPrometheusクライアントライブラリを使って時系列データexample_gauge{foo="bar", baz="small"}とexample_gauge{foo="quu", baz="far"}を持つメトリクスを開示するには、次のようにする。

```
func (c MyCollector) Collect(ch chan<- prometheus.Metric) {
  desc := prometheus.NewDesc(
    "example_gauge",
    "A help string.",
    []string{"foo", "baz"}, nil,
  )
  ch <- prometheus.MustNewConstMetric(
    desc, prometheus.GaugeValue, 1, "bar", "small")
  ch <- prometheus.MustNewConstMetric(
    desc, prometheus.GaugeValue, 2, "quu", "far")
}
```

まず、個々の時系列データを別々に提供する。同じメトリクスファミリに属するすべての時系列データを/metricsの出力でひとつにまとめる作業はレジストリがしてくれる。

同じ名前のすべてのメトリクスのヘルプ文字列は同じでなければならない。異なるDescを与えると、スクレイプは失敗する。

Pythonクライアントではやり方が少し異なる。メトリクスファミリを組み立ててそれを返すのだ。その方が大変な感じがするかもしれないが、通常、実際の作業量は同じくらいになる。

```
class MyCollector(object):
  def collect(self):
    mf = GaugeMetricFamily("example_gauge", "A help string.",
        labels=["foo", "baz"])
    mf.add_metric(["bar", "small"], 1)
    mf.add_metric(["quu", "far"], 2)
    yield mf
```

12.3 ガイドライン

ダイレクトインストルメンテーションは白黒がはっきりすることが多いが、exporterの開発は曖昧な部分が入り込みやすいので、完璧なメトリクスを作り出すために継続的に大きな労力を投入するか、十分よいレベルのもので満足して保守作業を不要にするかを秤にかけることになる。exporterの開発は、科学というよりも職人芸だ。

メトリクス名の慣習には従うようにしよう。特に、時系列データを含むはずのメトリクスに時系列データが含まれている場合を除き、_count、_sum、_total、_bucket、_infoというサフィックスは避けるようにすべきだ。

メトリクスがゲージなのかカウンタなのか両方の性格を持っているのかをはっきりさせようとしても不可能であったり、現実的でなかったりすることがよくある。両者の性格が混ざり合っている場合は、ゲージやカウンタではなく（それでは誤りになる）、Untypedを使うようにしよう。メトリクスがカウンタなら、_totalサフィックスを付けるのを忘れないようにしなければならない。

現実的であれば、メトリクスの単位を示すようにしよう。少なくとも、メトリクス名のなかに単位を入れるようにしたい。**例12-1**のように、メトリクスから単位を判断しなければならなくなるのは、誰にとっても面白くないことだ。exporterのユーザにそのような負担を押し付けないようにしよう。そして、単位はいつでも秒、バイトが望ましい。

exporterでラベルを使うときには、注意すべきポイントがいくつかある。exporterの場合でも、ダイレクトインストルメンテーションのときと同じように、「5.6.1　カーディナリティ」で説明した理由からカーディナリティが問題になる。メトリクスに細々とラベルを付けたりしてはならない。

「5.6　ラベルを使うべきとき」で説明したように、ラベルはメトリクス全体を分類し、メトリクス全体で合計や平均を計算するときに意味があるものでなければならない。特に、メトリクスのなかの他の値を合計しただけに過ぎない時系列データに注意し、取り除くようにしよう。exporterを書くときにラベルを付けることに意味があるかどうかがはっきりしない場合は、使わないようにすれば無難だが、**5章**のコラム「テーブル例外」で説明したことには注意が必要だ。ダイレクトインストルメンテーションの場合と同様に、exporterから送られてくるすべてのメトリクスにenv="prod"のようなラベルを付けてはならない。「8.2.2　ターゲットラベル」で説明したように、ターゲットラベルはそのために設けられているものだ。

アプリケーションの側で計算したりせず、Prometheusには未加工のメトリクスを開示するに越したことはない。たとえば、カウンタを提供できるなら、5分のレートを開示する必要はない。rate関数を使えば、どのような期間のレートでも計算できる。割合も同様で、割合を開示するのではなく、分子と分母を開示しよう。分子、分母の情報のないパーセント情報だけがある場合は、少なくともそれを割合に変換しよう[†8]。

単位を標準化するための乗除算を除き、exporterで計算を行うことは避けよう。未加工のデータの処理はPromQLに任せるべきだ。メトリクスのインストルメンテーションイベントの間に競合があると、不自然な結果が生まれることがある。特にあるメトリクスから別のメトリクスを減算したときにはそうである。カーディナリティを削減するためにメトリクスを加算することは問題ないが、カウンタの場合は、メトリクスのいくつかが消失したことで誤ってリセットを起こさないように注意する必要がある。

Prometheusがどのように使用されるか意図されたことから考えて意味のないメトリクスがある。たとえば、多くのアプリケーションはマシンのRAM、CPU、ディスクについてのメトリクスを開示しているが、exporterでマシンレベルのメトリクスを開示してはならない。それはNode exporterの仕事である[†9]。最小値、最大値、標準偏差は集計できないので入れないようにしよう。

exporterはアプリケーションインスタンスごとに実行し[†10]、スクレイプしたメトリクスはキャッシュせずに同期的に返すようにしよう。そうでなければ、Prometheusはサービスディスカバリとスクレイプのスケジューリングを正しく行えない。並行スクレイプが発生し得ることも意識しなければならない。

Prometheusがスクレイプを行うときにscrape_duration_secondsメトリクスを追加するのと同じように、exporterも、アプリケーションからデータをプルするためにかかった時間を示すmyexporter_scrape_duration_secondsメトリクスを追加すべきだ。これがあれば、遅くなったのはアプリケーションなのかexporterなのかがわかるので、パフォーマンス問題のデバッグで役立つ。処理したメトリクスの数などのメトリクスを追加するのも役に立つ。

コア機能を提供するカスタムコレクタに加えて、exporterのダイレクトインストルメンテーションを

†8　そして、実際に割合/パーセントであることをチェックしよう。両者を混同しているメトリクスはある。

†9　Windowsユーザの場合はWMI exporter。

†10　Blackbox/SNMPスタイルのexporterを書くときを除く。ただし、そういったものを書くことはまれである。

追加するとよい場合がある。たとえば、AWSでは1つひとつのAPI呼び出しが課金されることから、CloudWatch exporterは、自分が行ったAPI呼び出しの数を追跡する`cloudwatch_requests_total`カウンタを持っている。しかし、通常、このようなものはBlackbox/SNMPスタイルのexporterだけで見られるものではある。

以上で、アプリケーションとサードパーティコードの両方からメトリクスを入手する方法がわかった。次章では、得られたメトリクスを操作するPromQLの説明に入る。

第Ⅳ部
PromQL

PromQL (Prometheus Query Language) は、メトリクスに対してあらゆるタイプの集計、分析、算術操作を実行できるようにしてくれる。システムパフォーマンスの理解を深めるためには、PromQLの活用が欠かせない。

第Ⅳ部では、**2章**で作ったPrometheusとNode exporterの構成を再利用し、式ブラウザを使ってクエリを実行する。

13章では、PromQLの基礎とHTTP APIを使った式の評価方法を説明する。

14章では、集計の仕組みを深く掘り下げる。

15章では、加算や比較などの演算子と異なるメトリクスの結合方法について説明する。

16章では、時刻の判定からハードディスクがいっぱいになる時刻の予測まで、PromQLが提供するさまざまな関数を説明する。

PromQLはルールを決めることができる。**17章**では、Prometheusのレコーディングルール機能を説明する。この機能を使ってメトリクスをあらかじめ計算すれば、PromQLによるクエリがより高速で高度なものになる。

13章
PromQL入門

PromQLは、Prometheus Query Language（Prometheus問い合わせ言語）の略である。末尾がQLになっているが、PromQLはあまりSQLとは似ていない。それは、時系列データに対して実行したいタイプの計算では、SQL言語の表現力は貧弱だからである。

PromQLにとってラベルはきわめて重要であり、ラベルがあればさまざまな集計ができるだけでなく、ラベルを使った算術演算で異なるメトリクスを結合できる。PromQLで使える関数は、予測、時刻の操作、数学演算など、多種多様である。

この章では、集計、基本的なデータ型、HTTP APIなど、PromQLの基本概念を説明する。

13.1 集計の基礎

単純な集計クエリ（aggregation query）から始めよう。PromQLの用途の大半は、この種のクエリで占められることになるだろう。PromQLはその気になれば非常に強い力を発揮できるが[†1]、ほとんどの場合、必要とされる機能はごく単純なものに収まるはずだ。

13.1.1 ゲージ

ゲージは状態のスナップショットであり、ゲージの集計で行いたいことは、通常は合計、平均の計算と最小値、最大値の検出だろう。

マウントされている個々のファイルシステムのサイズを報告し、`device`、`fstype`、`mountpoint`ラベルを持つNode exporterの`node_filesystem_size_bytes`メトリクスを取り上げてみよう。各マシンのファイルシステム全体のサイズは、次のようにして計算できる。

```
sum without(device, fstype, mountpoint)(node_filesystem_size_bytes)
```

---

†1　私はふたつの異なる方法でPromQLがチューリング完全であることを示したことがある。本番環境でこんなことはしないように。

withoutは、引数の3つのラベルを無視して同じラベルごとにすべての値を合計せよとsumアグリゲータに指示する。そこで、次のような時系列データがあったとすると、

```
node_filesystem_free_bytes{device="/dev/sda1",fstype="vfat",
    instance="localhost:9100",job="node",mountpoint="/boot/efi"} 70300672
node_filesystem_free_bytes{device="/dev/sda5",fstype="ext4",
    instance="localhost:9100",job="node",mountpoint="/"} 30791843840
node_filesystem_free_bytes{device="tmpfs",fstype="tmpfs",
    instance="localhost:9100",job="node",mountpoint="/run"} 817094656
node_filesystem_free_bytes{device="tmpfs",fstype="tmpfs",
    instance="localhost:9100",job="node",mountpoint="/run/lock"} 5238784
node_filesystem_free_bytes{device="tmpfs",fstype="tmpfs",
    instance="localhost:9100",job="node",mountpoint="/run/user/1000"} 826912768
```

計算結果は次のようになる。

```
{instance="localhost:9100",job="node"} 32511390720
```

device、fstype、mountpointラベルがなくなっていることに気付くだろう。算術計算によって結果はnode_filesystem_free_bytesではなくなっているため、メトリクス名すらなくなっている。**2章**の構成では、PrometheusがスクレイプしているNode exporterがひとつだけなので結果はひとつだが、複数のNode exporterをスクレイプしている場合には、Node exporterごとに結果が返される。

一歩踏み込んで、次のようにinstanceラベルも取り除いてみよう。

```
sum without(device, fstype, mountpoint, instance)(node_filesystem_size_bytes)
```

すると、予想通りにinstanceラベルは取り除かれるが、得られる値は先ほどの式と同じである。これは、集計するメトリクスを提供しているNode exporterがひとつしかないからである。

```
{job="node"} 32511390720
```

同じアプローチを使ってほかの集計もできる。maxを使えば、各マシンにマウントされているファイルシステムでもっとも大きいもののサイズがわかる。

```
max without(device, fstype, mountpoint)(node_filesystem_size_bytes)
```

出力に含まれるラベルは、sumで集計したときとまったく同じである。

```
{instance="localhost:9100",job="node"} 30792601600
```

15章で説明するように、どのラベルが返されるかがこのように予測可能だということは、演算子によるベクトルマッチングで重要な意味を持つ。

同じタイプのジョブについてのメトリクスしか集計できないわけではない。たとえば、次のようにすれば、開いているファイルディスクリプタ数のジョブ全体での平均が求められる。

```
avg without(instance, job)(process_open_fds)
```

13.1.2 カウンタ

カウンタはイベントの数やサイズを追跡しており、アプリケーションが/metricsで開示する値は、開始からの合計である。しかし、この合計値自体はあまり役に立たない。知りたいことは、時間とともにカウンタがいかに早く増えていくかである。increase、irateもあるが、通常はrate関数でこの計算を行う。

たとえば、毎秒受け付けているネットワークトラフィックの量を計算するには、次のようにする。

```
rate(node_network_receive_bytes_total[5m])
```

[5m]は、rate関数に5分ぶんのデータを渡せと指示している。そのため、返される値は、直近5分間の平均になる。

```
{device="lo",instance="localhost:9100",job="node"} 1859.389655172414
{device="wlan0",instance="localhost:9100",job="node"} 1314.5034482758622
```

rateが注目している5分という範囲は、Prometheusがサンプルをスクレイプしたインターバルの整数倍になっているわけではないので、返される値は整数ではない。持っているデータポイントと時間範囲の境界までの隙間を埋めるために、推計が使われている。

rateの出力はゲージなので、ゲージに対して使えるのと同じ集計クエリが使える。node_network_receive_bytes_totalメトリクスはdeviceラベルを持っているので、このラベルを無視すれば、個々のマシンが1秒に受け取っているバイト数が得られる。

```
sum without(device)(rate(node_network_receive_bytes_total[5m]))
```

このクエリを実行すると、次の結果が返される。

```
{instance="localhost:9100",job="node"} 3173.8931034482762
```

時系列データはフィルタリングできるので、instanceラベルの違いを無視してすべてのマシンのeth0だけの合計を計算することもできる。

```
sum without(instance)(rate(node_network_receive_bytes_total{device="eth0"}[5m]))
```

このクエリを実行すると、instanceラベルはなくなるが、deviceラベルは取り除けと指示していないので残る。

```
{device="eth0",job="node"} 3173.8931034482762
```

ラベルのなかには順序や階層構造はないので、いくつでも好きなようにラベルを増やしたり減らしたりして集計を取ることができる。

13.1.3 サマリ

サマリメトリクスには、通常_sum、_countのふたつのデータが含まれており、サフィックスなしでquantileラベルを持つ時系列データが含まれている場合もある。_sum、_countは、ともにカウンタである。

Prometheusは、自らのHTTP APIの一部が返したデータの量を示すhttp_response_size_bytesサマリ[†2]を開示している。http_response_size_bytes_countはリクエストの数を追跡しているが、カウンタなので、rateで処理してから、handlerラベルの違いを無視して集計を取る。

```
sum without(handler)(rate(http_response_size_bytes_count[5m]))
```

ここからは、1秒あたりの全体のHTTPリクエスト数がどれくらいかがわかる。そして、Node exporterもこのメトリクスを返してくるので、ふたつのジョブの結果が表示される。

```
{instance="localhost:9090",job="prometheus"} 0.26868836781609196
{instance="localhost:9100",job="node"} 0.1
```

同様に、http_response_size_bytes_sumは個々のハンドラが返したバイト数を示すカウンタなので、同じパターンが使える。

```
sum without(handler)(rate(http_response_size_bytes_sum[5m]))
```

こうすると、先ほどのクエリと同じラベルで結果が返されるが、レスポンスのサイズは1バイトでは収まらないので値は先ほどよりも大きくなる。

```
{instance="localhost:9090",job="prometheus"} 796.0015958275862
{instance="localhost:9100",job="node"} 1581.6103448275862
```

サマリの威力は、イベントの平均サイズを計算できることである。この場合、個々のレスポンスが返したバイト数の平均が計算できる。サイズ1、4、7の3つのレスポンスがある場合、平均はその合計を回数で割る、つまり12を3で割ることになる。サマリでも同じ計算ができる。(rateによる処理後に)_sumを_countで割ると、その時間での平均レスポンスサイズがわかる。

```
  sum without(handler)(rate(http_response_size_bytes_sum[5m]))
/
  sum without(handler)(rate(http_response_size_bytes_count[5m]))
```

除算演算子は同じラベルの時系列データ同士で除算を行うため、先ほどと同じように2個の時系列データが得られる。しかし、このデータの値は、過去5分間の平均レスポンスサイズである。

```
{instance="localhost:9090",job="prometheus"} 2962.54580091246150133317
{instance="localhost:9100",job="node"} 15816.10344827586200000000
```

†2　Prometheus 2.3.0では、prometheus_http_response_size_bytes_countに名称変更された。

平均を計算するときには、まず、_sumと_countを集計してから、最後のステップとして除算を行うことが大切である。そうでなければ、平均の平均を計算することになり、統計学的に間違った処理になってしまう。

たとえば、あるジョブのすべてのインスタンスを通じての平均レスポンスサイズを得たい場合、次のようにするのは正しい[†3]。

```
  sum without(instance)(
    sum without(handler)(rate(http_response_size_bytes_sum[5m]))
  )
/
  sum without(instance)(
    sum without(handler)(rate(http_response_size_bytes_count[5m]))
  )
```

しかし、次のように計算するのは間違いである。

```
avg without(instance)(
    sum without(handler)(rate(http_response_size_bytes_sum[5m]))
  /
    sum without(handler)(rate(http_response_size_bytes_count[5m]))
)
```

平均の平均を取るのは間違いだが、除算とavgもまた平均を計算してしまい間違った処理になってしまう。

統計学的に、サマリの分位数（quantileラベル付きの時系列データ）を集計することはできない。

13.1.4 ヒストグラム

ヒストグラムメトリクスを使えば、イベントのサイズの分布を追跡でき、そこから分位数も計算できる。たとえば、ヒストグラムを使えば、レイテンシの0.9分位数（90パーセンタイルとも呼ばれる）を計算できる。

Prometheus 2.2.1は、時系列データベースのコンパクション[†4]に何秒かかったかを追跡するprometheus_tsdb_compaction_duration_secondsというヒストグラムメトリクスを開示している。このヒストグラムメトリクスには、_bucketサフィックスがついたprometheus_tsdb_compaction_

†3 もちろん、sum without(instance, handler)(…)とした方がもっと単純に計算できるが、17章で取り上げるレコーディングルールでは、この種の式は複数の式に分割されることがある。

†4 監訳注：複数の細かいデータを1つのデータにまとめること。

duration_seconds_bucketという時系列データがある。個々のバケットはバケット境界以下のサイズのイベントが何個かを数えるカウンタでleというラベルを持っているが、これは実装上の細部であり、histogram_quantile関数が分位数を計算するときに考慮してくれるので、ユーザ側で気にする必要はない。たとえば、0.90分位数は、次のようになる。

```
histogram_quantile(
    0.90,
    rate(prometheus_tsdb_compaction_duration_seconds_bucket[1d]))
```

prometheus_tsdb_compaction_duration_seconds_bucketはカウンタなので、まずrateで処理しなければならない。コンパクションは通常2時間ごとに起きるので、ここでは1日という範囲を使った。そのため、式ブラウザに表示される結果は、次のようなものになる。

```
{instance="localhost:9090",job="prometheus"} 7.720000000000001
```

これは、コンパクションのレイテンシの90パーセンタイルは7.72秒前後だということを示している。90パーセンタイルということはコンパクションの10%がこれよりも時間がかかるということであり、1日のコンパクションは12回なので、1、2回のコンパクションが7.72秒よりもかかっているということになる。分位数を使うときにはこのことを意識していなければならない。たとえば、0.999分位数を計算したいときには、数千個のデータポイントがなければ妥当な答えは得られない。データポイントがそれよりも少ないと、1個の外れ値が結果に大きな影響を及ぼしてしまうので、証拠付けのためのデータが不十分な状態でシステムについて重大な宣言をしてしまわないように、もう少し低い分位数を使うことを検討しなければならないだろう。

通常、ヒストグラムのrateでは5分か10分という範囲を使う。バケットのすべての時系列データにラベルが加わり、さらにrateの範囲が長くなると、処理しなければならないサンプルが非常に多くなる場合がある。数時間、数日という範囲を使うPromQL式は、計算に比較的高いコストがかかるので、注意が必要である[†5]。

平均を取るときと同様に、histogram_quantileはクエリ式の最後のステップとして使うようにすべきである。統計学的に、分位数は集計したり、数学的操作を加えたりできない。そのため、集計値のヒストグラムを使うときには、まずsumで集計してからhistogram_quantileを使う。

```
histogram_quantile(
  0.90,
  sum without(instance)(rate(prometheus_tsdb_compaction_duration_bucket[1d])))
```

---

†5　ここで1日という長い範囲を使ったのは、PrometheusとNode exporterが提供してくれるヒストグラムの数が限られているために過ぎない。

このクエリは、あなたのすべてのPrometheusサーバがコンパクションにかけている時間の0.9分位数を計算し、instanceラベルのつかない結果を生成する。

```
{job="prometheus"} 7.720000000000001
```

ヒストグラムメトリクスには、サマリメトリクスとまったく同じように機能する_sum、_countメトリクスも含まれている。これらを使えば、コンパクションレイテンシなどのイベントサイズの平均を計算できる。

```
  sum without(instance)(rate(prometheus_tsdb_compaction_duration_sum[1d]))
/
  sum without(instance)(rate(prometheus_tsdb_compaction_duration_count[1d]
```

このクエリは次のような結果を生成する。

```
{job="prometheus"} 3.1766430400714287
```

13.2 セレクタ

メトリクスが複数の異なるタイプのサーバから届くときには[†6]、同じメトリクスでもさまざまなラベル値を持つ多様な時系列データを操作するのは大変なことだと感じるだろう。通常は、処理する時系列データを絞り込みたいと思うはずである。jobラベルによる絞り込みはほとんどの場合行うはずであり、さらにたとえばinstanceやhandlerをひとつに絞り込もうとすることもあるだろう。

このようなラベルによる絞り込みには**セレクタ**（selector）を使う。セレクタは今までのすべての例で使われているが、ここではセレクタについて詳細に説明する。たとえば、次に示すものは、

```
process_resident_memory_bytes{job="node"}
```

名前がprocess_resident_memory_bytesでjobラベルがnodeのすべての時系列データを返す。このセレクタは、特定の時点での特定の時系列データの値を返すので、**インスタントベクトルセレクタ**（instant vector selector）という適切な名前を持っている。ここで言う**ベクトル**（vector）は1次元リストのことである。セレクタは、0個以上の時系列データを返し、1個の時系列データには1個のサンプルが含まれている。

job="node"の部分は**マッチャ**（matcher）と呼ばれる。ひとつのセレクタで複数のマッチャを指定でき、それらはANDで結合される。

13.2.1 マッチャ

マッチャには4種類のものがある（**等号マッチャ**はすでに本書でも使っている。等号マッチャはもっ

---

†6 たとえば、ほとんどのexporterとクライアントライブラリが開示しているprocess_cpu_seconds_totalなど。

とも使われているマッチャでもある)。

=

=は**等号マッチャ**(equality matcher)で、たとえばjob="node"のようなものだ。指定したラベル値と一致するラベル名を持つ時系列データだけが返される。空ラベルの場合、そのラベルを持たないという意味になる。たとえば、foo=""は、fooラベルがないものを指定する。

!=

!=は**不等号マッチャ**(negative equality matcher)で、たとえばjob!="node"のようなものだ。指定したラベル値と正確に一致するラベル名を持たない時系列データだけが返される。

=~

=~は**正規表現マッチャ**(regular expression matcher)で、たとえばjob=~"n.*"のようなものだ。指定した正規表現にマッチするラベル値を持つ時系列データが返される。正規表現は完全にアンカリングされているものとして解釈される。つまり、正規表現aは文字列xaやaxにはマッチせず、aにしかマッチしない。この動作が困る場合には、正規表現の前後に.*を付ければよい[†7]。リラベルと同様に、**8章**のコラム「正規表現」で説明されているRE2正規表現エンジンが使われている。

!~

!~は**正規表現(否定)マッチャ**(negative regular expression matcher)である。RE2は否定先読みをサポートしていないので、正規表現にマッチするラベル値以外のラベル値を取り込むための代替的な方法としてこれをサポートしている。

セレクタ内には、同じラベル名の複数のマッチャを指定でき、これが否定先読みの代わりとなっている。たとえば、/run以下にマウントされたファイルシステムのうち、/run/user以下にマウントされたものを除くすべてのファイルシステムのサイズを知りたいときには、次のようにする[†8]。

```
node_filesystem_size_bytes{job="node",mountpoint=~"/run/.*",
    mountpoint!~"/run/user/.*"}
```

メトリクス名は、システム内部では__name__というラベルに格納されており(**5章**のコラム「予約済みラベルと__name__」で説明したように)、process_resident_memory_bytes{job="node"}は、

†7　これは、意図せずに正規表現がマッチしてはいけないものにマッチするのを防ぐためである。マッチすべきものにマッチしなければすぐにフィードバックが得られるが、アンカリングされていない正規表現はすぐにわかりにくい問題を引き起こすだろう。

†8　Node exporterには、--collector.filesystem.ignored-mount-pointsフラグがあり、エクスポートしたくないファイルシステムを最初から除外できる。

{__name__="process_resident_memory_bytes",job="node"}のシンタックスシュガーである。そのため、メトリクス名として正規表現を使うこともできるが、Prometheusサーバのパフォーマンスをデバッグするのでもない限り、そのようなことをするのは適当ではない。

正規表現マッチャを使わなければならなくなる状況は、ちょっと嫌な感じがある。特定のラベルで正規表現マッチャを多用していることに気付いたら、マッチする値をひとつにまとめることを検討しよう。たとえば、401、404、405等々のHTTPステータスコードを捕まえたいときには、code~="4.."とするのではなく、これらを4xxというラベルの値にまとめ、等式マッチャのcode="4xx"を使うのである。

{}というセレクタはエラーを返す。間違ってPrometheusサーバ内のすべての時系列データを返してしまったら高くつくので、この動作はそのようなことを避けるための安全弁である。もう少し正確に言うと、セレクタ内のマッチャのうち、少なくとも1個は空文字列にマッチしないものでなければならない。そのため、{foo=""}、{foo!=""}、{foo=~".*"}はエラーを返すが、{foo="",bar="x"}や{foo=~".+"}は認められる[†9]。

13.2.2 インスタントベクトル

インスタントベクトルセレクタは、クエリを評価した時点で最新のサンプルの**インスタントベクトル**(instant vector)を返す。インスタントベクトルは、0個以上の時系列データのリストで、個々の時系列データはそれぞれひとつのサンプルを持ち、サンプルには値とタイムスタンプが含まれている。インスタントベクトルセレクタが返すインスタントベクトルには、もとのデータのタイムスタンプが含まれているが[†10]、ほかの演算や関数が返すインスタントベクトルでは、すべての値にクエリ評価時のタイムスタンプが含まれている。

現在のメモリ使用状況を問い合わせるとき、何日も前に落ちたインスタンスのサンプルなどはいらないだろう。これは**陳腐化**(staleness)という概念である。Prometheus 1.xでは、クエリ評価時から5分未満のサンプルを持つ時系列データだけを返すという方法でこの問題に対処していた。これはほぼ適切な動作だったが、この5分未満の間に新しいinstanceラベルでインスタンスが再起動すると、二重にカウントされるといった欠点があった。

Prometheus 2.xはもっと高度なアプローチを取っている。あるスクレイプから次のスクレイプまでの間に時系列データが消えたり、サービスディスカバリでターゲットが返されなくなったりしたら、時

†9 本当にすべての時系列データを返したければ、{__name__=~".+"}を使うことができる。しかし、この式のコストには注意しなければならない。

†10 timestamp関数を使えばサンプルのタイムスタンプを抽出できる。

系列データに**ステイルマーカ**（stale marker）[†11]という特別なタイプのサンプルが追加される。インスタントベクトルセレクタを評価するときには、まずすべてのマッチャを満たすすべての時系列データを選び出し、さらにクエリ評価時から5分未満のもっとも新しいサンプルも依然として考慮される。そして、通常のサンプルはインスタントベクトルとして返されるが、ステイルマーカになっているサンプルはインスタントベクトルには組み込まれない。

以上から、インスタントベクトルセレクタを使ったときには、陳腐化した時系列データは返されないということになる。

「4.7.4 タイムスタンプ」のようにタイムスタンプを開示するexporterでは、ステイルマーカとPrometheus 2.xの陳腐化ロジックは適用されない。関連する時系列データは、5分前を参照する古いロジックを使っている。

13.2.3 範囲ベクトル

今まで見てきたように、セレクタには**範囲ベクトルセレクタ**（range vector selector）という第2のタイプがある。ひとつの時系列データについてひとつのサンプルを返すインスタントベクトルセレクタとは異なり、範囲ベクトルセレクタはひとつの時系列データのために複数のサンプルを返すことができる[†12]。範囲ベクトルは、たとえば次のように、常に`rate`関数とともに使われる。

```
rate(process_cpu_seconds_total[1m])
```

`[1m]`によってインスタントベクトルセレクタが範囲ベクトルセレクタになる。そして、PromQLは、セレクタにマッチするすべての時系列データのうち、クエリ評価時から1分未満のすべてのサンプルを返すようになる。式ブラウザのConsoleタブで`process_cpu_seconds_total[1m]`を実行すると、**図13-1**のような表示になる。

この場合、個々の時系列データは、過去1分未満の6個のサンプルを持っている。そして、同じ時系列データに含まれるサンプル群は、指定したスクレイプインターバルに合わせてちょうど10秒ずつ離れているが[†13]、ふたつの時系列データに含まれるサンプルのタイムスタンプにはずれがある。ひとつの時系列データには、タイムスタンプが`1517925155.087`のサンプルが含まれているが、もうひとつの時系列データには、タイムスタンプが`1517925156.245`のサンプルが含まれている。

---

†11 ステイルマーカは、内部的には特殊なタイプのNaN値になっている。これは実装上の細部で、PromQLを使うクエリAPIで直接アクセスすることはできないが、たとえばPrometheusのリモート読み出しエンドポイントなどを介してPrometheusサーバのストレージを直接見れば確かめられる。

†12 範囲ベクトルは、2次元データ構造なので場所によっては**行列**（matrix）と呼ばれることもある。

†13 このPrometheusは負荷が非常に軽く、ジッタ（jitter、周期のズレ、揺らぎ）がない。

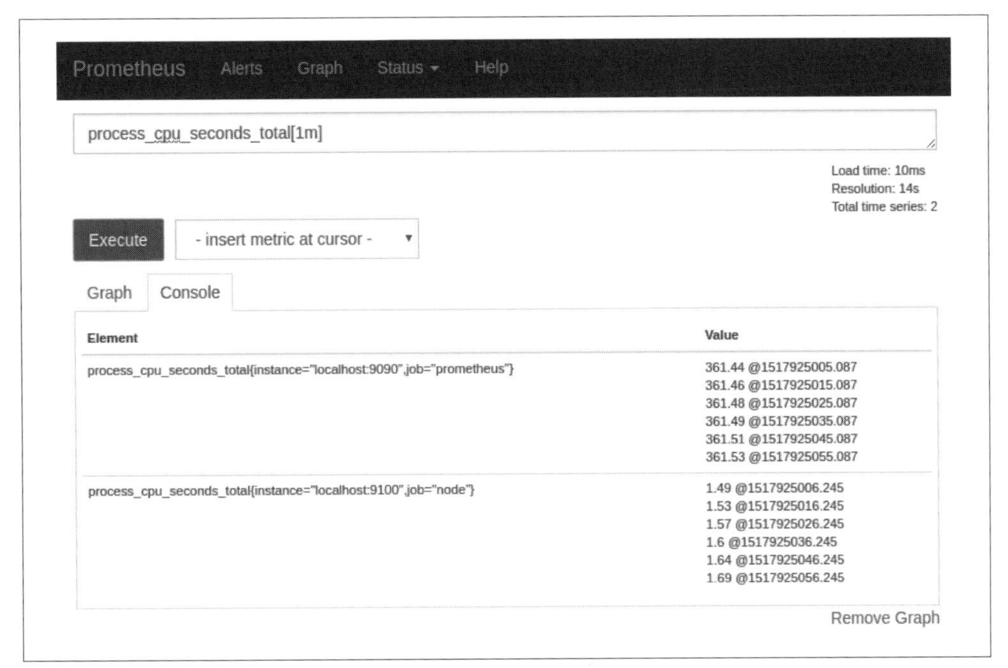

図13-1　式ブラウザConsoleタブに表示された範囲ベクトル

範囲ベクトルはサンプルの実際のタイムスタンプを残しており、負荷をより均一に分散するために、異なるターゲットに対するスクレイプは同時に行われないので、このような結果になっている。スクレイプの頻度や評価規則は制御できるが、スクレイプのタイミングを合わせることはできない。スクレイプのインターバルが10秒でターゲットが数百個ある場合、それらのターゲットはどれも与えられた10秒の範囲の異なる時点にスクレイプされる。つまり、時系列データはすべて少しずつ年齢が異なる。これが実際の場面で問題になることはない。Prometheusのようなメトリクスベースのモニタリングシステムは、基本的に正確な答えではなく（かなり優れた）推計値を返すものであり、どうしても不自然な結果が生まれる。

範囲ベクトルを直接見ることはまずないだろう。例外は、デバッグ時に未加工のサンプルを見なければならないときだけだ。範囲ベクトルは、ほぼかならず`rate`や`avg_over_time`といった範囲ベクトルを引数とする関数とともに使われる。

陳腐化やステイルマーカは、範囲ベクトルには影響を与えない。範囲ベクトルセレクタは、指定された範囲のすべての通常サンプルを返し、その範囲に含まれるステイルマーカを返したりはしない。

期間の単位

PromQLや設定ファイルで使われている期間、時間範囲（duration）は、複数の単位をサポートしている。すでに、分を表すmは何度も使っている。

サフィックス	意味
ms	ミリ秒
s	秒、1,000ミリ秒
m	分、60秒
h	時間、60分
d	日、24時間
w	週、7日
y	年、365日

使える単位はひとつだけで、整数とともに使う。そのため、90mは有効だが、1h30mや1.5hは無効である。

うるう年やうるう秒は無視されるので、1yは常に60*60*24*365sである。

13.2.4 オフセット

どちらのタイプのベクトルセレクタにも、**オフセット**（offset）と呼ばれる修飾子を付けられる。オフセットを使えば、セレクタ単位でクエリ評価時から過去に遡ることができる。たとえば、次のクエリ式はクエリ評価時よりも1時間前のメモリ使用量を返す。

```
process_resident_memory_bytes{job="node"} offset 1h
```

実際には、このように単純なクエリでは、クエリ全体の評価時を変えた方が簡単なので、オフセットを使ったりはしない。オフセットが役に立つのは、クエリ式のなかのひとつのセレクタの時間だけを調整したいときである。たとえば、次のクエリ式は、過去1時間でNode exporterのメモリ使用量がどれだけ変化したかを返す[†14]。

```
  process_resident_memory_bytes{job="node"}
-
  process_resident_memory_bytes{job="node"} offset 1h
```

範囲ベクトルに対しても同じことができる。

†14 ただし、この方法は2つのデータポイントしか使っていないので、外れ値をつかんだときにはおかしなことになる。「16.9.2 deriv」で説明するderiv関数の方が堅牢にできている。

```
  rate(process_cpu_seconds_total{job="node"}[5m])
-
  rate(process_cpu_seconds_total{job="node"}[5m] offset 1h)
```

offsetでは、過去に遡ることしかできない。これは、新しいデータとともに変化していく「履歴」グラフを作るのは直観に反しているからだ。どうしても負のオフセットを使いたい場合には、クエリ評価時を後ろにずらし、式に含まれるほかのすべてのセレクタにオフセットを追加すればよい。

Grafanaには、ダッシュボードのなかのひとつのパネルの時間範囲をほかのパネルとは別のところにずらす機能がある。この機能は、Grafana 5.0.0のパネルエディタのTime rangeタブで使える。

13.3 HTTP API

Prometheusは、いくつかのHTTP APIを提供している。もっともよく使うことになるのは、PromQLを実行するqueryとquery_rangeだろう。これらはダッシュボードツールやカスタムレポート作成スクリプトで使える。

関連するエンドポイントはすべて/api/v1/の下にある。PromQLの実行以外にも、時系列データのメタデータを問い合わせたり、スナップショットの作成や時系列データの削除などの管理操作を実行したりするAPIがある。これらのAPIは、主としてGrafanaなどのダッシュボード作成ツール（メタデータを利用してUIを充実させることができる）やPrometheus管理者にとって役立つものであり、PromQLの実行とは無関係である。

13.3.1 query

クエリエンドポイント（query endpoint）、より正確に言えば/api/v1/queryは、指定された時刻でPromQL式を実行し、結果を返す。たとえば、http://localhost:9090/api/v1/query?query=process_resident_memory_bytesを実行すると、次のようなレスポンスが返される[†15]。

```
{
  "status": "success",
  "data": {
    "resultType": "vector",
    "result": [
      {
        "metric": {
          "__name__": "process_resident_memory_bytes",
          "instance": "localhost:9090",
```

†15　返されたJSONは読みやすくするために加工してある。

```
        "job": "prometheus"
      },
      "value": [1517929228.782, "91656192"]
    },
    {
      "metric": {
        "__name__": "process_resident_memory_bytes",
        "instance": "localhost:9100",
        "job": "node"
      },
      "value": [1517929228.782, "15507456"]
    }
  ]
 }
}
```

statusがsuccessになっているので、クエリは正常に実行されたということである。クエリが失敗した場合、statusはerrorになり、errorフィールドに詳細情報が書き込まれる。

このレスポンスはインスタントベクトルであり、それは"resultType": "vector"からわかる。レスポンスに含まれる個々のサンプルのラベルはmetricマップにまとめられ、値はvalueリストにまとめられる。valueリストの最初の数値はサンプルのタイムスタンプで、サンプルの実際の値は2番目の数値である。JSONはNaN、+Infなどを表現できないので、値は文字列形式になっている。

式がインスタントベクトルセレクタだけで構成されていても、すべてのサンプルのタイムスタンプはクエリ評価時刻である。クエリ評価時のデフォルトは現在時刻だが、URLのtimeパラメータで時刻を指定できる。その時刻はUnix時間、秒、RFC 3339形式のいずれかで指定できる。たとえば、http://localhost:9090/api/v1/query?query=process_resident_memory_bytes&time=1514764800は、2018年1月1日午前0時でクエリを評価する[†16]。

queryエンドポイントで範囲ベクトルを返すこともできる。たとえば、http://localhost:9090/api/v1/query?query=prometheus_tsdb_head_samples_appended_total[1m]は、次のようなレスポンスを返してくる。

```
{
  "status": "success",
  "data": {
    "resultType": "matrix",
    "result": [
      {
        "metric": {
          "__name__": "process_resident_memory_bytes",
          "instance": "localhost:9090",
          "job": "prometheus"
        },
```

†16 Prometheusがそのときから実行されていない限り、レスポンスは空になる。

```
        "values": [
          [1518008453.662, "87318528"],
          [1518008463.662, "87318528"],
          [1518008473.662, "87318528"]
        ]
      },
      {
        "metric": {
          "__name__": "process_resident_memory_bytes",
          "instance": "localhost:9100",
          "job": "node"
        },
        "values": [
          [1518008444.819, "17043456"],
          [1518008454.819, "17043456"],
          [1518008464.819, "17043456"]
        ]
      }
    ]
  }
}
```

先ほど返されてきたインスタントベクトルとは異なり、resultTypeがmatrixになっており、個々の時系列データに複数の値が含まれている。範囲ベクトルを使ったときのqueryエンドポイントは未加工のサンプルを返してくるが[†17]、メモリを使い切る恐れがあるので、1度にあまり多くのデータを要求しないように注意しなければならない。

実行結果には、以上のふたつのほかに**スカラ**（scalar）というデータ型もある。スカラはラベルを持たず、数値だけになっている[†18]。http://localhost:9090/api/v1/query?query=42は、次のようなレスポンスを返す。

```
{
  "status": "success",
  "data": {
    "resultType": "scalar",
    "result": [1518008879.023, "42"]
  }
}
```

13.3.2 query_range

/api/v1/query_rangeの**範囲クエリエンドポイント**（query range endpoint）は、グラフ作成のために使われるエンドポイントであり、PrometheusのHTTPエンドポイントのなかでももっともよく使うことになるだろう。実際には、query_rangeは、複数のqueryエンドポイント呼び出しのシンタックス

†17 ステイルマーカは除かれる。

†18 ラベルなしの時系列データのアイデンティティである{}とは異なる。

シュガー（およびパフォーマンス最適化）である。

URLパラメータとしては、queryのほか、start（開始時刻）、end（終了時刻）、stepを指定する。クエリは、まずstartで指定された時刻で実行され、次はそれからstep秒後で実行され、その次はさらにそれからstep秒後で実行される。そして、endで指定された時刻を経過したらクエリは実行されなくなる。異なるクエリ実行から得られたすべてのインスタントベクトル[†19]がひとつの範囲ベクトルに結合されて返される。

たとえば、2018年の最初の15分にPrometheusがインジェストしたサンプルの数を問い合わせたい場合には、http://localhost:9090/api/v1/query_range?query=rate(prometheus_tsdb_head_samples_appended_total[5m])&start =1514764800&end=1514765700&step=60を実行する。返されるレスポンスは、次のようになる。

```
{
  "status": "success",
  "data": {
    "resultType": "matrix",
    "result": [
      {
        "metric": {
          "instance": "localhost:9090",
          "job": "prometheus"
        },
        "values": [
          [1514764800, "85.07241379310345"],
          [1514764860, "102.6793103448276"],
          [1514764920, "120.30344827586208"],
          [1514764980, "137.93103448275863"],
          [1514765040, "146.7586206896552"],
          [1514765100, "146.7793103448276"],
          [1514765160, "146.8"],
          [1514765220, "146.8"],
          [1514765280, "146.8"],
          [1514765340, "146.8"],
          [1514765400, "146.8"],
          [1514765460, "146.8"],
          [1514765520, "146.8"],
          [1514765580, "146.8"],
          [1514765640, "146.8"],
          [1514765700, "146.8"],
        ]
      }
    ]
  }
}
```

†19 スカラのクエリ実行結果は、vector関数が使われたのと同じように、同じ値を格納するラベルを持たない1個の時系列データによるインスタントベクトルに変換される。範囲ベクトルのクエリ実行結果はサポートされていない。

このレスポンスには、注意すべきポイントがいくつかある。まず第1に、サンプルのタイムスタンプが開始時刻とステップの和にぴったり揃っていることである。個々のサンプルは異なるインスタントクエリ評価によって生み出され、その評価結果は常に評価時刻をタイムスタンプとするため、そうなる。

第2に、最後のサンプルは終了時刻として指定した時刻と一致している。つまり、範囲は最後の点を含んでおり、終了時刻が開始時刻にステップの整数倍を加えた値になっているときには最後のサンプルはendの時点での値になるということである。

第3に、rate関数の範囲として、ステップよりも大きい5分を選択している。query_rangeはインスタントクエリ評価を繰り返しているため、評価の間で受け渡しされる状態はない。範囲がステップよりも小さければ、データを読み飛ばしてしまっていただろう。たとえば、範囲が1分でステップが5分なら、サンプルの80%を無視してしまうことになる。このようなことを防ぐために、範囲としては、ステップよりも少なくとも1、2スクレイプ分大きな値を使うようにすべきだ。

query_rangeで範囲ベクトルを使うときには、データの読み飛ばしを防ぐために、stepよりも大きな範囲を使うようにすべきである。

第4に、サンプルの一部はあまり切りのよい数字になっておらず、切りのよい数値になっているものは、サンプルの値が単純な構成になっているからだということである。メトリクスを操作するとき、データが完璧にクリーンなものになっていることはまずない。ターゲットが異なれば、スクレイプのタイミングも異なり、スクレイプは遅れることがある。データにとってあまりよくないタイミングでクエリを実行したり、複数のホストにまたがって集計したりすると、切りのよい結果はまず得られない。さらに、浮動小数点数演算の性質から、ほぼ切りのよい数字が生まれる場合もある。

この出力では、個々のステップごとにひとつのサンプルがある。あるステップで特定の時系列データに対する結果が得られないことがあれば、そのサンプルは単純に最終結果には含まれない。

query_rangeのステップ数が11,000を越える場合には、Prometheusはクエリの実行を拒否してエラーを返す。これは、誤ってPrometheusに極端に大きなクエリ（たとえば1秒のステップで1週間分）を送られるのを防ぐためである。11,000ピクセル以上の水平解像度を持つモニタはまずないので、グラフ作成時にこのようなことはまず起きないだろう。

レポート作成スクリプトを書くときには、この限界を越えそうなquery_rangeリクエストは分割すればよい。1分のステップで1週間分とか1時間のステップで1年分といったところまではこの限界内に収まるので、ほとんどの場合はこの限界にぶつかることはないだろう。

13.3.2.1 タイミングが合ったデータ

Grafanaなどのツールを使うときには、query_rangeのタイミングは現在の時刻に合わせられるのが一般的なので、結果は分、時間、日の境界とぴったりと揃わないだろう。ダッシュボードを見るときにはそれでもかまわないだろうが、レポート作成スクリプトではそれでよいということはまずないだろう。

query_rangeには、位置合わせするためのオプションはないので、自分でstartパラメータを正しい位置に合わせなければならない。たとえば、Pythonで毎時0分にサンプリングしたければ、`(time.time() // 3600) * 3600`という式を使えば現在時間の0分が返される†20。そこで、これをURLパラメータのstart、endとし、stepパラメータを3600とすればよい。

これでPromQLの使い方とHTTP APIを介したクエリ実行の方法の基礎がわかった。次章では、集計の詳細に踏み込む。

---

†20 Pythonでは//は整数除算（小数点以下を切り捨て）を行う。

14章
集計演算子

集計については「13.1　集計の基礎」でもすでに学んでいるが、そこで説明したことはできることのほんの一部だけである。集計は重要だ。アプリケーションインスタンスが数千と言わず数十個あるだけで、個々のインスタンスのメトリクスを個別に精査することは現実的ではなくなってくる。集計をすれば、ひとつのアプリケーションのメトリクスだけでなく、複数のアプリケーションにまたがってメトリクスを要約できる。

集計演算子は全部で11種類あり、オプションの句としてwithoutとbyの2個がある。この章では、集計演算子のさまざまな使い方を学ぼう。

14.1　グルーピング

集計演算子自体について話す前に、時系列データがどのように分類されるかを知っておく必要がある。集計演算子の対象となるのはインスタントベクトルだけであり、出力もインスタントベクトルである。

Prometheusに次のような時系列データがあったとする。

```
node_filesystem_size_bytes{device="/dev/sda1",fstype="vfat",
    instance="localhost:9100",job="node",mountpoint="/boot/efi"} 100663296
node_filesystem_size_bytes{device="/dev/sda5",fstype="ext4",
    instance="localhost:9100",job="node",mountpoint="/"} 90131324928
node_filesystem_size_bytes{device="tmpfs",fstype="tmpfs",
    instance="localhost:9100",job="node",mountpoint="/run"} 826961920
node_filesystem_size_bytes{device="tmpfs",fstype="tmpfs",
    instance="localhost:9100",job="node",mountpoint="/run/lock"} 5242880
node_filesystem_size_bytes{device="tmpfs",fstype="tmpfs",
    instance="localhost:9100",job="node",mountpoint="/run/user/1000"} 826961920
node_filesystem_size_bytes{device="tmpfs",fstype="tmpfs",
    instance="localhost:9100",job="node",mountpoint="/run/user/119"} 826961920
```

これらのデータには、device、fstype、mountpointの3つのインストルメンテーションラベルと

job、instanceの2つのターゲットラベルがある。あなたや私はターゲットラベルとインストルメンテーションラベルという概念のことを知っているが、PromQLは知らない。PromQLから見れば、どこで付けられたものかにかかわらず、ラベルはみな同じである。

14.1.1 without

一般に、インストルメンテーションラベルは変わることがまれであり、どのようなものかはいつも知っているだろう。しかし、ターゲットラベルがどのようなものかはいつも知っているとは限らない。あなたが書いたクエリ式は、ほかの誰かの異なるスクレイプ設定から作られたメトリクスや、ジョブ全体にenv、clusterなどのターゲットラベルを追加するPrometheusサーバが生成したメトリクスに対して使われるかもしれない。どこかの時点で自らそのようなターゲットラベルを追加することさえある。そのような場合でも、式を更新しなくても済むようにしたいところだ。

メトリクスを集計するときには、通常それらのターゲットラベルを全部残すよう努力する。そこで、without句で無視したいラベルを指定するという方法を取る。たとえば、次のクエリは、

```
sum without(fstype, mountpoint)(node_filesystem_size_bytes)
```

fstypeとmountpointのラベルを無視して時系列データを次の3つのグループに分類した上で、

```
# Group {device="/dev/sda1",instance="localhost:9100",job="node"}
node_filesystem_size_bytes{device="/dev/sda1",fstype="vfat",
    instance="localhost:9100",job="node",mountpoint="/boot/efi"} 100663296

# Group {device="/dev/sda5",instance="localhost:9100",job="node"}
node_filesystem_size_bytes{device="/dev/sda5",fstype="ext4",
    instance="localhost:9100",job="node",mountpoint="/"} 90131324928

# Group {device="tmpfs",instance="localhost:9100",job="node"}
node_filesystem_size_bytes{device="tmpfs",fstype="tmpfs",
    instance="localhost:9100",job="node",mountpoint="/run"} 826961920
node_filesystem_size_bytes{device="tmpfs",fstype="tmpfs",
    instance="localhost:9100",job="node",mountpoint="/run/lock"} 5242880
node_filesystem_size_bytes{device="tmpfs",fstype="tmpfs",
    instance="localhost:9100",job="node",mountpoint="/run/user/1000"} 826961920
node_filesystem_size_bytes{device="tmpfs",fstype="tmpfs",
    instance="localhost:9100",job="node",mountpoint="/run/user/119"} 826961920
```

sumアグリゲータ（集計演算子）がグループごとに時系列データの値を加算し、ひとつのグループについてひとつずつのサンプルを返す。

```
{device="/dev/sda1",instance="localhost:9100",job="node"} 100663296
{device="/dev/sda5",instance="localhost:9100",job="node"} 90131324928
{device="tmpfs",instance="localhost:9100",job="node"} 2486128640
```

instanceとjobのラベルが残されていることに注意しよう。ほかのラベルがあればそれらも残され

る。この式を含む形で作ったアラートは、env、clusterなどのターゲットラベルが追加されていても、同じように動作するので、without句は便利である。こうすると、アラートには文脈が与えられ、より有益になる（グラフ作成でも役に立つ）。

メトリクス名も除かれているが、それはこれがもとのメトリクスではなくnode_filesystem_size_bytesメトリクスの集計だからである。PromQLの演算子や関数によって時系列データの値や意味が変わる場合、メトリクス名は取り除かれる。

without句にラベル引数を与えなくても間違いではない。たとえば、次のようにすると、

```
sum without()(node_filesystem_size_bytes)
```

メトリクス名が取り除かれることを別として、次の式と同じ結果が得られる。

```
node_filesystem_size_bytes
```

14.1.2 by

without句以外にby句もある。withoutが取り除くラベルを指定するのに対し、byは残しておくラベルを指定する。そのため、byを使うときには、アラートやダッシュボードで使いたいターゲットラベルを取り除いてしまわないように注意が必要になる。同じ集計でbyとwithoutの両方を使うことはできない。

次のクエリは、

```
sum by(job, instance, device)(node_filesystem_size_bytes)
```

前節のwithoutを使ったクエリと同じ結果を返す。

```
{device="/dev/sda1",instance="localhost:9100",job="node"} 100663296
{device="/dev/sda5",instance="localhost:9100",job="node"} 90131324928
{device="tmpfs",instance="localhost:9100",job="node"} 2486128640
```

しかし、instanceとjobのラベルを指定しなければ、これらはグループの定義には使われず、出力から取り除かれてしまう。一般に、このような理由からbyよりもwithoutを使った方がよい。

byの方がwithoutよりも役立つ場面がふたつある。まず第1に、byはwithoutとは異なり、自動的に__name__ラベルを捨てない。そのため、次のような式を使えば、同じメトリクス名を持つ時系列データがいくつあるかを調べることができる†1。

```
sort_desc(count by(__name__)({__name__=~".+"}))
```

第2の場面は、知らないラベルをすべて取り除きたいときである。たとえば、「5.5.2　info」で説明し

†1　このクエリ式は、すべてのアクティブな時系列データにアクセスするので、コストが非常に高くなる可能性がある。使うときには注意が必要だ。

たinfoメトリクスは、時間とともにラベルを追加していくことが予想される。各カーネルバージョンを実行するマシンの数は、次のようにすれば計算できる。

```
count by(release)(node_uname_info)
```

私のシングルマシンのテスト構成でこのクエリ式を実行すると、次のような値が返される。

```
{release="4.4.0-101-generic"} 1
```

sumは空のby句、あるいはby句を省略した形でも実行できる。つまり、次のクエリ式と

```
sum by()(node_filesystem_size_bytes)
```

次のクエリ式は、

```
sum(node_filesystem_size_bytes)
```

まったく同じものであり、ともに次のような結果を返す。

```
{} 92718116864
```

これは1個の時系列データで、ラベルはない。

次の式を実行すると、結果は時系列データのないインスタントベクトルで、式ブラウザのConsoleタブでは「no data」と表示される。

```
sum(non_existent_metric)
```

集計演算子の入力が空のインスタントベクトルなら、出力も空のインスタントベクトルになる。そのため、count by(foo)(non_existent_metric)は、count（ほかのアグリゲータも同様）が相手にするラベルがないので、0ではなく空のインスタントベクトルになる。count(non_existent_metric)もこれと同じ動作になり、空のインスタントベクトルを返す。

14.2 演算子

11種類の集計演算子（アグリゲータ）は、同じグルーピングロジックを使う。分類は、withoutかbyのどちらかで行える。集計演算子間で異なるのは、分類されたデータをどう料理するかだ。

14.2.1 sum

sumはもっともよく使われるアグリゲータである。グループ内のすべての値を合計し、それをグループの値として結果を返す。たとえば次の式は、個々のマシンがマウントしているファイルシステム全体のサイズを返す。

```
sum without(fstype, mountpoint, device)(node_filesystem_size_bytes)
```

カウンタを相手にしているときには[†2]、sumで集計する前にrateで処理することが大切である。

```
sum without(device)(rate(node_disk_read_bytes_total[5m]))
```

カウンタは、exporterの起動や再起動、特定の子(child)が最初に使われたのはいつなのかによって異なる時点で初期化されるかもしれないので、異なるカウンタ間をsumで処理しても意味がない。

14.2.2 count

countアグリゲータは、グループ内の時系列データの数を数え、グループの値としてそれを返す。たとえば、次の式はマシンが持つディスクデバイスの数を返す。

```
count without(device)(node_disk_read_bytes_total)
```

私のマシンのディスクはひとつだけなので、次のような結果になる。

```
{instance="localhost:9100",job="node"} 1
```

値を処理するのではなく、時系列データの有無だけを考慮しているので、カウンタを対象とするときでもrateを使う必要はない。

14.2.2.1 ラベルの値の種類

countを使えば、ラベルに何種類の値があるかを数えることもできる。たとえば、各マシンのCPUの数は、次のようにして数えることができる。

```
count without(cpu)(count without (mode)(node_cpu_seconds_total))
```

内側のcount[†3]は、もうひとつのインストルメンテーションラベルであるmodeを取り除き、個々のインスタンスのCPUひとつにつきひとつの時系列データを返す。

```
{cpu="0",instance="localhost:9100",job="node"} 8
{cpu="1",instance="localhost:9100",job="node"} 8
{cpu="2",instance="localhost:9100",job="node"} 8
{cpu="3",instance="localhost:9100",job="node"} 8
```

すると、外側のcountは、個々のインスタンスが持つCPUの数を返す。

```
{instance="localhost:9100",job="node"} 4
```

高いカーディナリティを持つラベルを調べているときなど、マシンごとの分類が不要なときには、by

---

†2 ヒストグラムとサマリメトリクスの_sum、_count、_bucketも同様。

†3 内側のアグリゲータは、countでなくても、同じ数の時系列データを返すものなら何でもよい（たとえばsum）。これは、外側のcountが時系列データの値を無視するからである。

ラベルを使えばひとつのラベルだけを見ることができる。

```
count(count by(cpu)(node_cpu_seconds_total))
```

この式は、次のようなラベルのない1個のサンプルを返す。

```
{} 4
```

14.2.3 avg

avgアグリゲータは、グループの値として、グループ内の時系列データの値の平均[†4]を返す。たとえば、次のようにすると、

```
avg without(cpu)(rate(node_cpu_seconds_total[5m]))
```

個々のNode exporterインスタンスが個々のCPUモードを平均でどれだけ使っているかがわかる。

```
{instance="localhost:9100",job="node",mode="idle"} 0.9095948275861836
{instance="localhost:9100",job="node",mode="iowait"} 0.005543103448275879
{instance="localhost:9100",job="node",mode="irq"} 0
{instance="localhost:9100",job="node",mode="nice"} 0.0013620689655172522
{instance="localhost:9100",job="node",mode="softirq"} 0.0001465517241379329
{instance="localhost:9100",job="node",mode="steal"} 0
{instance="localhost:9100",job="node",mode="system"} 0.015836206896552414
{instance="localhost:9100",job="node",mode="user"} 0.06054310344827549
```

これは、次の式とまったく同じ結果を返す。

```
  sum without(cpu)(rate(node_cpu_seconds_total[5m]))
/
  count without(cpu)(rate(node_cpu_seconds_total[5m]))
```

しかし、avgを使った方が簡潔で効率的である。avgを使っていると、入力内の1個のNaNによって結果全体がNaNになる場合があることに気付くかもしれない。これはNaNを含む浮動小数点数演算は、結果がNaNになるからである。

入力内のNaNを取り除くにはどうすればよいかと考えるかもしれないが、それは間違った考え方である。通常、これは平均の平均を取ろうとしているためであり、最初の平均の分母のひとつが0だったからである[†5]。平均の平均は統計学的に無効なので、ここですべきことは、「13.1.3 サマリ」で説明したように、sumを使った集計をしてから最後に除算をすることである。

†4 専門的には、これを**算術平均**（arithmetic mean）と呼ぶ。**幾何平均**（geometric mean）が必要な場合（そういうことはあまりないはずだが）は、avgアグリゲータにln、exp関数を組み合わせればよい。

†5 1 / 0 = NaN

14.2.4 stddevとstdvar

標準偏差（standard deviation）は、一連の数値がどれくらい散らばっているかについての統計学的な尺度である。たとえば、[2,4,6]という3つの数値があるとき、標準偏差は1.633になる[†6]。それに対し、平均は同じ4になる[3,4,5]という3つの数値の標準偏差は0.816になる。

モニタリングでの標準偏差の主用途は外れ値の検出である。正規分布データでは、サンプルの68%が平均から1標準偏差の範囲内に収まり、95%が平均から2標準偏差の範囲内に収まる[†7]。あるジョブの1個のインスタンスが平均から数標準偏差分も離れたメトリクスを持っている場合、それは何か問題が起きている徴候だと考えられる。

たとえば、次のような式を使えば、平均よりも2標準偏差以上大きいすべてのインスタンスを見つけられる。

```
  some_gauge
> ignoring (instance) group_left()
  (
      avg without(instance)(some_gauge)
    +
      2 * stddev without(instance)(some_gauge)
  )
```

この式は、「15.2.2　多対一対応とgroup_left」で説明する一対多ベクトルマッチングを使っている。すべての値が近接している場合、この式は、平均よりも2標準偏差以上離れているものの正常に動作し、平均に近い値を返す。たとえば、平均よりも少なくとも20%高い値だけを取り出すフィルタを追加すれば、それらだけを外れ値とできる。平均レイテンシなどに対してこれを使った場合、平均の平均を取ってもよいまれな条件にもなる。

標準分散（standard variance）は標準偏差の2乗であり[†8]、統計学的な用途がある。

14.2.5 minとmax

min、maxアグリゲータは、グループの値として、それぞれグループ内の最小値または最大値を返す。グルーピングルールはほかの演算子と同じなので、出力される時系列データには、グループのラベルが付けられる[†9]。たとえば、次の式は各インスタンスでもっとも大きなファイルシステムのサイズを返す。

```
max without(device, fstype, mountpoint)(node_filesystem_size_bytes)
```

私のシステムでは、戻り値は次のようになる。

---

†6　Prometheusは、**標本標準偏差**（sample standard deviation）ではなく、**母標準偏差**（population standard deviation）を使っており、通常はランダムなサブセットではなくすべての値を対象として標準偏差を計算している。

†7　非正規分布データでは、チェビシェフの不等式が使える。

†8　私がstdvarとstddevを追加したときに指数演算子があれば、おそらくstdvarは追加されていなかっただろう。

†9　入力時系列データを返したい場合には、topk、bottomkを使う。

```
{instance="localhost:9100",job="node"} 90131324928
```

max、minアグリゲータは、グループ内のすべての値がNaNのときに限りNaNを返す[†10]。

14.2.6 topkとbottomk

topkとbottomkは、今までに説明してきたほかのアグリゲータと3つの点で異なる。第1に、グループの値として返す時系列データのラベルは、グループのラベルではない。第2に、ひとつのグループに対して複数の時系列データを返せる。第3に、追加の引数がある。

topkは、値が大きい方からk個の時系列データを返す。たとえば、次の式は、

```
topk without(device, fstype, mountpoint)(2, node_filesystem_size_bytes)
```

次のように値が大きい方から2個[†11]の時系列データを返す。

```
node_filesystem_size_bytes{device="/dev/sda5",fstype="ext4",
    instance="localhost:9100",job="node",mountpoint="/"} 90131324928
node_filesystem_size_bytes{device="tmpfs",fstype="tmpfs",
    instance="localhost:9100",job="node",mountpoint="/run"} 826961920
```

ご覧のように、topkは__name__（メトリクス名を格納する）を含むすべてのラベルを付けたままで入力時系列データを返す。さらに、結果はソートされている。

bottomkは、値が大きい方からk個ではなく、値が小さい方からk個の時系列データを返すことを除けば、topkと同じである。どちらのアグリゲータも、可能な限り値がNaNの時系列データを返すのを避ける。

HTTP APIのquery_rangeエンドポイントでこれらのアグリゲータを使うときには注意しなければならないことがある。「13.3.2 query_range」で説明したように、各ステップの評価は独立している。topkを使った場合、最上位の時系列データは、ステップごとに変わる可能性がある。そこで、1,000ステップあるquery_rangeでtopk(5, some_gauge)を使うと、最悪の場合、5,000個の異なる時系列データが返される場合がある。

この問題に対処するためには、まず、時間範囲全体でどの時系列データに注目するかを決める。queryエンドポイントで次のような式を使えばよい（グラフの時間範囲は1時間だとする）。

```
topk(5, avg_over_time(some_gauge[1h]))
```

この式は、過去1時間の平均で値が大きい方から5番目までの時系列データを返す。そして、query_rangeエンドポイントの式では、たとえば次のようにマッチャで返された時系列データのラベル値を

---

†10 浮動小数点数演算では、NaNとの比較はかならず偽を返す。そのため、NaN != NaNが偽になるような奇妙な動作が起きるだけでなく、min、maxの実装がまずければ（実際、かつてはそうだった）、最初に比較する値がNaNだと問題を起こす。

†11 この場合、kは2である。

使って時系列データを絞り込む。

```
some_gauge{instance=~"a|b|c|d|e"}
```

Grafanaは、現在のところこれを完全な形ではサポートしていないが、固定された時間範囲で使いたい時系列データを選択するPromQLとGrafanaのテンプレート機能を併用すればよい。

14.2.7 quantile

quantileアグリゲータは、グループ内の指定された分位数に該当する値を返す。topkと同様に、quantileも追加の引数を取る。

たとえば、私のマシンのCPU全体でシステムモードの使用率の90パーセンタイルはどのあたりになるのかを知りたければ、次の式を使う。

```
quantile without(cpu)(0.9, rate(node_cpu_seconds_total{mode="system"}[5m]))
```

この式からは、たとえば次のような結果が返されるだろう。

```
{instance="localhost:9100",job="node",mode="system"} 0.024558620689654007
```

これは、私のCPUの90%が少なくとも1秒あたり0.02秒をシステムモードに費やしているという意味である。私のマシンには実際にはCPUが4個しかないが、CPUが何十個もあれば、このクエリは役に立つだろう。

quantileを使えば、グラフに平均だけでなく、中央値、25パーセンタイル、75パーセンタイル†12も表示できる。たとえば、プロセスのCPU使用率では、式は次のようになる。

```
# 平均（算術平均）
avg without(instance)(rate(process_cpu_seconds_total[5m]))

# 第1四分位数、25パーセンタイル、Q1
quantile without(instance)(0.25, rate(process_cpu_seconds_total[5m]))

# 第2四分位数、50パーセンタイル、Q2、中央値
quantile without(instance)(0.5, rate(process_cpu_seconds_total[5m]))

# 第3四分位数、75パーセンタイル、Q3
quantile without(instance)(0.75, rate(process_cpu_seconds_total[5m]))
```

これを使えば、個々のインスタンスを別々のグラフに描くようなことをしなくても、インスタンス全体がジョブに対してどのようにふるまっているのかのイメージがつかめる。システムの拡大とともにインスタンスの数が増えても、ダッシュボードは読める状態に保たれる。私の感覚では、インスタンスごとのグラフはインスタンス数が3、4個を越えると使いものにならなくなる。

---

†12 第1四分位数、第3四分位数とも呼ばれる。

quantile、histogram_quantile、quantile_over_time

今までにお気付きのように、PromQLには、名前にquantileが含まれる関数や演算子が複数ある。

quantileアグリゲータは、集計グループに含まれるインスタントベクトル全体の分位数を計算する。

quantile_over_time関数は、範囲ベクトルに含まれるひとつの時系列データ全体の分位数を計算する。

histogram_quantile関数は、インスタントベクトルに含まれる1個のヒストグラムメトリクスのバケット全体の分位数を計算する。

14.2.8 count_values

最後のアグリゲータはcount_valuesである。topkと同様に引数を取り、グループから複数の時系列データを返すことができる。グループ内の時系列データの値から**頻度ヒストグラム**（frequency histogram）を作る。出力時系列データの値は個々の値の出現頻度で、もとの値が新しいラベルになる。

以上の説明は少々入り組んでいるので、例を見てみよう。次のような値を持つsoftware_versionという時系列データがあったとする。

```
software_version{instance="a",job="j"} 7
software_version{instance="b",job="j"} 4
software_version{instance="c",job="j"} 8
software_version{instance="d",job="j"} 4
software_version{instance="e",job="j"} 7
software_version{instance="f",job="j"} 4
```

このデータに対して次のクエリを評価すると、

```
count_values without(instance)("version", software_version)
```

結果として次の時系列データが返される。

```
{job="j",version="7"} 2
{job="j",version="8"} 1
{job="j",version="4"} 3
```

グループ内には値7の時系列データが2個あるので、グループのラベルにversion="7"というラベルが追加された時系列データが値2で返される。返されたほかの時系列データも同様である。

頻度ヒストグラムを作るときにバケットは使われない。時系列データの値そのものが使われる。そのため、これが役に立つのは、値の種類があまり増えすぎない整数値の場合だけである。

これがもっとも役に立つのは、バージョン番号[†13]やアプリケーションの各インスタンスが扱っている何らかのタイプのオブジェクトの数などの頻度を調べたいときである。それでも、同時にデプロイされているバージョンの数が多過ぎたり、アプリケーションによって扱っているオブジェクトの数が異なる場合にはうまくいかないことがあるだろう。

count_valuesとcountを組み合わせれば、集計グループに含まれる値が何種類かを計算できる。たとえば、デプロイされているソフトウェアバージョンが何種類あるかは、次のようにして計算できる。

```
count without(version)(
  count_values without(instance)("version", software_version)
)
```

この場合、出力は次のようになるだろう。

```
{job="j"} 3
```

count_valuesとcountには、逆の組み合わせもある。たとえば、搭載しているディスクデバイスの数ごとにマシンが何台ずつあるかを知るには、次のようにする。

```
count_values without(instance)(
  "devices",
  count without(device) (node_disk_io_now)
)
```

私の場合、ディスクデバイスが5個のマシンが1台あるので、次のような結果になる。

```
{devices="5",job="node"} 1
```

アグリゲータのことはわかったので、次は加算や減算などの二項演算子とベクトルマッチングの仕組みを見てみることにしよう。

†13　浮動小数点数値でバージョンを表現できない場合は、「5.5.2　info」で説明しているinfoメトリクスが使える。

15章 二項演算子

メトリクスは単純に集計する以上の方法で活用したいところだ。**二項演算子**（binary operator）はそのようなときに役に立つ。二項演算子とは、加算や等価比較のように、ふたつの被演算子（operand）[†1]を取る演算子である。

Prometheusの二項演算子を使えば、インスタントベクトルの単純な算術演算以上のことができる。ラベルによるグルーピングを行った2個のインスタントベクトルに対して二項演算子を適用することもできる。PromQLの真価が発揮されるのはこの部分であり、ほかのほとんどのメトリクスシステムが提供していないレベルの分析が可能になっている。

PromQLの二項演算子は、算術演算子、比較演算子、論理演算子の3種類に分類できる。この章では、それらの使い方を説明する。

15.1 スカラの操作

Prometheusの値には、インスタントベクトルと範囲ベクトルのほかに**スカラ**（scalar）という第3のデータ型がある[†2]。スカラとは、次元を持たない単独の数値である。たとえば、`0`は値0を持つ1個のスカラだが、`{} 0`は、ラベルがなく値がゼロの1個のサンプルを含むインスタントベクトルである[†3]。

15.1.1 算術演算子

インスタントベクトルをともなう算術演算では、インスタントベクトルの値を変えるためにスカラを使うことができる。たとえば、次の式は、

---

†1 被演算子をひとつしかとらない**単項演算子**（unary operator）と区別される。PromQLには、`+`と`-`の単項演算子がある。

†2 PromQLは、内部的には**文字列**（string）型も持っているが、これは`count_values`、`label_replace`、`label_join`の引数として使われるだけである。

†3 1個のサンプルを表すための記法として`{}: 0`も見かけるかもしれない。

```
process_resident_memory_bytes / 1024
```

次の時系列データを返す。

```
{instance="localhost:9090",job="prometheus"} 21376
{instance="localhost:9100",job="node"} 13316
```

これは、プロセスのメモリ使用量をキロバイト単位で表したものである[†4]。process_resident_memory_bytesセレクタが返したインスタントベクトルのすべての時系列データに除算演算子が適用されていることと、process_resident_memory_bytesではなくなったためにメトリクス名が取り除かれていることに注意していただきたい。

値を変えないような形で算術演算子使っている場合でも、一貫性を保つためにメトリクス名は取り除かれる。たとえば、some_gauge + 0の計算結果には、メトリクス名は含まれない。

算術演算子をは6種類あり、どれもほかのプログラミング言語から予想されるセマンティクスに基づき同じように動作する。6種類の演算子は、次の通りである。

- + 加算
- - 減算
- * 乗算
- / 除算
- % 剰余
- ^ 指数

剰余（modulo）演算子は浮動小数点数剰余であり、入力として非整数値を与えると、非整数の結果を返すことがある。たとえば次の式は、

```
5 % 1.5
```

次の値を返す。

```
0.5
```

この例が示すように、二項演算子は、ふたつの被演算子がともにスカラでも使える。結果はスカラになる。スカラの二項演算は、主として読みやすくするために使われる。1073741824よりも(1024 *

†4 Grafanaなどのダッシュボードツールを使っていて、すでにバイトなどの基本単位になっているメトリクスを人間にとって読みやすい単位に変換したいときには、一般にツールに処理を任せるのが一番である。

1024 * 1024)の方がずっと読みやすいだろう。

また、演算子の左辺にスカラの被演算子、右側にインスタントベクトルの被演算子を置くこともできる。たとえば次の式は、10億からプロセスのメモリ使用量（単位バイト）を減算する。

```
1e9 - process_resident_memory_bytes
```

さらに、「15.2 ベクトルマッチング」で説明するように、算術演算子の左右両方の被演算子をインスタントベクトルにすることもできる。

15.1.2 比較演算子

比較演算子（comparison operator）は次に示す通りで、意味は通常通りである。

- `==` 等価
- `!=` 非等価
- `>` より大きい
- `<` より小さい
- `>=` 以上
- `<=` 以下

PromQLの比較演算子がほかの比較演算子と少し異なるのは**フィルタリング**（filtering）のために使われることである。たとえば、次のようなサンプルがあるとき、

```
process_open_fds{instance="localhost:9090",job="prometheus"} 14
process_open_fds{instance="localhost:9100",job="node"} 7
```

次のような式でインスタントベクトルをスカラと比較すると、

```
process_open_fds > 10
```

次のような結果になる。

```
process_open_fds{instance="localhost:9090",job="prometheus"}  14
```

値を変えられないので、メトリクス名は残される。スカラとインスタントベクトルを比較するときには、左辺、右辺にどちらを配置してもかまわない。返されるのは、いつもインスタントベクトルの要素である。

PromQLは浮動小数点数を扱うので、`==`と`!=`を使うときには注意が必要である。浮動小数点数演算は、正確な値が何で、演算の順序がどうかによって非常にわずかに異なることがある。

非整数値が等しいかどうかを判断したいときには、両者の差が**イプシロン**（epsilon）と呼ばれる小さな値よりも小さいかどうかをチェックした方がよい。たとえば、次のようにする。

```
(some_gauge - 1) < 1e-6 > -1e-6
```

この式は、あるゲージが誤差100万分の1より小さい範囲で値1になっているかどうかをチェックする。

2個のスカラの間の算術演算がスカラを返すのと整合性を取るように、2個のスカラの間でフィルタリング比較をすることはできない。そもそも、空のインスタントベクトルを持てるのと同じように空のスカラを持つことはできないので、フィルタリングは無理である。

15.1.2.1 bool修飾子

フィルタリング比較は、**18章**で説明するように、主としてアラートルールで使われ、一般にほかの場所では避けるべきとされている[†5]。その理由を説明しよう。

引き続き先ほどの例を使って考えよう。各ジョブのためのプロセスのうち、開いているファイルディスクリプタが11個以上のものがいくつあるかを知りたいものとする。そのための自明な方法は次の通りだ。

```
count without(instance)(process_open_fds > 10)
```

この式は、次のような結果を返す。

```
{job="prometheus"}  1
```

この結果は、開いているファイルディスクリプタが11個以上のPrometheusプロセスはひとつだという正しい情報を伝えている。しかし、Node exporterにはそのようなプロセスはないことまでは知らせてこない。ひとつでも時系列データがフィルタリングされずに残ればすべてがうまくいっているように見えるので、これはわかりにくい落とし穴になり得る。

必要なのは、比較をしながらそれをフィルタリングしない方法である。bool修飾子はまさにそれを行う。bool修飾子を使うと、個々の比較に対し偽なら0、真なら1を返してくる。

たとえば次の式は、

```
process_open_fds > bool 10
```

次のような出力を返してくる。

---

†5　or演算子を慎重に使えばフィルタリングを正しく使うことはできるが、複雑でエラーを起こしやすくなる。

```
{instance="localhost:9090",job="prometheus"} 1
{instance="localhost:9100",job="node"} 0
```

入力インスタントベクトルのひとつのサンプルに対してひとつの出力が返されていることがわかる。

このような出力をsumで処理すれば、個々のジョブごとに開いているファイルディスクリプタが11個以上のプロセスの数が得られる。

```
sum without(instance)(process_open_fds > bool 10)
```

この式は、もともとほしいと思っていた出力を返す。

```
{job="prometheus"} 1
{job="node"} 0
```

同じようなアプローチで、ディスクデバイスを5個以上搭載しているマシンの割合を知ることもできる。

```
avg without(instance)(
  count without(device)(node_disk_io_now) > bool 4
)
```

この式は、まずcountアグリゲータを使って個々のNode exporterが報告してくるディスクの数を調べ、次に4個より多く搭載するマシンを確認し、最後にマシン全体のなかでの平均を取り、必要とする割合を得る。ここでのポイントは、bool修飾子が返してくる値がすべて0か1だということである。そのため、総数はすべてのマシンの数で、総和は基準を満たすマシンの数になる。平均は、総和を総数で割ったものとなり、割合を示す。

bool修飾子は、スカラを比較する唯一の手段である。たとえば次の式は、

```
42 <= bool 13
```

次のような出力を返す。

```
0
```

ここで、0は偽を表している。

15.2 ベクトルマッチング

スカラとインスタントベクトルの間の演算を使えばさまざまなニーズに応えることができるが、PromQLが本当の威力を発揮するのは、2個のインスタントベクトルの間で演算子を使ったときだ。

スカラとインスタントベクトルがあるとき、ベクトルの個々のサンプルとスカラで演算ができるのは自明である。しかし、2個のインスタントベクトルがあるとき、どのサンプルとどのサンプルの間で演算をすればよいのだろうか。このインスタントベクトル間のマッチングを**ベクトルマッチング**（vector matching）と呼ぶ。

15.2.1　一対一対応

もっとも単純なのは、ふたつのベクトルの間で一対一対応が作れるときである。たとえば、次のようなサンプルがあったとする。

```
process_open_fds{instance="localhost:9090",job="prometheus"} 14
process_open_fds{instance="localhost:9100",job="node"} 7
process_max_fds{instance="localhost:9090",job="prometheus"} 1024
process_max_fds{instance="localhost:9100",job="node"} 1024
```

このとき、次のような式を評価すると、

```
  process_open_fds
/
  process_max_fds
```

次のような結果が得られる。

```
{instance="localhost:9090",job="prometheus"} 0.013671875
{instance="localhost:9100",job="node"} 0.0068359375
```

ここでは、`__name__`ラベルに格納されているメトリクス名以外はラベルがまったく同じサンプル同士をマッチングさせている。つまり、`{instance="localhost:9090",job="prometheus"}`というラベルを持つ2個のサンプルがマッチングし、`{instance="localhost:9100",job="node"}`というラベルを持つ別の2個のサンプルがマッチングしている。

この場合、演算子の両辺の各サンプルがすべてマッチングし、完全マッチになっている。しかし、二項演算子は2個の被演算子を必要とするため、両辺のどちらかのサンプルのなかにマッチングする相手がないものがあると、それは出力には反映されない。

結果が得られるはずなのに、二項演算子が空インスタントベクトルを返してくるときには、おそらく被演算子のサンプルのラベルが一致していないからだ。片方の被演算子にはあるラベルがもう片方の被演算子にはないときが多い。

ラベルが完全に一致しない2個のインスタントベクトルをマッチングさせたい場合がある。集計でどのラベルを参照するかを指定できるのと同じように（「14.1　グルーピング」参照）、ベクトルマッチングでも、考慮するラベルを指定できる。

`ignoring`句を使えば、集計の`without`句と同じように、マッチングで無視すべきラベルを指定できる。たとえば、インストルメンテーションラベルとして`cpu`、`mode`を持つ`node_cpu_seconds_total`を使って各インスタンスがアイドルモードのために時間のどれだけの割合を使っているかを知りたいときには、次の式を使う。

```
  sum without(cpu)(rate(node_cpu_seconds_total{mode="idle"}[5m]))
/ ignoring(mode)
  sum without(mode, cpu)(rate(node_cpu_seconds_total[5m]))
```

この式からは、たとえば次のような結果が得られる。

```
{instance="localhost:9100",job="node"} 0.8423353718871361
```

この式の最初のsumはmode="idle"ラベルを持つインスタントベクトルを生成するのに対し、2番目のsumはmodeラベルを持たないインスタントベクトルを生成する。通常ならこのふたつのインスタントベクトルのベクトルマッチングは失敗するところだが、ignoring(mode)を使うことで、modeラベルはマッチングするときに捨てられて、マッチングは成功する。modeラベルはグループをマッチングするときに取り除かれているため、出力には含まれていない[†6]。

この式がベクトルマッチングという観点から正しいことは、土台の時系列データについての知識がなくても、式を見るだけで判断できる。cpuを取り除いたことは両辺で共通しており、modeを持っている側と持っていない側のアンバランスはignoring(mode)で対応している。
異なるラベルが使われている異なる時系列データの間では、このようにラベルのバランスを取るのは難しくなるが、ラベルの流れという観点から式を見ると、誤りのうまい見つけ方になる。

on句を使えば、集計におけるbyと同じように、指定したラベルだけが考慮されるようになる。そのため次の式は、先ほどの式と同じ結果を返す[†7]。

```
  sum by(instance, job)(rate(node_cpu_seconds_total{mode="idle"}[5m]))
/ on(instance, job)
  sum by(instance, job)(rate(node_cpu_seconds_total[5m]))
```

しかし、on句には、時系列データに現在含まれているすべてのラベルや将来追加されるかもしれないすべてのラベルを知っていなければ使えないというbyと同様の欠点がある。

算術演算子から返されるのは計算結果だが、2つのインスタントベクトルに対する比較演算子ではどうなるのだろうか。答えは、「左辺の値が返される」である。たとえば、次の式は、開いているファイルディスクリプタが上限の半分を越えているすべてのインスタンスのprocess_open_fdsの値を返す[†8]。

---

†6　cpuラベルは両方のsumの集計で取り除かれているので、出力にはやはり含まれていない。

†7　この場合、左右両辺はinstanceとjob以外のラベルを持たないので、on(instance, job)は省略できる。

†8　ファイルディスクリプタが不足すると、アプリケーションは奇妙な壊れ方をするので、通常はアプリケーションのために十分な数のファイルディスクリプタを確保すべきである。

```
  process_open_fds
>
  (process_max_fds * .5)
```

次のように左右両辺を逆にすると、戻り値はファイルディスクリプタの上限の半分になる。

```
  (process_max_fds * .5)
<
  process_open_fds
```

含まれるラベルは同じだが、この値はアラートを送るとき[†9]やダッシュボードで表示するときには役に立たない。一般に、限界値よりも現在値の方が有用な情報である。数式を作るときには、重要な方の数値が比較の左辺に来るようにすべきだ。

15.2.2 多対一対応とgroup_left

前節の式からmodeのマッチャを取り除き、次の式を評価しようとすると、

```
  sum without(cpu)(rate(node_cpu_seconds_total[5m]))
/ ignoring(mode)
  sum without(mode, cpu)(rate(node_cpu_seconds_total[5m]))
```

次のようなエラーが返される。

```
multiple matches for labels:
  many-to-one matching must be explicit (group_left/group_right)
  [訳：多対一対応は明示的でなければならない]
```

エラーが起きたのは、右辺のひとつのサンプルに対し、左辺には異なるmodeラベルを持つ複数のサンプルがあり、サンプルが一対一対応しないからである。このエラーを起こす時系列データが現れるのがあとの方になることがあり、そうするとこのエラーの原因はわかりにくくなることがある。しかし、ラベルの流れを見ると、左辺にはmodeラベルをひとつに制限するものがないことから[†10]、この問題が起きる可能性が潜んでいることがわかる。

通常、この種のエラーは式の書き方が間違っているために起きるものなので、PromQLはデフォルトではこの問題を巧妙に処理して成功に導こうとはしない。本当に多対一（many-to-one）対応をしたい場合には、group_left修飾子を使って多対一対応をせよと明示的に指示しなければならない。

group_leftを使えば、左被演算子のグループにはマッチするサンプルが複数あり得る[†11]ということを指定できる。たとえば次の式は、

---

†9　アラートテンプレートは、アラートのPromQL式の値にすぐにアクセスできる。これについては、「18.1.3　アノテーションとテンプレート」で説明する。

†10　集計によって取り除かれたmodeラベルは、空文字列のひとつのラベル値としてカウントされる。

†11　group_leftは多対一対応を有効にするだけで、多対多対応を有効にするわけではないので、右被演算子はグループにひとつのサンプルしか認められない。

```
  sum without(cpu)(rate(node_cpu_seconds_total[5m]))
/ ignoring(mode) group_left
  sum without(mode, cpu)(rate(node_cpu_seconds_total[5m]))
```

左被演算子の同じグループのなかでmodeラベルの値が違うサンプルごとにひとつずつ出力サンプルを生成する。

```
{instance="localhost:9100",job="node",mode="irq"} 0
{instance="localhost:9100",job="node",mode="nice"} 0
{instance="localhost:9100",job="node",mode="softirq"} 0.00005226389784152013
{instance="localhost:9100",job="node",mode="steal"} 0
{instance="localhost:9100",job="node",mode="system"} 0.01720353303949279
{instance="localhost:9100",job="node",mode="user"} 0.10345203045243238
{instance="localhost:9100",job="node",mode="idle"} 0.8608691486211044
{instance="localhost:9100",job="node",mode="iowait"} 0.01842302398912871
```

group_leftは、いつも左被演算子のサンプルからラベルを取り出す。これは、右辺にはないが左辺にはある多対一対応を必要とするラベルが漏れなく考慮されるようにするためである[†12]。

modeラベルが取り得るすべての値をいちいちマッチャで比較し、一対一対応の式を実行しなければならないのと比べれば、group_leftはひとつの式ですべてをこなしてくれるのでかなり楽だ。このアプローチは、今の例で示したように、メトリクスのラベルの値ごとに全体に対する割合を計算したいときや、レプリカのメトリクスをクラスタのリーダのメトリクスと比較したいときに役立つ。

group_leftにはさらにもうひとつのユースケースがある。infoメトリクスのラベルをターゲットのほかのメトリクスに追加したいときである。infoメトリクスを使ったインストルメンテーションについては、「5.5.2 info」で説明した。infoメトリクスの役割は、通常のラベルにしてしまうとメトリクスがごちゃごちゃしたものになってしまうときでも、ターゲットやメトリクスに便利なラベルを提供できるようにすることである。

たとえば、prometheus_build_infoメトリクスは、Prometheusのビルド情報を提供する。

```
prometheus_build_info{branch="HEAD",goversion="go1.10",
    instance="localhost:9090",job="prometheus",
    revision="bc6058c81272a8d938c05e75607371284236aadc",version="2.2.1"}
```

この情報は、upなどのメトリクスに結合できる。

```
  up
* on(instance) group_left(version)
  prometheus_build_info
```

この式は、次のような結果を返す。

---

†12 右被演算子のラベルを使っていたら、左被演算子の同じグループのサンプルからは同じラベルが返されることになり、衝突が起きる。

```
{instance="localhost:9090",job="prometheus",version="2.2.1"} 1
```

group_leftの通常の動作の通りに左被演算子のすべてのラベルが返され、さらにgroup_left(version)が要求した通りに、右被演算子のversionラベルが左被演算子にコピーされている。group_leftは、追加したいラベルをいくつでも指定できるが、通常はせいぜい1、2個である[†13]。ベクトルマッチングが多対一なので、左被演算子がインストルメンテーションラベルをいくつ持っていても、このアプローチは正しく機能する。

先ほどの式はon(instance)を使っていたが、これは個々のinstanceラベルがPrometheusのひとつのターゲットだけに対して使われていることを前提としている。そうであることは多いが、いつもそうだとは限らないので、on句にはjobなどのほかのラベルを追加しなければならない場合がある。

prometheus_build_infoはターゲット全体に適用される。infoスタイルのメトリクスには、異なるメトリクスの子に適用されるnode_hwmon_sensor_label(「7.6 hwmonコレクタ」参照)のようなものもある[†14]。

```
node_hwmon_sensor_label{chip="platform_coretemp_0",instance="localhost:9100",
    job="node",label="core_0",sensor="temp2"} 1
node_hwmon_sensor_label{chip="platform_coretemp_0",instance="localhost:9100",
    job="node",label="core_1",sensor="temp3"} 1

node_hwmon_temp_celsius{chip="platform_coretemp_0",instance="localhost:9100",
    job="node",sensor="temp1"} 42
node_hwmon_temp_celsius{chip="platform_coretemp_0",instance="localhost:9100",
    job="node",sensor="temp2"} 42
node_hwmon_temp_celsius{chip="platform_coretemp_0",instance="localhost:9100",
    job="node",sensor="temp3"} 41
```

node_hwmon_sensor_labelメトリクスは、node_hwmon_temp_celsiusメトリクスの時系列データの一部(全部ではない)にマッチする子を持っている。この場合、node_hwmon_sensor_labelにあってnode_hwmon_temp_celsiusないラベルはひとつだけ(labelという名前になっている)なので、ignoringとgroup_leftの組み合わせを使って、node_hwmon_temp_celsiusのサンプルにこのラベルを追加できる。

```
  node_hwmon_temp_celsius
* ignoring(label) group_left(label)
  node_hwmon_sensor_label
```

この式は、次のような結果を生み出す。

```
{chip="platform_coretemp_0",instance="localhost:9100",
    job="node",label="core_0",sensor="temp2"} 42
```

† 13 出力メトリクスのラベルが何かがわからなくなるので、すべてのラベルをコピーするよう要求する手段はない。
† 14 単一のinfoスタイルラベルを持つメトリクスに_infoサフィックスを付けるという慣習は、まだ確立していない。

```
{chip="platform_coretemp_0",instance="localhost:9100",
    job="node",label="core_1",sensor="temp3"} 41
```

sensor="temp1"のサンプルが含まれていないことに注意しよう。これは、node_hwmon_sensor_labelにそのようなサンプルがなかったからである（疎なインスタントベクトルのマッチング方法については、「15.2.3.1　or演算子」で説明する）。

group_leftとほぼ同じだが、一（one）と多（many）の被演算子が逆になり、多の側が右被演算子になるgroup_right修飾子もある。group_right修飾子で指定したラベルは、左から右へコピーされる。しかし、一貫性を保つためにgroup_leftを使うようにすべきだ。

15.2.3　多対多対応と論理演算子

論理演算子、つまり集合の演算子として使えるものは、次の3種類である。

- or　和集合
- and　積集合（交差集合）
- unless　差集合

not演算子はないが、「16.5　欠損値とabsent」で取り上げるabsent関数が同じような役割を果たす。

論理演算子はすべて多対多という形で動作し、多対多で動作するのは論理演算子だけだ。論理演算子は、算術を行わないという点で算術、比較演算子とは異なる。論理演算子が注目するのは、グループにサンプルが含まれているかどうかだけだ。

15.2.3.1　or演算子

前節では、node_hwmon_sensor_labelにnode_hwmon_temp_celsiusのすべてのサンプルに対応できるだけのサンプルがないために、両方のインスタントベクトルに含まれるサンプルだけが返された例を見た。子に不一致があるメトリクス、子がいつもあるとは限らないメトリクスは操作しにくいが、or演算子を使えばそれらも扱えるようになる。

or演算子は、左辺のグループがサンプルを持っているグループについてはそのサンプルを返し、そうでないグループについては右辺のグループのサンプルを返す。SQLをよく知っている読者なら、この演算子は、対象がラベルだが、SQLのCOALESCE関数と同じように使えると考えるとよい。

引き続き前節の例を使うと、orは、node_hwmon_sensor_labelに含まれていない時系列データの代わりを作るために使える。必要なラベルを持つほかの時系列データがあればよい。この場合は、node_hwmon_temp_celsiusがそれに当たる。node_hwmon_temp_celsiusはlabelというラベルを持っていないが、ほかのラベルはすべて持っているので、ignoringを使ってlabelを無視する。

```
  node_hwmon_sensor_label
or ignoring(label)
```

```
(node_hwmon_temp_celsius * 0 + 1)
```

ベクトルマッチングによって3個のグループが生まれる。最初の2個のグループはnode_hwmon_sensor_labelにサンプルがあるので、それが返される。このとき、メトリクス名も含めて返されるが、それはサンプルに一切変更が加えられていないからである。しかし、sensor="temp1"を含む第3のグループは、左辺にサンプルがないため、右辺からグループの値が返される。値に対して算術演算子が使われているので、メトリクス名は削除される。

x * 0 + 1は、xインスタントベクトルのすべての値[†15]を1に変える。1は乗算の単位元であり、これを乗算しても相手の値は変わらないので、group_leftを使ってラベルをコピーしたいときに役立つ。

ラベルの追加には、node_hwmon_sensor_labelの代わりにこの式を使って、次のような式を作る。

```
  node_hwmon_temp_celsius
* ignoring(label) group_left(label)
  (
      node_hwmon_sensor_label
    or ignoring(label)
      (node_hwmon_temp_celsius * 0 + 1)
  )
```

結果は次のようになる。

```
{chip="platform_coretemp_0",instance="localhost:9100",
    job="node",sensor="temp1"} 42
{chip="platform_coretemp_0",instance="localhost:9100",
    job="node",label="core_0",sensor="temp2"} 42
{chip="platform_coretemp_0",instance="localhost:9100",
    job="node",label="core_1",sensor="temp3"} 41
```

sensor="temp1"を含むサンプルも結果に含まれるようになった。このサンプルにはlabelというラベルはないが、これはlabelラベルの値は空文字列だと言うのと同じことである。

ignoringやonでインストルメンテーションラベルを指定せずにメトリクスを操作する単純な使い方もある。たとえば、「7.10 textfileコレクタ」で説明したtextfileコレクタを使ってnode_custom_metricというメトリクスを開示させるものとする。そして、node_custom_metricメトリクスがない場合は0を返す。このような場合には、すべてのターゲットが持つupメトリクスが使える。

```
  node_custom_metric
or
  up * 0
```

†15 NaNはNaNのままだが、実際の場面では、同じラベルで値がNaNではない別の時系列データを代わりに使えばよい。

しかしこれではまだ小さな問題がある。まず、失敗したスクレイプでも値を返すことになるが、スクレイプから得られるメトリクスはそのようなことをしない†16。また、ほかのジョブに対しても結果を返してしまう。これらの問題は、マッチャとフィルタリングで解決できる。

```
  node_custom_metric
or
  (up{job="node"} == 1) * 0
```

or演算子は、2個の時系列データのうち大きい方を返すためにも使える。

```
(a >= b) or b
```

aの方が大きければ、まず比較によってaが返され、次にorによってaが返される（orの左被演算子になったaが空でないため、orは左演算子のaを返す）。それに対し、bの方が大きければ、比較は何も返さず、左被演算子が空のorは右被演算子のbを返す。

15.2.3.2 unless演算子

unless演算子は、左右の被演算子が空かサンプルを持つかによって動作するという点ではor演算子と同じようにベクトルマッチングを行う。しかし、右被演算子のグループにメンバがなければ左被演算子のグループを返すのに対し、右被演算子のグループにメンバがあればそのグループのサンプルを返さない。

unlessを使えば、式に基づいて返される時系列データを絞り込むことができる。たとえば、常駐メモリが100MB以上のプロセスのCPU使用率を知りたい場合、次の式が使える。

```
  rate(process_cpu_seconds_total[5m])
unless
  process_resident_memory_bytes < 100 * 1024 * 1024
```

unlessはターゲットにメトリクスが含まれていないことのチェックにも使える。たとえば次の式は、

```
  up{job="node"} == 1
unless
  node_custom_metric
```

node_custom_metricメトリクスを持たないすべてのインスタンスのサンプルを返す。これはアラートで使える。

すべての二項演算子と同様に、unlessはデフォルトではすべてのラベルを参照してグルーピングを行う。node_custom_metricにインストルメンテーションラベルがある場合、onやignoringを使えば、ほかのラベルの値を知ることなく、関連する時系列データが少なくともひとつあるかどうかをチェック

†16 upはスクレイプから得られるメトリクスではない。Prometheusは、スクレイプの成否にかかわらず、すべてのスクレイプにupを付ける。

できる。

```
  up == 1
unless on (job, instance)
  node_custom_metric
```

右被演算子のグループに複数のサンプルがある場合でも、unlessは多対多マッチングを使っているので問題ない。

15.2.3.3 and演算子

and演算子は、unless演算子の逆である。andは、対応する右被演算子のグループにサンプルがあるときに限り、左被演算子のグループのサンプルを返す。右被演算子のグループにサンプルがなければ、左被演算子のグループのサンプルは返されない。これはif演算子だと考えることができる[†17]。

and演算子は、主としてアラートで複数の条件を指定するときに使われる。たとえば、レイテンシが高く、ユーザリクエストが決して少なくないときを知りたいものとする。Prometheusで平均1秒以上かかり、少なくとも毎秒1回のリクエストがあるハンドラ[†18]を知りたければ、次のようにする。

```
  (
      rate(http_request_duration_microseconds_sum{job="prometheus"}[5m])
    /
      rate(http_request_duration_microseconds_count{job="prometheus"}[5m])
  ) > 1000000
and
  rate(http_request_duration_microseconds_count{job="prometheus"}[5m]) > 1
```

この式は、すべてのprometheusジョブのすべてのハンドラのサンプルを返すので、1秒に1リクエストという制限を付けていても、返される情報量が多過ぎるかもしれない。アラートでは、一般にジョブ全体で集計するようにしたい。

ほかの二項演算子と同様に、and演算子でもon、ignoringを使える。特に、on()はふたつの被演算子の間で共通するラベルがないという条件を指定したいときに使える。たとえば、式が結果を返す時間帯を制限したいときには、これが使える。

```
  (
      rate(http_request_duration_microseconds_sum{job="prometheus"}[5m])
    /
      rate(http_request_duration_microseconds_count{job="prometheus"}[5m])
  ) > 1000000
and
```

† 17 Prometheus 2.x以前のPromQLには、アラートで使われるIFというキーワードがあった。私はand演算子をifに改名できればいいのにと思ったが、それは不可能だった。

† 18 これは、Prometheusサーバで単位が秒ではない最後のレイテンシメトリクスだったが、2.3.0以降はprometheus_http_request_duration_secondsというメトリクスに置き換えられている。

```
  rate(http_request_duration_microseconds_count{job="prometheus"}[5m]) > 1
and on()
  hour() > 9 < 17
```

hour関数は、「16.3.2 minute、hour、day_of_week、day_of_month、days_in_month、month、year」で説明するが、ラベルなしでクエリ評価時がUTCで何時かを示す値を持つ1個のサンプルを含むインスタントベクトルを返す。

15.3 演算子の優先順位

複数の二項演算子を使っている式を評価するとき、PromQLは単純に左から右に演算子を評価していくわけではない。基本的にほかの言語と同じ優先順位に従って評価していく。

1. `^`
2. `* / %`
3. `+ -`
4. `== != > < >= <=`
5. `unless and`
6. `or`

たとえば、`a or b * c + d`は、`a or ((b * c) + d)`と同じ意味である。

`^`を除くすべての演算子は左結合である。つまり、`a / b * c`は`(a / b) * c`という意味だが、`a ^ b ^ c`は`a ^ (b ^ c)`という意味になるということである。

丸かっこを使えば評価の順序を変えられる。誰もが演算子の優先順位を覚えているとは限らないので、式のなかの演算子の評価順序が自明でない場合にも丸かっこを追加することをお勧めする。

これでアグリゲータと演算子がわかったので、PromQLの最後の構成要素である関数を見てみよう。

16章 関数

PromQLは、バージョン2.2.1の段階で46種類の関数を持っており[†1]、一般的な算術演算からカウンタ、ヒストグラムメトリクスに固有な処理まで、さまざまな機能を提供している。この章では、すべての関数の動作と使い方を学ぶ。

ほとんどすべてのPromQL関数はインスタントベクトルを返し、そうでない2個（timeとscalar）はスカラを返す。範囲ベクトルを返す関数はないが、今までに登場したことのあるrate、avg_over_timeをはじめとする複数の関数が入力として範囲ベクトルを取る。

言い換えれば、関数は一般に1度にひとつの時系列データかひとつのインスタントベクトルのサンプルをまとめて処理する。範囲ベクトル全体を1度に処理できる関数や機能はPromQLにはない。

PromQLは静的に型付けされているので、関数は入力型によって戻り値を変えたりはしない。それどころか、個々の関数の入力型も固定されている。ふたつの異なる型の入力を操作しなければならない場合には、ふたつの異なる関数名が使われている。たとえば、インスタントベクトルに対してはavgアグリゲータを使うが、範囲ベクトルに対してはavg_over_time関数を使う。

関数には正式の分類はないが、これからの説明では関連する関数をグループにまとめて説明する。

16.1 型変換

スカラが必要なのにベクトルしかないとか、その逆のときがある。そのようなときに、型変換するための関数がふたつある。

16.1.1 vector

vector関数は、引数としてスカラ値を取り、ラベルなしで引数を値とする1個のサンプルを含むインスタントベクトルに変換する。たとえば次の式は、

---

†1　監訳注：2019年1月時点で最新の2.7.1でも46種類のままである。

```
vector(1)
```

次のインスタントベクトルを作る。

```
{} 1
```

式がかならず結果を返すようにしなければならないものの、時系列データが存在するとは限らないときにはこれが役立つ。たとえば次のようにすると、some_gaugeにサンプルがなくてもかならず1個のサンプルが返されるようになる。

```
sum(some_gauge) or vector(0)
```

ユースケースによっては、or演算子（「15.2.3.1　or演算子」）よりもbool修飾子（「15.1.2.1　bool修飾子」）の方がよい場合がある。

16.1.2 scalar

scalar関数は、引数として1個のサンプルを持つインスタントベクトルを取り、入力サンプルの値をスカラとして返す。サンプルが1個でなければ、NaNが返される。

これは、おもにスカラ定数を扱うときに役立つが、インスタントベクトルに対してのみ機能する数学関数とともに使用する必要がある。たとえば、スカラとして2の自然対数を使いたい場合、0.6931471805599453という数値を入力して、それを読んだ人に数値の意味の理解を委ねるよりも、次のようにすべきだ。

```
scalar(ln(vector(2)))
```

式のなかには、この関数のおかげで書きやすくなるものもある。たとえば、今年起動したサーバがどれかを知りたいときには、次のように書かなくても、

```
  year(process_start_time_seconds)
== on() group_left
  year()
```

次のように書けばよい。

```
  year(process_start_time_seconds)
==
  scalar(year())
```

group_leftを使ったベクトルマッチングよりも、スカラの比較の方がわかりやすいだろう。yearが返すサンプルは1個だけなので、これで問題ない。

しかし、scalarを使うとラベルがすべて失われ、ラベルによるベクトルマッチングができなくなるので、scalarの用途は限られたものになるだろう。たとえば次のようにすれば、マシンのCPUがアイドル状態でなかった時間の割合を計算できるがインスタンスごとに式を書き換えて評価し直さなければ

ならなくなる。

```
  sum(rate(node_cpu_seconds_total{mode!="idle",instance="localhost:9090"}[5m]))
/
  scalar(count(node_cpu_seconds_total{mode="idle",instance="localhost:9090"}))
```

PromQLの力をフルに活用するためには、次のようにして、1度にすべてのマシンのアイドル状態でないCPUとアイドル状態のCPUの割合を計算した方が役に立つ。

```
  sum without (cpu, mode)(
    rate(node_cpu_seconds_total{mode!="idle"}[5m])
  )
/
  count without(cpu, mode)(node_cpu_seconds_total{mode="idle"})
```

16.2 数学関数

数学関数は、インスタントベクトルを引数として、絶対値や対数の計算などの標準的な数学演算を実行する。インスタントベクトルの個々のサンプルは独立して処理され、戻り値はメトリクス名を取り除いたものになる。

16.2.1 abs

`abs`は、引数としてインスタントベクトルを取り、個々のサンプルの値の絶対値を返す。つまり、負数をすべて正数に変換する。

たとえば次の式は、個々のプロセスの開いているファイルディスクリプタの数が15からどれだけ離れているかを返す。

```
abs(process_open_fds - 15)
```

5、25はともに10を返す。

16.2.2 ln、log2、log10

`ln`、`log2`、`log10`の関数は、引数としてインスタントベクトルを取り、それぞれネイピア数e、2、10を底とするサンプル値の対数を返す。`ln`は**自然対数**（natural logarithm）、`log10`は**常用対数**（common logarithm）とも呼ばれる。

これらの関数は、数値の桁数がどの程度かを知るために役立つ。たとえば、APIエンドポイントの過去1時間での成功の割合を示す9が何個か[†2]を知るためには、次の式を使う。

---

†2　たとえば99%の成功なら9が2個と言う。

```
log10(
  1 - (
      sum without(instance)(rate(requests_failed_total[1h]))
    /
      sum without(instance)(rate(requests_total[1h]))
  )
) * -1
```

これら以外の底の対数を計算したければ、対数の**底の変換公式**が使える。たとえば、インスタントベクトルxの各サンプルの3を底とする対数がほしい場合には、次のようにする。

```
ln(x) / ln(3)
```

これらの関数は、通常の線形軸では分散が大きい値を適切に示すことができないときにも役に立つ。しかし、そのような場合には、これらの関数を使うよりも、Grafanaなどのグラフ作成ツールに組み込まれた対数グラフオプションを使った方がよい。これらのオプション機能は、引数が負でNaNが返されたときなどの境界条件をうまく処理してくれる。

16.2.3 exp

exp関数は自然指数を返すもので、ln関数の逆である。たとえば次の式は、

```
exp(vector(1))
```

次の値を返す。

```
{} 2.718281828459045
```

これはネイピア数eである。

16.2.4 sqrt

sqrt関数は、引数のインスタントベクトルに含まれる値を平方根にして返す。たとえば次の式は、

```
sqrt(vector(9))
```

次のようなインスタントベクトルを返す。

```
{} 3
```

sqrtは指数演算子の^よりも前から提供されており、上の式は次の式と同じ意味である。

```
vector(9) ^ 0.5
```

平方根以外の累乗根を計算したいときにも同じ方法が使える。たとえば、立方根、すなわち3乗根は次の式で計算できる。

```
vector(9) ^ (1/3)
```

16.2.5 ceilとfloor

ceilとfloorは、ともにインスタントベクトルに含まれるサンプルの値を丸める。ceilは切り上げ、floorは切り捨てを行う。たとえば次の式は、

```
ceil(vector(0.1))
```

次のインスタントベクトルを返す。

```
{} 1
```

16.2.6 round

roundは、インスタントベクトルに含まれるサンプルの値をもっとも近い整数に丸める（つまり、四捨五入する）。次の式は、

```
round(vector(5.5))
```

次のインスタントベクトルを返す。

```
{} 6
```

roundは、オプションで引数を追加できる関数のひとつでもある。その引数としてはスカラを指定する。すると、インスタントベクトルの値は、この数値の倍数でもっとも近いものに丸められる。たとえば次の式は、

```
round(vector(2446), 1000)
```

次のインスタントベクトルを返す。

```
{} 2000
```

これは、次の式と同じ意味だが、こちらのほうが使いやすくわかりやすい。

```
round(vector(2446) / 1000) * 1000
```

16.2.7 clamp_maxとclamp_min

メトリクスが正常な範囲から逸脱した値を返すことがある。たとえば、正数になるはずのゲージとし

て、ときどき絶対値の大きい負数が返されるような場合だ。clamp_maxとclamp_minを使えば、それぞれインスタントベクトルの値の上限と下限を指定できる。

たとえば、プロセスの開いているファイルディスクリプタが10未満になるようなことは考えられないという場合には、次の式が使える。

```
clamp_min(process_open_fds, 10)
```

結果はたとえば次のようになる。

```
{instance="localhost:9090",job="prometheus"} 46
{instance="localhost:9100",job="node"} 10
```

16.3 日時

Prometheusは日時を処理する関数を複数提供しているが、大半は日付関連のロジックをいちいち実装しなくても済むようにtimeの戻り値を操作するユーティリティ関数である。PrometheusはUTCだけを使っており、タイムゾーンの概念はない。

16.3.1 time

time関数は、日時関連関数のなかでもっとも基本的なものである。クエリを評価した日時をUnixエポック[†3]以降の秒数という形で返す。たとえば次の式は、

```
time()
```

次のような値を返す。

```
1518618359.529
```

query_rangeエンドポイントでtimeを使うと、各ステップで評価時が異なるため、すべての結果が異なるものになる。

Prometheusのベストプラクティスでは、何か関心を呼ぶようなことが起きたときには、発生してから現在までどれだけの時間が経過したかではなく、秒単位で発生時のUnix時間を開示する。メトリクスの更新失敗の影響を受けないので、この方が信頼性が高い。イベントが発生してから現時点までの期間は、次のようにtime関数を使えば明らかになる。

```
time() - process_start_time_seconds
```

この式は次のような結果を返す。

†3 UTC 1970年1月1日午後0時

```
{instance="localhost:9090",job="prometheus"} 313.5699999332428
{instance="localhost:9100",job="node"} 322.25999999046326
```

ここでは、Node exporterとPrometheusがともに5分ちょっと実行されていることが示されている。最後に成功したときをPushgateway（「4.4 Pushgateway」参照）にプッシュするバッチジョブがあったとすると、次の式を使えば、過去1時間で成功しなかったジョブがわかる。

```
time() - my_job_last_success_seconds > 3600
```

16.3.2 minute、hour、day_of_week、day_of_month、days_in_month、month、year

ほとんどのユースケースはtimeで処理できるが、時計やカレンダをもとにロジックを組み立てたい場合がある。timeからの時間や分への変換はそれほど難しくないが[†4]、それよりも長い単位を使う場合は、うるう年などの問題を考慮しなければならない。

これらの関数は、どれもクエリ評価時の時間や分などをラベルなしでサンプルが1個のインスタントベクトルの形で返す。本稿は、UTCで2018年2月14日水曜日の13時39分に書いているが、この時間をこれらの関数で評価すると、出力は次のようになる。

式	結果
minute()	{} 39
hour()	{} 13
day_of_week()	{} 3
day_of_month()	{} 14
days_in_month()	{} 28
month()	{} 2
year()	{} 2018

day_of_weekは日曜日を表す0から始まるので、ここで示されている3は水曜日という意味になる。今日が月末かどうかは、day_of_monthとdays_in_monthが等しいかどうかを比較すればわかる。

これらの関数がスカラを返していればもっと使いやすそうなのにそうしていないのはなぜだろうと思われるかもしれない。それは、オプションの引数[†5]としてインスタントベクトルを受け付けられるようにしているからである。たとえば、プロセスが開始したのが何年かを知りたいときには、次のようにする。

```
year(process_start_time_seconds)
```

この式は、次のような結果を返す。

†4 たとえば、分はfloor(vector(time() / 60 % 60))である。

†5 この引数のデフォルト値は、vector(time())である。

```
{instance="localhost:9090",job="prometheus"} 2018
{instance="localhost:9100",job="node"} 2018
```

これを使えば、今月起動されたプロセスが何個あるかを数えられる。

```
sum(
    (year(process_start_time_seconds) == bool scalar(year()))
  *
    (month(process_start_time_seconds) == bool scalar(month()))
)
```

ここでは、真を1、偽を0で表すブール値を対象とするときには、乗算演算子がand演算子のように機能することを利用している。

16.3.3 timestamp

timestamp関数は、値ではなく、インスタントベクトルに含まれるサンプルのタイムスタンプを参照するという点でほかの日時関数とは異なる。「13.2.2 インスタントベクトル」と「13.3.1 query」で説明したように、すべての演算子、関数、query_range HTTP API、query HTTP APIがインスタントベクトルを返すとき、そこに含まれるサンプルのタイムスタンプは、クエリ評価時である。

しかし、インスタントベクトルセレクタが返すインスタントベクトルに含まれるサンプルのタイムスタンプは、実際のタイムスタンプである[†6]。timestamp関数を使えば、これらにアクセスできる。たとえば、各ターゲットの最後のスクレイプの開始時刻は、次のようにすればわかる。

```
timestamp(up)
```

これは、スクレイプによって得られたデータのデフォルトタイムスタンプがスクレイプ開始時だからである。同様に、**17章**で取り上げるレコーディングルールで得られるサンプルのタイムスタンプは、ルールグループの起動時刻である。

デバッグのためにサンプルに含まれる未加工のデータを見たいときには、query HTTP APIで範囲ベクトルセレクタを使うのが最良だが、timestampにも出番はある。たとえば次の式は、

```
node_time_seconds - timestamp(node_time_seconds)
```

PrometheusによるNode exporterのスクレイプが始まった時刻とNode exporterが現在時だと思っている時刻の差を返す。これは100%正確だとは言えないが（マシンの負荷によって変わる）、スクレイプインターバルを1秒にしなくても、時刻が数秒単位でずれたタイミングを検出できる。

---

†6 query HTTP APIに範囲ベクトルセレクタを渡したときのサンプルのタイムスタンプと同じように。

16.4 ラベル

同じシステムの異なる部分で使われているラベル名とラベル値が首尾一貫していて、customerが使われているところとcustが使われているところを意識しなくても済めば理想的だが、なかなかそうはならない。そのような不一致はソースコードで解決するのがベストであり、それができなければ「8.3.1 metric_relabel_configs」で説明したようにmetric_relabel_configsを使えればよいところだが、いつもそうできるわけではない。そのため、ラベルを変更するための2個のラベル関数が用意されている。

16.4.1 label_replace

label_replaceを使えば、ラベル値を正規表現で変換できる。たとえば、node_disk_read_bytes_totalのdeviceラベルをdevに変えて、ベクトルマッチングできるようにするためには、次のようにすればよい[†7]。

```
label_replace(node_disk_read_bytes_total, "dev", "${1}", "device", "(.*)")
```

この式は次のような結果を返す。

```
node_disk_read_bytes_total{dev="sda",device="sda",instance="localhost:9100",
    job="node"} 4766305792
```

ほとんどの関数とは異なり、label_replaceはメトリクス名を取り除かない。それは、label_replaceを使わざるを得ない状況は、何か普通ではないことを行っていると考えられるので、メトリクス名を取り除くと面倒になるからである。

label_replaceの引数は、左から順に入力インスタントベクトル、出力ラベル名、置換文字列、ソースラベル名、正規表現である。label_replaceはreplaceリラベルアクションとよく似ているが、ソースラベルとして使えるラベルはひとつだけである。正規表現がサンプルにマッチしない場合、そのサンプルはそのまま変更されずに返される。

16.4.2 label_join

label_joinは、リラベルでsource_labelsを処理するときと同じように、ラベルの値を結合する。たとえば、job、instanceラベルを結合して新しいラベルを作りたいときには次のようにする。

```
label_join(node_disk_read_bytes_total, "combined", "-", "instance", "job")
```

この式は、次のような結果を返す。

†7　実際には、node_disk_read_bytes_totalはカウンタなので、rateで処理してからlabel_replaceを実行する。

```
node_disk_read_bytes_total{combined="localhost:9100-node",device="sda",
    instance="localhost:9100",job="node"} 4766359040
```

label_replaceと同様に、label_joinはメトリクス名を取り除かない。引数は、左から入力インスタントベクトル、出力ラベル名、区切り文字、0個以上のラベル名である。

label_joinとlabel_replaceを組み合わせれば、replaceリラベルアクションの機能をすべて提供できる。しかし、そのような場合でも、metric_relabel_configsを使ったり、ソースメトリクスを修正したりすることを真剣に検討すべきだ。

16.5 欠損値とabsent

「15.2.3 多対多対応と論理演算子」でも軽く触れたように、absent関数はnot演算子の役割を果たす。空でないインスタントベクトルを渡すと空のインスタントベクトルを返し、空のインスタントベクトルを渡すと値1のサンプルが1個含まれたインスタントベクトルを返す。

このサンプルには、操作すべきラベルがないのでラベルはないと思われるかもしれないが、absentはもう少し賢くできており、引数がインスタントベクトルセレクタなら、等号マッチャ内のラベルを使う。

式	結果
absent(up)	空インスタントベクトル
absent(up{job="prometheus"})	空インスタントベクトル
absent(up{job="missing"})	{job="missing"} 1
absent(up{job=~"missing"})	{} 1
absent(non_existent)	{} 1
absent(non_existent{job="foo",env="dev"})	{job="foo",env="dev"} 1
absent(non_existent{job="foo",env="dev"} * 0)	{} 1

absentは、ジョブ全体がサービスディスカバリから見つからなくなったときのジョブの検出に役立つ。upメトリクスを生成するターゲットがなければ、up == 0になったときにアラートを送っても無意味だ。static_configsを使うときでも、prometheus.ymlの生成が失敗したときのためにそのようなアラートを用意しておくとよい。

ターゲットから特定のメトリクスが失われたときにアラートを送りたい場合には、「15.2.3.2 unless演算子」で取り上げたunlessが使える。

16.6 sortとsort_descによるソート

PromQLは、一般にインスタントベクトル内の要素の順序を指定しないので、順序は評価のたびに変わることがある。しかし、PromQL式で最後に評価されるものとしてsort、またはsort_descを使うと、インスタントベクトルは値でソートされる。たとえば次の式は、

```
sort(node_filesystem_size_bytes)
```

次の結果を返す。

```
node_filesystem_free_bytes{device="tmpfs",fstype="tmpfs",
    instance="localhost:9100",job="node",mountpoint="/run/lock"} 5238784
node_filesystem_free_bytes{device="/dev/sda1",fstype="vfat",
    instance="localhost:9100",job="node",mountpoint="/boot/efi"} 70300672
node_filesystem_free_bytes{device="tmpfs",fstype="tmpfs",
    instance="localhost:9100",job="node",mountpoint="/run"} 817094656
node_filesystem_free_bytes{device="tmpfs",fstype="tmpfs",
    instance="localhost:9100",job="node",mountpoint="/run/user/1000"} 826912768
node_filesystem_free_bytes{device="/dev/sda5",fstype="ext4",
    instance="localhost:9100",job="node",mountpoint="/"} 30791843840
```

これらの関数の効果は見かけのよしあしだが、レポート作成スクリプトにおいて、少しの手間を除けるかもしれない。NaNはソート後にかならず末尾になるので、sortとsort_descは、互いに完全に逆の動作にならない。

topk、bottomkアグリゲータが返すインスタントベクトルは、集計グループ内でソート済みになっている。

16.7　histogram_quantileによるヒストグラム作成

histogram_quantile関数については、すでに13章「13.1.4　ヒストグラム」でも触れている。without(le)句と同じようにサンプルを分類し、サンプルの値から分位数を計算するので、内部的にはアグリゲータに似ている。たとえば次の式は、Prometheusの前日のコンパクションレイテンシから0.9分位数（90パーセンタイルとも呼ばれる）を計算する。

```
histogram_quantile(
    0.90,
    rate(prometheus_tsdb_compaction_duration_seconds_bucket[1d]))
```

0から1までの範囲に含まれない値は分位数では無意味であり、無限大として扱われる。

13章のコラム「累積ヒストグラム」で述べたように、バケットに含まれる値は累積的でなければならない上に、+Infバケットが必要だ。

3章の「3.5　ヒストグラム」で説明したように、histogram_quantileは処理にゲージを必要とする

ため、Prometheusのヒストグラムメトリクスタイプが開示するバケットでは、まずrateを使わなければならない。しかし、ごく少数だが、バケットがカウンタではなくゲージとなっているヒストグラム風の時系列データを開示するexporterがある。このようなものを扱うときには、histogram_quantileで直接処理してよい。

16.8 カウンタ

カウンタには、カウンタメトリクスだけでなく、サマリ、ヒストグラムメトリクスの_sum、_count、_bucket時系列データも含まれる。カウンタは、値が大きくなる一方でなければならない。アプリケーションが起動、再起動されると、カウンタは0に初期化されるが、カウンタ関数は自動的にこれを考慮に入れて動作する。

カウンタの値自体はそれほど役に立たない。かならずカウンタ関連関数のどれかを使ってゲージに変換してから使う。

カウンタを扱う関数は、どれも引数として範囲ベクトルを取り、インスタントベクトルを返す。範囲ベクトル内の個々の時系列データは個別に処理され、高々ひとつのサンプルを返すだけである。指定した範囲内の時系列データのひとつに対してサンプルが1個しか含まれていない場合、これらの関数を使っても出力は得られない。

16.8.1 rate

rate関数はカウンタ関連関数のなかの主役で、PromQLで使う関数のなかでももっともよく使うものだろう。rateは、引数の範囲ベクトルに含まれる個々の時系列データが1秒あたりどのくらいのペースで増えているかを返す。rateの実行例はすでにたくさん示している。たとえば次の式は、

```
rate(process_cpu_seconds_total[1m])
```

次のような結果を返す。

```
{instance="localhost:9090",job="prometheus"} 0.0018000000000000683
{instance="localhost:9100",job="node"} 0.005
```

rateはカウンタのリセットを自動的に処理し、カウンタの減少はリセットと判断される。そのため、[5,10,4,6]という値の時系列データがあるとき、そのデータは[5,10,14,16]であるかのように扱われる。rateは、モニタリング対象がスクレイプインターバルと比べて寿命が長いという前提で動作しており、短期間で複数のリセットを検出することはできない。スクレイプインターバル数個分未満の寿命しかないターゲットでは、ログベースのモニタリングソリューションを使うことを考えた方がよいかもしれない。

rateは、インスタンスのひとつが起動し、その後クラッシュしたときのように、時系列データが出現

したり姿を消したりするシナリオに対応しなければならない。たとえば、インスタンスのひとつが1秒あたり10前後の割合でインクリメントされるカウンタを持ちながら、30分しか実行されていなければ、rate(x_total[1h])は1秒あたり5程度の結果を返すことになる。

値が正確になることはまずない。異なるターゲットに対するスクレイプが異なるタイミングで発生し、時間の経過とともにジッタ（周期のズレ、揺らぎ）が発生し、query_range呼び出しのステップがスクレイプのタイミングと合うことはまれで、スクレイプはしょっちゅう失敗して当たり前である。rateはこれらの課題を抱えた状態で堅牢になるように設計されており、rateの結果は、長期的に平均して見たときに正確になるように作られている。

スクレイプとスクレイプの間でインスタンスがクラッシュするといったことが起きれば差分は失われるので、rateはすべての差分を捕捉するようには作られていない。たとえば1時間に数回しかインクリメントされないような動きの遅いカウンタでは、おかしな結果が生まれるかもしれない。また、rateはカウンタの変化しか扱えない。カウンタの時系列データの値が100である場合、たった今それだけのインクリメントが起きたのか、ターゲットは何年も前から実行されており、つい最近サービスディスカバリがスクレイプすべきものとしてターゲットを返すようになったのかをrateには区別できない。

範囲ベクトルの範囲としては、スクレイプインターバルの少なくとも4倍の時間を使うようにすべきだとされている。こうすれば、スクレイプやインジェストが遅くなったり、1回のスクレイプが失敗したりしても、操作対象のサンプルを2個以上確保できる。現実のシステムでは、この種の問題は起きて当然のことであり、問題に対して柔軟に対処できるようにしておくことが大切だ。たとえば、スクレイプインターバルが1分なら、rateでは4分を指定する。しかし、そのような場合は5分に切り上げるのが普通だ[†8]。

一般に、同じPrometheusのなかでは、すべてのrate関数で同じ範囲を使うようにすべきである。範囲が異なるrateの出力は比較できないし、追跡しづらくなる。

これだけ細かい問題があり、注意書きも長いことを考えると、もっとrateを単純化できないものかと思われるかもしれない。この問題にはさまざまなアプローチがあるが、結局のところ、どの方法にも長所と短所があるということに落ち着く。ひとつの明らかな問題を解決すると、別の問題が生まれる。rate関数は、これらさまざまな懸案の間でうまくバランスを取った結果であり、運用状況のモニタリングのために適切で堅牢なソリューションに仕上がっている。rate的な関数で必要な情報が得られないような場合は、ログデータを使ったデバッグに移ることをお勧めする。ログを使ったデバッグには、これらの問題はなく、正確な答えを出すことができる。

---

†8　rate(x_total[5m])のような範囲が5分の範囲ベクトルを引数とするrate関数は、くだけた言い方では**5分レート**と呼ばれる。

16.8.2 increase

increaseは、rateを基礎とするシンタックスシュガーに過ぎない。increase(x_total[5m])はrate(x_total[5m]) * 300とまったく同じであり、それはrateの結果に範囲ベクトルの範囲を掛けたものである。それ以外のロジックはまったく変わらない。

Prometheusの基本単位は秒なので、increaseを使うのは、人間相手に値を表示するときだけに限るべきである。レコーディングルールやアラートのなかでは、一貫性を保つためにrateを使うようにしよう。

rateとincreaseは、整数の入力を与えられても非整数の結果を返すことがあるが、これは両者が堅牢に実装されていることの現れである。時系列データとして次のようなデータポイントがあったとする。

```
21@2
22@7
24@12
```

ここで、15秒での増加を調べるために、increase(x_total[15s])を呼び出したとする。実際のデータポイントは10秒で3増えているので、結果は3になると予想されるかもしれない。しかし、rateは15秒という期間を意識し、正しい解よりも低めに見積もるのを防ぐために、手持ちの10秒分のデータから15秒分の増加を推計して4.5秒という結果を返す。

rateとincreaseは、時間範囲の開始から最初のサンプルまでの間隔と最後のサンプルから時間範囲の終了までの間隔がデータの平均インターバルの110%以内であれば、時系列データが時間範囲の境界を越えて続く前提で動作する。そうでない場合、手持ちのサンプルを超えて平均インターバルの50%に時系列データがあり、値がゼロ未満になることはない前提で動作する。

16.8.3 irate

irateはカウンタの1秒あたりの増加率を返すという点ではrateとよく似ているが、使っているアルゴリズムがrateよりもずっと単純化されている。渡された範囲ベクトルの最後の2個のサンプルしか見ていないのだ。この方法には、応答が早くなり、ベクトルの範囲とスクレイプインターバルの関係をあまり気にしなくて済むという利点があるが、2個のサンプルしか見ていないので、ズームインされたグラフでしか安全に使えない[†9]という欠点がある。**図16-1**は、5分範囲のrateとirateを比較したものである。

irateには平均化の効果がないので、グラフは変動しやすく[†10]、読みにくくなる。アラートでは、短

†9 query_rangeのstepがスクレイプインターバルよりも大きければ、irateを使うときにはデータを読み飛ばすことになる。

†10 irateはinstant rateの略だが、irate（訳注：「怒っている」という意味がある）という関数名にはちょっと笑ってしまう。

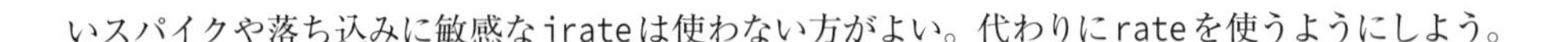
いスパイクや落ち込みに敏感な`irate`は使わない方がよい。代わりに`rate`を使うようにしよう。

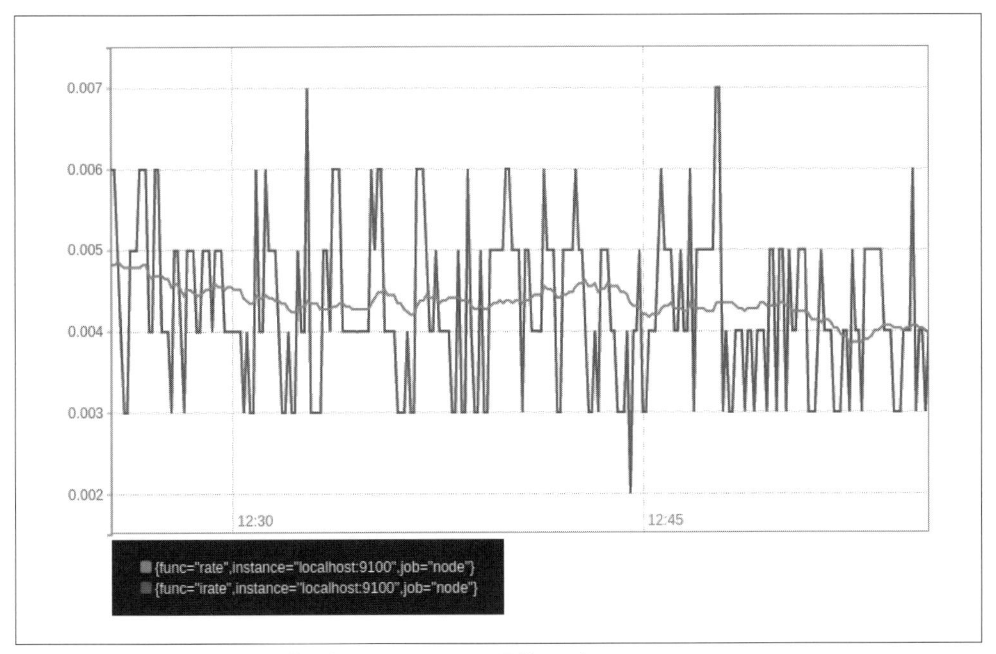

図16-1　Node exporterのCPU使用率を`rate`と`irate`で見比べたもの

16.8.4 resets

カウンタが予期しないほどひんぱんにリセットされているのではないかと思うときがあるはずだ。`resets`関数は、範囲ベクトルの個々の時系列データが何回リセットしているかを返す。たとえば、次の式は、過去1時間にプロセスのCPU時間が何回リセットしているかを返す。

```
resets(process_cpu_seconds_total[1h])
```

これはプロセスが再起動した回数になるはずだが[†11]、このカウンタが逆戻りするようなバグがあれば、値はそれよりも大きくなる。

カウンタがひんぱんにリセットして非単調になると、グラフに大きなスパイクが入るという不自然な結果が生まれることから、`resets`はカウンタのデバッグツールとして作られている。しかし、ゲージの値が何回減少したかを知るために`resets`を使っているユーザもいる。

†11　再起動の回数は、`changes(process_start_time_seconds[1h])`で調べた方がよい。

16.9 変化するゲージ

カウンタとは異なり、ゲージの値はそれ自体で役に立ち、二項演算子やアグリゲータで直接操作できる。しかし、ゲージの履歴を分析したい場合もあるので、そのための関数がいくつか用意されている。

カウンタ関数と同様に、これらの関数は引数として範囲ベクトルを取り、入力の各時系列データに対して最大1個のサンプルを持つインスタントベクトルを返す。

16.9.1 changes

ゲージのなかには、変化することが非常にまれだと考えられるものがある。たとえば、プロセスの起動時刻は、そのプロセスの生涯に渡って変化しない[†12]。次のように、ゲージが何回値を変えたかを教えてくれるchanges関数を使えば、プロセスが過去1時間のうちに何回再起動したかがわかる。

```
changes(process_start_time_seconds[1h])
```

アプリケーション全体でこれを集計すれば、アプリケーションがゆっくりとしたクラッシュループに陥っていないかどうかを明らかにできる。

メトリクスのサンプリングという手法の根本的な性質のため、Prometheusはすべての変化をキャッチできるだけの頻度でスクレイプしていない可能性がある。しかし、プロセスがひんぱんに再起動しているようなら、この方法を使うかupが0になったときに注目すればそのことがわかる。

changesは、process_start_time_seconds以外でも、ゲージが変化すること自体に注目しているときに役立つ。

16.9.2 deriv

ゲージがどれくらいの頻度で変化しているかを知りたいと思うことがよくある。たとえば、バックログが増えるようなことがあれば、その頻度がどれくらいかが気になるだろう。これがわかれば、バックログが異常に多くなっているときだけではなく、まだ減少に向かっていないときにもアラートを送れる。

x - x offset 1hという方法もあるが、これでは2個のサンプルしか使っていないため、外れ値の影響を受けやすく、堅牢性に欠ける。deriv関数は、範囲ベクトルに含まれる個々の時系列データの傾きを推計するために、**最小二乗回帰**（least-squares regression）[†13]を使っている。たとえば次の式は、

```
deriv(process_resident_memory_bytes[1h])
```

過去1時間のサンプルに基づいて、常駐メモリが毎秒どれくらいの頻度で変化しているかを計算する。

---

†12 もっとも、クラウドプロバイダのカーネルが誤ったメトリクスを提供していたhttps://github.com/prometheus/client_golang/issues/289のようなケースもある。

†13 **単純線形回帰**（simple linear regression）とも呼ばれる。

16.9.3 predict_linear

predict_linearは、derivよりも1歩先に踏み出し、与えられた範囲ベクトルのデータに基づき、ゲージの値が将来どうなるかを予測する。たとえば次の式は、過去1時間分のサンプルに基づき、4時間後に各ファイルシステムに残された未使用領域のサイズがどれくらいになるかを予測する。

```
predict_linear(node_filesystem_free_bytes{job="node"}[1h], 4 * 3600)
```

この式は、次の式とおおよそ等しい。

```
  deriv(node_filesystem_free_bytes{job="node"}[1h]) * 4 * 3600
+
  node_filesystem_free_bytes{job="node"}[1h]
```

しかし、predict_linearは、回帰直線の切片を使っているのでこれよりも少し精度が高い。

predict_linearは、リソースが減ってきていることのアラートで役に立つ。フリー領域が1GBを切ったという静的なしきい値や10%を切ったという割合によるしきい値では、扱っているファイルシステムが比較的大きいか、小さいかによって、偽陽性（false positive）、偽陰性（false negative）を引き起こしやすい。1GBをしきい値にしていたのでは、1TBのファイルシステムではアラートが遅すぎるが、2GBのファイルシステムではアラートが早すぎる。predict_linearなら、サイズの大小にかかわらずもっと適切に動作する。

適切な範囲を選び、どれだけ先のことを予測するかを決めるためには、試行錯誤が必要になるかもしれない。データに規則的なのこぎりの歯のようなパターンが現れる場合には、そのパターンの上昇部分だけを見て巨大な値を推計しないように、範囲を十分長く取るようにすべきだ。

16.9.4 delta

deltaはincreaseと似ているが、カウンタリセットの処理を行わないところが異なる。この関数は、1個の外れ値の影響を過度に受けることがあるので、使わない方がよい。derivを使うか、実際に指定した時点での値と比較したい場合には、`x - x offset 1h`を使うようにすべきだ。

16.9.5 idelta

ideltaは、範囲ベクトル内の最後のふたつのサンプルを取り出して、その差を返す。ideltaは、高度なユースケースのために作られている。たとえば、rateやirateの動作のしかたは誰もの好みに合うわけではないだろう。ideltaとレコーディングルールを使えば、さまざまな形のrate関数でPromQLを汚さずに好みに合う方法を実装できる。

16.9.6 holt_winters

holt_winters関数[†14]は、ホルト・ウィンタースの二重指数平滑法(double exponential smoothing)を実装する。ゲージはスパイクの頻度が激しくて読みにくい場合がある。そのようなときには何らかの形で平滑化するとよいことが多い。もっとも単純な方法としてはavg_over_timeがあるが、もっと高度な方法が必要な場合もあるだろう。

この関数は、時系列データのサンプルをひと通り見て、ある程度平滑化された値を追跡し、データのトレンドを推計する。新しいデータと比べて古いデータがどの程度の重要性を持つかを示す**平滑化係数**(smoothing factor)、トレンドの重要性を示すトレンド係数(trend factor)に基づいて新サンプルを解釈する。たとえば次の式は、平滑化係数0.1、トレンド係数0.5を使ってメモリ使用量を平滑化する。

```
holt_winters(process_resident_memory_bytes[1h], 0.1, 0.5)
```

どちらの係数も0から1までの間でなければならない。

16.10 経時的集計

avgなどのアグリゲータは、インスタントベクトルに含まれるサンプルを集計する。それに対し、同じロジックを使って範囲ベクトル内の時系列データの値を集計するavg_over_timeのような一連の関数がある。具体的には、次のものだ。

- sum_over_time
- count_over_time
- avg_over_time
- stddev_over_time
- stdvar_over_time
- min_over_time
- max_over_time
- quantile_over_time

たとえば、Prometheusから見たプロセスのメモリ使用量のピークを知りたいときには、次のようにすればよい。

```
max_over_time(process_resident_memory_bytes[1h])
```

1歩先に進んで、アプリケーション全体で同じ計算をすることもできる。

---

†14 この関数名には誤りがある可能性がある。https://github.com/prometheus/prometheus/issues/2458を参照のこと。

```
max without(instance)(max_over_time(process_resident_memory_bytes[1h]))
```

これらの関数は、サンプルの値だけで動作する。サンプル間の時間の長さやタイムスタンプに関連するその他のロジックに基づく重み付けはない。そのため、スクレイプインターバルを変えると、avg_over_timeやquantile_over_timeのような関数ではスクレイプの頻度の差によるバイアスがかかる。同様に、一定期間にスクレイプ失敗があると、その期間の傾向は結果に現れにくくなる。

これらの関数はゲージとともに使われる[†15]。rateの出力に対してavg_over_timeを実行しようとしても、rateが返すのは範囲ベクトルではなくインスタントベクトルなので、それはできない。しかし、rateは指定された時間範囲の平均をすでに計算しているので、指定する時間範囲を広げればよい。たとえば、次のようなことをしたいなら、

```
avg_over_time(rate(x_total[5m])[1h])
```

次のようにすればよい。上の式では構文エラーになる。

```
rate(x_total[1h])
```

範囲ベクトルを必要とする関数の入力として、ほかの関数が出力したインスタントベクトルを使うための方法は、レコーディングルールを扱う次章で説明する。

† 15　ただし、count_over_timeは値を無視するため、あらゆるタイプのメトリクスのデバッグに役立つ。

17章 レコーディングルール

PromQLへのアクセス方法はHTTP APIだけではない。**レコーディングルール**（recording rule）を使えば、Prometheusに定期的にPromQL式を評価させて、その結果をインジェストできる。これは、ダッシュボードの高速化、集計結果のほかの場所での利用、範囲ベクトル関数の作成（compose）に役立つ。ほかのモニタリングシステムでは、同等の機能を継続クエリ（standing query、continuous query）と呼んでいる場合がある。アラートルール（**18章**参照）も、レコーディングルールの一種である。この章では、レコーディングルールをいつ、どのように使うかを説明する。

17.1 レコーディングルールの使い方

レコーディングルールは、prometheus.ymlとは別の**ルールファイル**（rule file）と呼ばれるファイルに格納される。prometheus.ymlと同様に、ルールファイルもYAML形式を使っている。ルールファイルの位置は、prometheus.ymlのトップレベルフィールドである`rule_files`を使って指定する。たとえば、**例17-1**は、ふたつのターゲットをスクレイプするほか、`rules.yml`というルールファイルをロードするprometheus.ymlである。

例17-1　ふたつのターゲットをスクレイプし、ひとつのルールファイルをロードするprometheus.yml

```
global:
  scrape_interval: 10s
  evaluation_interval: 10s
rule_files:
 - rules.yml
scrape_configs:
 - job_name: prometheus
   static_configs:
    - targets:
      - localhost:9090
 - job_name: node
   static_configs:
    - targets:
      - localhost:9100
```

「8.1.2 ファイル」で説明したprometheus.ymlのfilesフィールドと同様に、rule_filesはファイルパスのリストを受け付け、ファイル名でglobを使うことができる。しかし、ファイルサービスディスカバリとは異なり、rule_filesはinotifyを使ったり、ルールファイルに加えた変更を自動的に読み込んだりはしない。Prometheusを再起動するか、設定をリロードしなければならない。

Prometheusに設定のリロードを指示するには、次のようなコマンドを使ってPrometheusにSIGHUPを送る。

```
kill -HUP <pid>
```

ここで、<pid>はPrometheusのプロセスIDである。Prometheusの/-/reloadエンドポイントにHTTP POSTを送ってもよいが、セキュリティ上の理由から、--web.enable-lifecycleを指定しなければならない。リロードが失敗したら、Prometheusはそれをログに書き込み、prometheus_config_last_reload_successfulメトリクスは0に変わる。

問題のある設定ファイルやルールをあらかじめ知りたいときには、promtool check configコマンドでprometheus.ymlをチェックすればよい。こうすると、prometheus.ymlが参照するすべてのルールファイルもチェックされる。これは、サブミット前のチェックや、設定ファイルを公開する前のユニットテストに入れておくとよい。個別のルールファイルの構文をチェックしたいときには、promtool check rulesを使う。

ルールファイル自体は、0個[†1]以上のルールのグループから構成される。**例17-2**は、ルールファイルの例を示したものである。

例17-2 2個のルールから構成されるひとつのグループを含むrules.yml

```
groups:
 - name: example
   rules:
    - record: job:process_cpu_seconds:rate5m
      expr: sum without(instance)(rate(process_cpu_seconds_total[5m]))
    - record: job:process_open_fds:max
      expr: max without(instance)(process_open_fds)
```

グループにはnameがある。名前は同じルールファイル内では一意でなければならない。名前はPrometheus UIやメトリクスのなかで使われる。exprは評価されるPromQL式で、出力はrecordが指定する名前のメトリクスに書き込まれる。

グループに対してevaluation_intervalを指定することはできるが、scrape_intervalと同様に、ひとつのPrometheusのなかでひとつのインターバルだけを指定するようにすべきだ。labelsフィールドで出力に追加されるラベルを指定することもできるが、レコーディングルールではこれが適切な場合

---

†1 私には、空のルールファイルを作る理由はほとんど考えられない。

はまずない[†2]。

グループ内の個々のルールは順に評価され、最初のルールの出力は、第2のルールが実行される前に時系列データベースにインジェストされる。ひとつのグループのなかのルールはシーケンシャルに実行されるが、異なるターゲットが異なるタイミングでスクレイプされるのと同じように、異なるグループは異なるタイミングで実行される。

ルールがロード、実行されると、http://localhost:9090/rulesのRulesステータスページでそれを見ることができる（**図17-1**参照）。

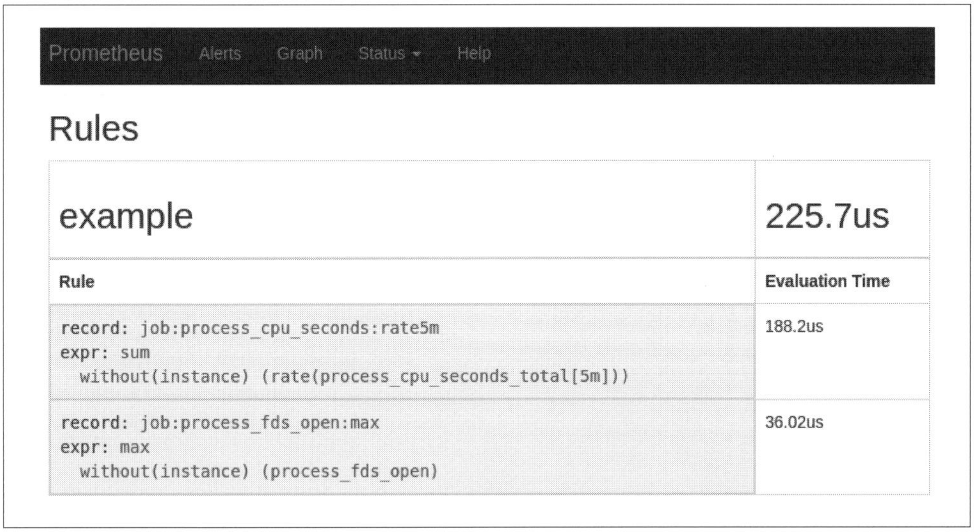

Prometheus Alerts Graph Status Help

Rules

example	225.7us
Rule	**Evaluation Time**
record: job:process_cpu_seconds:rate5m expr: sum without(instance) (rate(process_cpu_seconds_total[5m]))	188.2us
record: job:process_fds_open:max expr: max without(instance) (process_fds_open)	36.02us

図17-1　PrometheusのRulesステータスページ

ルールのリストのほか、個々のグループ全体の最後の評価にどれくらいの時間がかかったか、個々のルールの実行にどれだけの時間がかかったかも表示される。これを使えば、修正や見直しが必要なコストの高いルールがどれかがわかる。個々のグループの最後の評価にどれだけの時間がかかったかは、`prometheus_rule_group_last_duration_seconds`メトリクスからもわかる。これを使うと、最近ルールのコストに変化があったかどうかがわかる。カーディナリティが大きくなり過ぎて問題が起きる危険性があるため、個別のルールにかかった時間を示すメトリクスはない。今回の場合、ルールは1ミリ秒未満しかかかっておらず、`evaluation_interval`で指定した値を十分に下回っているため、何も問題はない。

†2　しかし、ほぼすべてのアラートルールが`labels`を使う。

ルールをアップロードしたり変更したりするAPIはない。Prometheusの設定全般に当てはまることだが、そのようなシステムを構築したいときにその基礎となるのはファイルだと考えられている。

17.2 レコーディングルールはいつ使うべきか

レコーディングルールを使うとよいケースは複数ある。レコーディングルールは、主としてカーディナリティを抑え、クエリを効率よくするために使われる。ダッシュボード、フェデレーション、長期記憶ストレージにメトリクスを格納する前などがこれに当たる。レコーディングルールは、範囲ベクトル関数を作るためにも使われる。ほかのチームにメトリクスのAPIを提供するためにも使える。

17.2.1 カーディナリティの削減

ダッシュボードに次のような式が含まれているとき、

```
sum without(instance)(rate(process_cpu_seconds_total{job="node"}[5m]))
```

ターゲットが少なければPrometheusはすばやくレスポンスを返してくるだろう。しかし、ターゲットの数が数百、数千に増えると、query_rangeのレスポンスはキビキビとしたものではなくなってくる。

ダッシュボードに表示されている個々のグラフの範囲全体で数千もの時系列データにアクセスして処理するようPromQLに要求しなくても、次のようなルールグループを使えば、値を先に計算しておくことができる[†3]。

```
groups:
 - name: node
   rules:
    - record: job:process_cpu_seconds:rate5m
      expr: >
        sum without(instance)(
          rate(process_cpu_seconds_total{job="node"}[5m])
        )
```

このルールは、job:process_cpu_seconds:rate5mというメトリクスに出力を送る。

あとは、ダッシュボードの内容を表示するときにこの1個の時系列データを取り出すだけである。インストルメンテーションラベルを使っているときでさえ、こうすれば処理する時系列データの数はインスタンス数で割った値まで減る。これは、処理中のリソースのコストを上げる代わりに、レイテンシを大幅に下げ、クエリにかかるリソースのコストを下げるということである。このようなトレードオフのため、一般に長いベクトル範囲を使うルールは作らない方がよい。そのようなクエリはコストが高くな

†3 ここで使われている>は、YAMLで複数行の文字列を作るための方法のひとつである。

る傾向があり、定期的にそのようなクエリを実行すると、パフォーマンス上の問題を引き起す恐れがある。

ひとつのジョブのためのルールはすべてひとつのグループにまとめるように努力しよう。そうすれば、それらのタイムスタンプはすべて同じになり、それらをさらに数学的に処理するときに不自然な結果が生まれるのを避けられる。同じグループのすべてのレコーディングルールは、クエリ評価時が同じになり、すべての出力サンプルのタイムスタンプもその値になる。

こういった集計ルールは、ダッシュボードの反応を早くすること以外にも役に立つ。「20.2　フェデレーションでグローバルへ」で説明するように、フェデレーションを使うときには、集計済みのメトリクスをプルするようにしたい。そうでなければ、大量のインスタンスレベルメトリクスをプルすることになる。そのようなことをするくらいなら、パフォーマンスの観点から、フェデレーションを使うよりもターゲットを直接スクレイプした方がましである[†4]。

一部のメトリクスを長期保存するときにも同じことが当てはまる。数か月、あるいは数年分のデータのキャパシティプランニングでは、個別のインスタンスの詳細にはあまり意味がない。主として集計済みのメトリクスを長期保存するようにすれば、役に立つ情報をほとんど失わずに、多くのリソースを節約できる。

同じメトリクスから使うラベルの組み合わせを変えていくつも集計ルールを作ることがよくある。しかし、個々の集計を個別に実行するよりも、ある集計の出力を別の集計で使うようにした方が効率的になる。たとえば次のようにする。

```
groups:
 - name: node
   rules:
    - record: job_device:node_disk_read_bytes:rate5m
      expr: >
        sum without(instance)(
          rate(node_disk_read_bytes_total{job="node"}[5m])
        )
    - record: job:node_disk_read_bytes:rate5m
      expr: >
        sum without(device)(
          job_device:node_disk_read_bytes:rate5m{job="node"}
        )
```

これを正しく動作させるためには、階層構造になっているルールは、ひとつのルールグループのなかで順に並べられていなければならない[†5]。一般に、グループが互いに干渉し合わないようにするために、セレクタでルールが適用されるジョブを明示的に指定した方がよい。

†4　パフォーマンス的には、小さなスクレイプから得られるサンプルをひとつの巨大なスクレイプに結合するよりも、時間をずらしながら小さなスクレイプを何度も行う方がよい。

†5　Prometheus 2.0以前は、このアプローチは現実的ではなかった。ルールグループという概念がなかったので、あるルールが実行を完了したあとでなければ次のルールは実行されないという保証がなかったのだ。

17.2.2 範囲ベクトル関数の作成

「16.10 経時的集計」で触れたように、範囲ベクトルを入力とする関数は、インスタントベクトルを作る関数の出力を入力とすることはできない。たとえば、max_over_time(sum without(instance)(rate(x_total[5m]))[1h])という式を作ることはできず、構文エラーになる。PromQLは、どのような形でもサブクエリをサポートしてない[†6]が、レコーディングルールを使えば同じ効果が得られる。

```
groups:
 - name: j_job_rules
   rules:
    - record: job:x:rate5m
      expr: >
        sum without(instance)(
          rate(x_total{job="j"}[5m])
        )
    - record: job:x:max_over_time1h_rate5m
      expr: max_over_time(job:x:rate5m{job="j"}[1h])
```

このアプローチは、_over_time関数だけでなく、predict_linear、deriv、holt_winters関数など、あらゆる範囲ベクトル関数で使える。

しかし、このテクニックは、rate、irate、increaseでは使ってはならない。これは実質的にrate(sum(x_total)[5m])という式になり、含まれているカウンタのリセットや欠損が発生するたびに大きなスパイクが起きる。

sumしてからrateではなく、かならずrateしてからsumにしなければならない。

レコーディングルールに外側の関数を入れる必要はない。上の例の場合、必要になったときにmax_over_timeを実行するようにした方が合理的だ。たとえば、この例の主要な用途はキャパシティプランニングだろう。必要なものは、平均的なトラフィックのためのプランではなく、ピーク時のためのプランだ。キャパシティプランニングが行われるのは、月に1度か四半期に1度ということが多いので、少なくとも1分に1度max_over_timeを実行してもあまり意味はない。必要なときに限りクエリを実行できればよいのだ。長い時間範囲を対象とする関数は、処理しなければならないデータ量が増えるためにコストがかかる場合がある。範囲が1時間を越える場合や、大量の時系列データを処理する場合には、注意が必要だ。

†6 監訳注：Prometheus 2.7.0からサブクエリをサポートしている（https://prometheus.io/blog/2019/01/28/subquery-support/）。

17.2.3 APIのためのルール

通常、あなたが実行するPrometheusサーバは、あなたかあなたのチームだけが使う。しかし、ほかのチームがあなたのPrometheusからメトリクスをプルしたいと言ってくる場合がある。彼らの用途が情報の入手であったり、必要とされるものがあまり変化しないメトリクスであったりする場合には、メトリクスがプルできなくなっても破局的な影響が起きるわけではないので、一般に大きな問題にはならない。しかし、メトリクスがあなたの手が届かない自動化システム、プロセスの一部として使われる場合には、公開APIという形でほかのチームに提供するためのメトリクスを作った方がよいだろう。そうすれば、自分のPrometheusのなかのラベルやルールを変えなければならなくなったときにどのように変えても、ほかのチームが必要とするメトリクスは同じセマンティクスを保つことができる。

そのようなメトリクスの名前は、いつものローカルルールに従ったものではなく、相手チームの名前をメトリクス名かラベル名に組み込んだものになるだろう。

このようなルールの使い方はきわめてまれである。ほかのチームがあなたのPrometheusを使うことによってメンテナンスが負担に感じられるようになってきたら、必要なメトリクスのためにそちらでもPrometheusを独自に実行したらどうかと言ってもよいだろう。

17.2.4 ルールの禁じ手

レコーディングルールには、よく見られるアンチパターンがある。そのようなアンチパターンにはまらないようにここで説明しておこう。

まず第1に挙げられるのは、ラベルの意味がなくなるようなルールである。たとえば次のようなものだ。

```
- record: job_device:node_disk_read_bytes_sda:rate5m
  expr: >
    sum without(instance)(
      rate(node_disk_read_bytes_total{job="node",device="sda"}[5m])
    )
- record: job_device:node_disk_read_bytes_sdb:rate5m
  expr: >
    sum without(instance)(
      rate(node_disk_read_bytes_total{job="node",device="sdb"}[5m])
    )
```

こんなことをすれば、deviceラベルの値が増えるたびにルールを作らなければならなくなり、それらのメトリクスを簡単に集計することもできなくなる。それではPrometheusのもっとも強力な機能のひとつであるラベルの意味がなくなる。ラベルの値をメトリクス名に移すのはよくない。ラベルの値によって返される時系列データを制限したい場合には、クエリ時にマッチャを使うようにすべきだ。同様に、jobラベルをメトリクス名に入れるのもよくない。

アプリケーションが開示するすべてのメトリクスをあらかじめ集計するのもアンチパターンのひとつ

である。カーディナリティを削減してパフォーマンスを向上させるために集計を取るのは確かによいことだが、やり過ぎれば逆効果になる。メトリクスベースのモニタリングシステムでは、メトリクスの90%以上をまったく使わないことも珍しくない[†7]。そのため、デフォルトで何でも手あたり次第に集計するのはリソースの無駄遣いだ。それに、メトリクスは時間とともに追加されたり廃止されたりするので、無駄にメンテナンスが必要になる。集計は、本当に必要なときに追加するようにしよう。そのようにしても、システムの奥底で起きた奇妙な問題のデバッグが必要になったときには、普段使わないそれら90%のメトリクスにもアクセスできる。そして、それらを集計しないことによってかかるコストは、集計データに対するクエリの実行時間がわずかに長くなることだけだ。

レコーディングルールの主目的はカーディナリティの削減なので、出力にまだinstanceラベルが残るようなレコーディングルールにはあまり意味がないことが多い。そして、10個の時系列データへのクエリは、1個のデータへのクエリと比べて顕著にコストが高いわけではない。それでも、ひとつのターゲットのなかに高いカーディナリティを持つメトリクスがあれば、instanceラベルを含むレコーディングルールにも意味があるかもしれない。ただし、カーディナリティの観点から、そのようなインストルメンテーションラベルを削除すべきかどうかはよく考える必要がある。

前節の次のようなルールを見ると、リソースの節約のためにevaluation_intervalを1時間に変えたくなるかもしれないが、それはあまりよくない。

```
- record: job:x:max_over_time1h_rate5m
  expr: max_over_time(job:x:rate5m{job="j"}[1h])
```

理由は3つある。まず、入力メトリクスは、すでにカーディナリティを削減しているレコーディングルールから得られたものなので、大きな目で見てリソースの削減はわずかなものになる。第2に、Prometheusが保証しているのはルールが1時間に1度実行されることだけで、その1時間のなかのいつ実行されるかはわからない。おそらく1時間の最初のうちに結果がほしいと思うだろうが、陳腐化（staleness）の処理のことも考えると、これではうまくいかない。第3に、健全性の観点から、Prometheusサーバのなかではインターバルはひとつに絞った方がよい。

避けるべきアンチパターンとして最後に取り上げておきたいのは、メトリクスやラベルに付けられた不適切な名前の修正のためにレコーディングルールを使うことである。このようなことをすると、もとのデータのタイムスタンプが失われ、メトリクスがどこから得られたものでどのような意味があるかがわかりにくくなる。まず、もとの場所でメトリクス名を改善するように努力し、技術的または政治的理由でそれが不可能なら、名称変更にほかの全員の予想を裏切る名前になるという欠点を補ってあまりあるだけのメリットがあるかどうかを考えながら、「8.3.1　metric_relabel_configs」で説明したmetric_relabel_configsを使うようにしよう。

残念ながら、システムがPrometheusのやり方からはあまりにもかけ離れたメトリクスを開示してい

---

†7　この数字については、複数のモニタリングシステムで聞いたことがある。

るケースはいつもある。そのような場合は、どれだけ効果があるかにかかわらず、修正するしかないだろう。

17.3 レコーディングルールの名前の付け方

レコーディングルールの名前の付け方についてよいローカルルールを設ければ、レコーディングルールの名前の意味がひと目で理解できるだけでなく、語彙に共通性があるためにほかの人々とレコーディングルールを共有しやすくなる。

「3.7.3 メトリクスにはどのような名前を付けるべきか」でも触れたように、コロンはメトリクス名で使える有効な文字だが、インストルメンテーションでは避けるべきだとされている。それは、コロンを利用してレコーディングルールに独自の構造を追加できるようにするためだ。私がここで提案するルールは、精度と簡潔性のバランスを取り、長年の経験に裏打ちされたものである。

このルールのもとでは、メトリクス名には、使われているラベル、基礎となるメトリクスの名前、メトリクスに対する操作の3要素が順に並び、これら3要素はコロンで区切られる。そのため、メトリクス名にはコロンが含まれていないか2個含まれているかのどちらかになる。たとえば、次のようなメトリクス名について考えてみよう。

```
job_device:node_disk_read_bytes:rate5m
```

このメトリクス名にはjob、deviceラベルがあり、基礎となっているメトリクスはnode_disk_read_bytesで、rate(node_disk_read_bytes_total[5m])から得られたカウンタだということがわかる。これら3つを**レベル**(level)、**メトリクス**(metric)、**操作**(operations)と呼ぶ。

レベル

レベルは、メトリクスのラベルで示した集計レベルを示す。ここで指定されるのはインストルメンテーションラベル(まだそのラベルの違いを無視した集計によってなくなっていなければ)、jobラベル、その他関連するターゲットラベルである。どのターゲットラベルを含めるかはコンテキスト次第である。すべてのターゲットにルールに影響を与えないenvラベルがある場合、envを入れてメトリクス名をいたずらに長くする必要はない。しかし、ジョブがshardラベルで分割されている場合、おそらくshardラベルは入れることになるだろう。

メトリクス

メトリクスは名前が示す通りで、メトリクスや時系列データの名前である。名前を簡潔にするために、カウンタ名の_totalは通常省略されるが、それを除けば完全なメトリクス名でなければならない。このようにもとのメトリクス名を残しておくと、コードを見てメトリクスが集計されているかどうかを調べたいときなどに、コードベースから該当するメトリクスを調べやすくなる。割合ではfoo_per_barを使うが、_sumと_countの割合には特別ルールがある。

操作

操作はメトリクスに対して実行される関数とアグリゲータのリストで、最後に実行されるものから順に並べる。2つのsumやmaxによる演算を使用する場合、合計 (sum) の合計はまだ合計なので1つだけリストに入れればよい。そして、sumはデフォルトの集計なので、一般にリストに入れる必要はない。しかし、sum以外の操作を使っていない場合やまだ操作を加えていない場合には、sumがよいデフォルトになる。ほかのレベルでどのような操作を使うかによっては、min、maxがベースメトリクス名として適切な場合がある。除算に対してはratioを使うようにする。

具体例を見てみよう。barというインストルメンテーションラベルを持つfoo_totalというカウンタがあり、instanceラベルの違いを無視してカウンタをまとめる場合、次のようになる。

```
- record: job_bar:foo:rate5m
  expr: sum without(instance)(rate(foo_total{job="j"}[5m]))
```

この集計結果をもとに、さらにbarラベルの違いを無視して集計すると、次のようになる。

```
- record: job:foo:rate5m
  expr: sum without(bar)(job_bar:foo:rate5m{job="j"})
```

だんだんこのアプローチのメリットが見えてきたことだろう。入力時系列データのレベルがjob_barで、without句によってbarが取り除かれ、出力のレベルがjobになっているが、コードを見るだけで、メトリクス名がそのような入力と操作を反映したものになっていることがわかる。ルールや階層構造がもっと複雑でも、この方法を使っていれば、誤りを見つけやすくなる。たとえば次のルールは、割合の命名方式に従っているように見えるが、rate5mとrate10mの間にずれがある。

```
- record: job:foo_per_bar:ratio_rate5m
  expr: >
    (
        job:foo:rate5m{job="j"}
      /
        job:bar:rate10m{job="j"}
    )
```

これを見れば、この式とそこから得られるレコーディングルールは無意味なものだということがわかるはずだ。正しい割合は、たとえば次のようなものになるはずである。

```
- record: job_mountpoint:node_filesystem_avail_bytes_per_
            node_filesystem_size_bytes:ratio
  expr: >
    (
        job_mountpoint:node_filesystem_avail_bytes:sum{job="node"}
```

```
    /
      job_mountpoint:node_filesystem_size_bytes:sum{job="node"}
  )
```

このルールは、分子と分母でレベルと操作が揃っており、それらが出力メトリクス名に反映されていることがわかる[†8]。sum操作は入れても無意味なので取り除かれている。しかし、入力メトリクスにrate5m操作が含まれている場合には、そうはならない。

イベントサイズの平均[†9]で先ほどの記法を使うと長くなり過ぎるので、メトリクス名を同じままにして、出力操作名をmean5mとする。mean5mとは、rate5mをもとにして5分間の平均を取っているということである。

```
- record: job_instance:go_gc_duration_seconds:mean5m
  expr: >
    (
        job_instance:go_gc_duration_seconds_sum:rate5m{job="prometheus"}
      /
        job_instance:go_gc_duration_seconds_count:rate5m{job="prometheus"}
    )
```

あとで次のようなルールがあれば、

```
- record: job:go_gc_duration_seconds:mean5m
  expr:
    avg without(instance)(
      job_instance:go_gc_duration_seconds:mean5m{job="prometheus"}
    )
```

これは平均の平均を取ろうとしているということであり、無意味だということがすぐにわかる。正しい集計方法は、次のようになるだろう。

```
- record: job:go_gc_duration_seconds:mean5m
  expr:
    (
        sum without(instance)(
          job_instance:go_gc_duration_seconds_sum:rate5m{job="prometheus"})
        )
      /
        sum without(instance)(
          job_instance:go_gc_duration_seconds_count:rate5m{job="prometheus"})
        )
    )
```

†8 相殺される_bytesは削除してもよいという考え方もあるだろうが、そうすると、ソースコードでもとのメトリクスを見つけにくくなる。

†9 監訳注：ここの例で、イベントサイズはGoでのGCにかかる時間を指しており、平均は、合計を個数で割ったものとなる。

集計にはavgではなくsumを使い、平均のための除算は計算の最後のステップで行わなければならない。

今までに示した例はわかりやすいものだが、ちょっと変わったことをしようとすると、レコーディングルール名の付け方も、メトリクスの名前の付け方全般と同じで科学というよりも職人技になってくる。レコーディングルール名は、セマンティクスとラベルを明確にしながら、もとのメトリクスを作ったコードも見つけやすくなるようなものにする努力しなければならない。

ごくまれな例外を別として(「17.2.3　APIのためのルール」参照)、メトリクス名はメトリクスのアイデンティティを示し、そのメトリクスがいったい何なのかを見分けられるようなものでなければならない。メトリクス名は、ポリシについての注釈を入れるための手段として使ってはならない。

たとえば、これこれのメトリクスはほかのシステムに転送されるということを示すために、メトリクス名に:federateとか:longtermを付けたくなるかもしれないが、そうしてはならない。このようなことをすれば、メトリクス名がだらだらと長くなり、ポリシが変わったときに問題を起こす。そうではなく、ポリシはデータを抽出するときのマッチャで定義、実装しよう。メトリクスのなかのどれがフェッチされ、どれがフェッチされないかをちまちまと最適化しようとせず、job:.*にマッチするすべてのメトリクス名をプルするのだ。メトリクスがレコーディングルールになる頃には十分な集計を経てカーディナリティは無視できる程度になっているはずである。そのような状況で下流のリソースコストのことをあれこれ思い悩むのは、おそらく時間の無駄だ。

これでレコーディングルールの使い方もわかった。次章ではアラートルールを見ていく。アラートルールもルールグループを形成するので、レコーディングルールと同じような構文になっている。

第V部
アラート

第V部は、モニタリングシステムに午前3時に起こしてもらえるようにしたい[†1]あなたのための章を集めている。

18章では、前章を基礎としてPrometheusのアラートルールについて説明する。アラートルールを使えば、単純なしきい値よりもはるかに複雑な条件でアラートを送れる。

Prometheusでアラートが発火すると、**19章**で説明するように、Alertmanagerがアラートを通知に変換する。このとき、個々の通知の価値を高めるために、Alertmanagerは通知をグループに分類したり、抑制したりする。

†1　本当の緊急事態だけにしたいものだが。

18章 アラート

「1.1　モニタリングとは何か」で述べたように、アラートはモニタリングの構成要素のひとつで、問題が起きたときに人間に通知を送れるようにする機能である。Prometheusは、継続的に評価されるPromQL式という形でアラートの条件を定義できるようにしており、PromQL式から得られた時系列データがアラートの内容になる。この章では、Prometheusで**アラート**（alert）を設定する方法を説明する。

「2.4　アラート」の例でも示したように、Prometheusは、メール、チャットメッセージ、オンコール呼び出しなどの**通知**（notification）を送信しない。これらの仕事をするのは**Alertmanager**（アラートマネージャ）である

Prometheusでは、何がアラートに値し、何がそうでないかを判断するロジックを定義する。Prometheusでアラートが**発火**（fire）すると、それはAlertmanagerに送られる。Alertmanagerは、多数のPrometheusサーバのアラートを引き受けられる。Alertmanagerはアラートを分類してグループにまとめ、抑制された形で通知を送る（**図18-1**参照）。

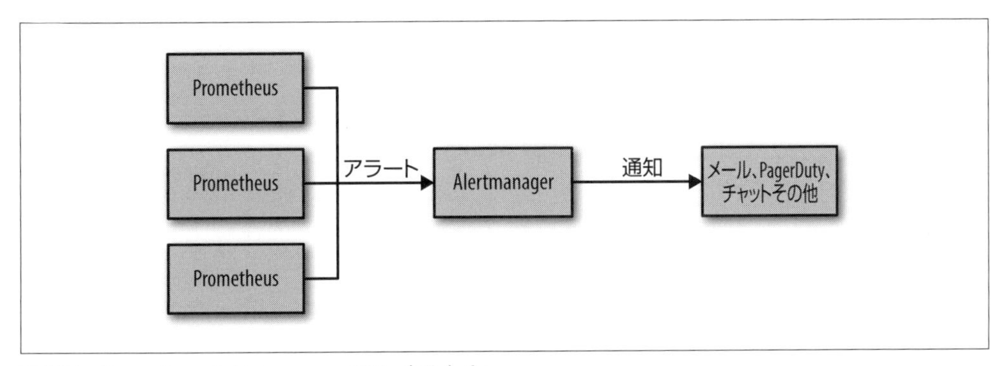

図18-1　PrometheusとAlertmanagerのアーキテクチャ

図18-1に示したようなアーキテクチャにより、柔軟性を確保できるだけでなく、複数の異なる

Prometheusサーバからのアラートに基づいてひとつの通知を送ることができる。たとえば、すべてのデータセンタへの配信データの転送に問題がある場合、アラートのグルーピングを設定して、ひとつの通知だけが送られてくるようにできる。それによって各データセンタから通知がスパムのように飛び込んでくるのを避けられるのだ。

18.1 アラートルール

アラートルールは、**17章**で説明したレコーディングルールとよく似ている。アラートルールは、レコーディングルールと同じルールグループに配置し、適切であれば組み合わせることができる。たとえば、ひとつのジョブに対するすべてのレコーディングルールとアラートルールをひとつにまとめるのはごく普通のことである[†1]。

```
groups:
 - name: node_rules
   rules:
    - record: job:up:avg
      expr: avg without(instance)(up{job="node"})
    - alert: ManyInstancesDown
      expr: job:up:avg{job="node"} < 0.5
```

このアラートルールは、Node exporterの過半数が落ちているときに発火するManyInstancesDownというアラートを定義している。これがアラートルールだということは、recordフィールドではなく、alertフィールドで定義されていることから見分けられる。

この例では、byではなくwithoutを使って時系列データが持っているほかのラベルが維持され、Alertmanagerに渡されるようにしている。最終的に通知を受け取るときに、アラートのジョブ、環境、クラスタなどの詳細情報がわかれば役に立つ。

レコーディングルールでは、式のなかでフィルタリングをすると現れたり消えたりする時系列データの処理が面倒なので、フィルタリングを避けるべきだが、アラートルールでは、フィルタリングは必要不可欠である。アラート式を評価した結果が空のインスタントベクトルになったときには、アラートは発火しないが、何らかのサンプルが返されたときには、それら1つひとつがアラートになる。

そのため、次のようなひとつのアラートルールが、サービスディスカバリから返されたnodeジョブのすべてのインスタンスに自動的に適用され、落ちているインスタンスが100個あれば、100個のアラートが発火する。

```
- alert: InstanceDown
  expr: up{job="node"} == 0
```

†1 グループが大きくなり過ぎて、指定されたインターバルでは計算できなくなり、だからといってルールを減らすこともできない場合は、ルールを分割しなければならない場合がある。

次の評価サイクルでそれらのインスタンスの一部が再び動作している状態になると、それらのアラートは**解決済み**（resolved）と見なされる。

アラートは、評価サイクルにまたがってラベルによって識別される。そのラベルにはメトリクス名ラベルの`__name__`は含まれないが、アラート名を値とする`alertname`ラベルは含まれる。

アラートルールは、Alertmanagerにアラートを送るほか、`ALERTS`という名前のメトリクスを作る。アラートのすべてのラベルに加え、`alertstate`ラベルも追加される。`alertstate`ラベルの値は、発火したアラートでは`firing`、「18.1.1 for」で説明する保留中のアラートでは`pending`になる。解決済みのアラートには、`ALERTS`に追加されるサンプルはない。`ALERTS`はアラートルールのなかでほかのメトリクスと同じように使うことができるが、そういう場合はアラートの設定が過度に複雑化しているかもしれないので注意した方がよい。

ALERTS内の解決済みアラートが正しく陳腐化処理を受けられるかどうかは、アラートがいつも同じアラートルールから発火するかどうかによって決まる。ルールグループに同じ名前の複数のアラートがあり、そのアラートがそれら複数のアラートルールから発火する可能性がある場合、ALERTSが奇妙なふるまいをすることがある[†2]。

アラートの通知を1日のある時間帯にだけ送りたい場合、Alertmanagerは時刻に基づくルーティングをサポートしていないが、「16.3.2 minute、hour、day_of_week、day_of_month、days_in_month、month、year」で説明した日時関数の`minute`、`hour`、`day_of_week`、`day_of_month`、`days_in_month`、`month`、`year`をたとえば次のような形で使うことができる。

```
- alert: ManyInstancesDown
  expr: >
    (
        avg without(instance)(up{job="node"}) < 0.5
      and on()
        hour() > 9 < 17
    )
```

このアラートは、UTCの午前9時から午後5時までの間しか発火しない。アラート生成の条件を結合するときには、一般に「15.2.3.3 and演算子」で説明した`and`演算子を使う。ここでは、`and`の左右の間に共通のラベルがないので（そういうことはまれだが）、`on()`を使っている。

バッチジョブでは、最近成功していないジョブに対してアラートを生成したいところだ。

```
- alert: BatchJobNoRecentSuccess
  expr: >
    time() - my_batch_job_last_success_time_seconds{job="batch"} > 86400*2
```

†2 同じことはレコーディングルールにも当てはまるが、ひとつのルールグループ内に同じメトリクス名の複数のレコーディングルールを作ることはきわめてまれである。

3章のコラム「バッチジョブのべき等性」で説明したように、べき等なバッチジョブなら、1回の失敗を気にする必要も通知してもらう必要もない。

18.1.1 for

メトリクスベースのモニタリングにはさまざまな競合が発生する。ネットワークパケットロスによってスクレイプがタイムアウトになったり、プロセスのスケジューリングのためにルールの評価が少し遅れたり、モニタリングしているシステムが一時的に止まったりといったことが起きる。

すべての不自然な結果やシステムのちょっとした癖のために真夜中に叩き起こされるのはいやだろう。ユーザに影響を及ぼす本物の問題のために体力を温存したいはずだ。そういうわけで、1回のルール評価の結果によってアラートを発火させてよいことはまずない。ここで役立つのがアラートルールの`for`フィールドである。

```
groups:
- name: node_rules
  rules:
  - record: job:up:avg
    expr: avg without(instance)(up{job="node"})
  - alert: ManyInstancesDown
    expr: avg without(instance)(up{job="node"}) < 0.5
    for: 5m
```

`for`フィールドは、アラートが発火されるまでに少なくとも指定した期間アラートが発生し続ける必要があることを示している。`for`の条件が満たされるまでは、アラートは`pending`(保留中)と見なされる。保留中でまだ発火していないアラートは、Alertmanagerには送られない。http://localhost:9090/alertsに行けば、保留中のアラートと発火したアラートを見ることができる。アラート名をクリックしたあとの表示は、**図18-2**のようになる。

Prometheusには、アラートのヒステリシス[†3]やフラッピング検出[†4]といった概念はない。問題が十分悪質で、その後収まったとしても人間を呼び出す必要があるアラートしきい値を選ばなければならない。

一般に、どのアラートでも、最低5分の`for`を指定することをお勧めする。こうすれば、短時間のフラップなど大多数の不自然な結果による偽陽性が消える。すぐに問題の解決に取り掛かることができなくなるのではないかと思われるかもしれないが、起きてラップトップをブートし、ログインして、社内ネットワークに接続し、デバッグを始めるために5分くらいはすぐにかかってしまうことを忘れないようにしよう。いつでも問題解決に取り組めるようにコンピュータの前に座っていたとしても、システムが適切に作られていれば、処理することになるアラートはかなり重大なものになるはずで、何が起きているのかを把握するだけでも少なくとも2、30分の時間がかかる。

---

†3 監訳注:状態が現在の条件だけでなく、過去の経路の影響を受けること。

†4 監訳注:障害と復旧を繰り返していることを検知して通知を抑え込む機能。

Prometheus Alerts Graph Status Help

Alerts

InstanceDown (2 active)

```
alert: InstanceDown
expr: up == 0
for: 5m
```

Labels	State	Active Since	Value
alertname="InstanceDown" instance="otherhost:9100" job="node"	FIRING	2018-02-19 18:36:14.500282919 +0000 UTC	0
alertname="InstanceDown" instance="localhost:9100" job="node"	PENDING	2018-02-19 18:42:14.501429985 +0000 UTC	0

図18-2　発火したアラートと保留中のアラートを表示するアラートステータスページ

あらゆる問題の解決にすぐに取り組みたいと思うのは感心なことだが、アラートは高い確率であなたとあなたのチームを消耗させ、大幅に力を削ぐ。5分以内に行動を起こさなければならないようなアラートがあるなら、その行動の自動化を検討すべきだ。たとえ5分以内に確実に反応できるとしても、そのような作業の人的コストは高い。

あまり重大ではないアラートやうるさくなりがちなアラートについては、`for`フィールドの持続時間を延ばすとよい。持続時間やインターバルの常として、選択肢は単純にまとめるようにしよう。アラート全体でたとえば`5m`、`10m`、`30m`、`1h`の4種類があれば、実用的には十分であり、`12m`とか`20m`といったものを追加して細かく最適化しようとしてもあまり意味はない。

現在のところ、`for`の状態はPrometheusの再起動後には失われるので（https://github.com/prometheus/prometheus/issues/422）、1時間以上の`for`は避けた方がよい。もっと長い持続時間が必要なら、現状では式で処理しなければならない[†5]。

`for`は、アラートルールが一定期間同じ時系列データを返すことを要求するため、1回のルール評価の結果がその時系列データでなければ、`for`の状態はリセットされる。たとえば、ターゲットから直接取得したゲージメトリクスを使っている場合、次のようなアラートルールを指定していると、1回のスクレイプが失敗しただけで、`for`の状態はリセットされる。

†5　監訳注：Prometheus 2.4.0から`for`の状態は再起動後も保持されるようになっている。

```
- alert: FDsNearLimit
  expr: >
    process_open_fds > process_max_fds * .8
  for: 5m
```

「16.10 経時的集計」で説明した_over_time関数を使えば、この落とし穴を避けられる。通常は、avg_over_timeかmax_over_timeを使う。

```
- alert: FDsNearLimit
  expr:
    (
        max_over_time(process_open_fds[5m])
      >
        max_over_time(process_max_fds[5m]) * 0.9
    )
  for: 5m
```

upメトリクスは、スクレイプが失敗したときもかならず存在するという点で特殊であり、_over_time関数を使う必要はない。そのため、「10.4 Blackbox exporter」で説明したBlackbox exporterを実行しているときに、失敗したスクレイプと失敗したプローブ†6の両方を検知したければ、次のコードが使える。

```
- alert: ProbeFailing
  expr: up{job="blackbox"} == 0 or probe_success{job="blackbox"} == 0
  for: 5m
```

18.1.2 アラートのlabels

レコーディングルールと同様に、アラートルールにもlabelsを指定できる。レコーディングルールでlabelsを使うことはまずないが、アラートルールではlabelsを使うのは普通のことである。

「19.2.1 ルーティングツリー」で取り上げることだが、Alertmanagerでアラートをルーティングするときには、Alertmanagerの設定ファイルですべてのアラートの名前をいちいち挙げなければならなくなるのは避けたいところだろう。その代わりにラベルを使って意図を示すようにすべきだ。

severityラベルは、アラートが誰かに呼び出しをかけ、夜中に彼らを起こさなければならないものか、それともそこまで急いで処理しなくてもよいチケットなのかを示すもので、通常は使うことになるだろう。

たとえば、1台のマシンが落ちていても緊急度は高くないが、全体の半分のマシンが落ちているなら緊急に調査しなければならないだろう。

---

†6 Blackbox exporterは、タイムアウトする前に応答を返さなければならないが、ネットワークが遅くなったり、Blackbox exporterが落ちたりといった問題はいつでも起き得る。

```
- alert: InstanceDown
  expr: up{job="node"} == 0
  for: 1h
  labels:
    severity: ticket
- alert: ManyInstancesDown
  expr: job:up:avg{job="node"} < 0.5
  for: 5m
  labels:
    severity: page
```

ここでのseverityラベルには、特別なセマンティクスはない。単にアラートに追加され、Alertmanagerを設定するときに使えるラベルに過ぎない。Prometheusにアラートを追加するときには、severityラベルを追加するだけでアラートが適切にルーティングされるように周到な準備をして、Alertmanagerの設定を修正することがまずないようにしなければならない。

Prometheusがさまざまなチームにアラートを送れるようにしたいときには、severityラベルのほかにteam、あるいはserviceラベルを使うことが多い。それに対し、Prometheusが全体としてひとつのチームにアラートを送るだけなら、外部ラベルを使うことになるだろう（「18.2.1　外部ラベル」参照）。アラートルールでは、envとかregionといったラベルに言及する必要はないはずだ。それらは、ターゲットラベルなのですでにアラートに含まれており、アラート式の出力にも含まれることになるか、あとでexternal_labelsによって追加される。

アラートのラベルは、式、labelsのどちらから得られるものでも、アラートのアイデンティティ（同一性）を定義するので、評価サイクルごとに変わらないようにすることが大切である。この条件を満たさないアラートは、forフィールドを満足させないだけでなく、Prometheus内の時系列データベース、Alertmanagerのなかで増殖し、あなたを悩ませることになるだろう。

Prometheusは、アラートが複数のしきい値を持つことを認めていないが、しきい値とラベルの異なる複数のアラートを定義することはできる。

```
- alert: FDsNearLimit
  expr: >
    process_open_fds > process_max_fds * .95
  for: 5m
  labels:
    severity: page
- alert: FDsNearLimit
  expr: >
    process_open_fds > process_max_fds * .8
  for: 5m
  labels:
    severity: ticket
```

ファイルディスクリプタの上限の95%を越えたときには、両方のアラートが生成されることに注意しよう。どちらか片方だけを発火させようとするのは危険だ。値が95%の前後で揺れているときには、どちらのアラートも発火しなくなってしまう。それに、アラートを発火させるのは、人間の手で問題を調査する必要があると判断した状況のはずだ。アラートがうるさすぎると感じるようなら、そもそもアラートが必要なのかを検討したり、アラート自体を調整したりすべきで、アラートがすでに発火しているのにそれを発火しなかったことにしようとするのはおかしい。

アラートはオーナーを必要とする

severityの例のなかにemailやchatを入れなかったのはわざとである。その理由を説明しよう。

私は、数か月ごとに新しいメーリングリストを作らなければならなくなるようなチームにいたことがある。アラートメールのためのメーリングリストがあったが、送られてくるメールが多いのに、個々のアラートの責任者が誰かがあいまいだったので（それではアラートの処理は誰の仕事でもないと言っているに等しい)、そこに送られたアラートは、当初の意図ほど注意を集めなかった。しかし、オンコールエンジニアを呼び出すほどではないが重要だと見なされていたアラートがあった。そこで、その種のアラートは、誰かが気にかけてくれればという希望を込めて、チームのメインメーリングリストに送られることになった。しばらくすると、メインメーリングリストでも同じことが起きた。このメーリングリストにも、アラートシステムからの自動メールがコンスタントに送られてくるようになったのである。そのうちに状況が悪くなって、新しいチームメーリングリストが作られることになった。そしてまた同じことが繰り返され、このチームはアラートメールが送られてくるメーリングリストを3個も抱えることになった。

この経験や同じようなほかの経験から、私はアラートをメールしたりチームにアラートを送ったりすることは避けるようにすべきだと思っている[†7]。そうではなくて、アラートは何らかの形のチケットシステムに送るべきだ。チケットシステムなら、アラートの処理を仕事とする特定の担当者が割り当てられる。ただし、オンコール担当者に現在発火中のすべてのアラートをまとめたメールを毎日送るのは効果的だ。

障害が起きたとき、アラートメールを見なかったのは全員の過失だが[†8]、それでも誰の責任にもならない。大切なのは、単なるログになってしまうメールを使うのではなく、オーナーを決めることである。

同じことがアラートを知らせるチャットメッセージ（IRC、Slack、Hipchatなどのメッセージ

†7 私は、アラートに限らず、プルリクエスト、バグ/イシュートラッカなどが自動生成したメールがチームメーリングリストに送られるのにも強く反対する。

†8 全員が無視した数千のスパムアラートのなかには、障害を予告するようなアラートがひとつ含まれていた。後悔先に立たず。しかし、数千もの無関係な通知を調べていなければ、そのメールには気付かなかっただろう。

ングシステムを使ったもの）にも当てはまる。オンコール呼び出しはまれなので、そのメッセージをチャットに重複して送るのは便利である。それ以外のメッセージを重複して送るのは、アラートメールと同じ問題を起こす。それどころか、チャットメッセージはメールとは異なり読まないメッセージのためのフォルダにフィルタリングできない分、気が散ってしまい、かえって質が悪い。

18.1.3 アノテーションとテンプレート

アラートラベルはアラートのアイデンティティを定義するので、評価サイクルによって異なる現在値などの情報を提供するためにラベルを使うことはできない。代わりに、ラベルと似ていて通知にも使える**アラートアノテーション**（alert annotation）というものが使える。しかし、アノテーションはアラートのアイデンティティの一部ではないので、Alertmanager内でのグルーピングやルーティングには使えない。

annotationsフィールドを使えば、問題の内容についての簡単な説明など、アラートについての付加情報を提供できる。さらに、annotationsフィールドの値は、Goのテンプレートシステムを使ってテンプレート化されている。そのため、クエリの値を読みやすく整形したり、追加のPromQLクエリでアラートにコンテキスト情報を追加したりできる。

Prometheusは、Alertmanagerにアラートの値を送ったりはしない。Prometheusはアラートルールで PromQLのフルパワーを使えるようにしているので、アラートの値が役に立つという保証はないし、意味があることさえ保証されない。ラベルは値ではなくアラートを定義する。そして、アラートはひとつの時系列データの単純なしきい値以上のものになり得る。

たとえば、動いているインスタンスが全体の何％かをアノテーションで示したいものとする。Goのテンプレートシステムで算術計算をするのは簡単ではないが、値はアラート式で準備できる†9。

```
groups:
 - name: node_rules
   rules:
    - alert: ManyInstancesDown
      for: 5m
      expr: avg without(instance)(up{job="node"}) * 100 < 50
      labels:
        severity: page
      annotations:
        summary: 'Only {{printf "%.2f" $value}}% of instances are up.'
```

†9　これよりも高度なものの場合は、左辺にテンプレートシステムで使う値、右辺をアラート式とするand演算子を使うことを考えるとよい。

ここで、$valueはアラートの値で、書式を整えるprintf関数[†10]に渡される。波かっこは、テンプレート式を表す。

$valueのほか、アラートのラベルを表す$labelsが使える。たとえば、$labels.jobはjobラベルの値を返す。

アノテーションテンプレート内のクエリは、query関数を使って評価できる。通常は、クエリの結果をrangeで処理するが、これはforループである。

```
- alert: ManyInstancesDown
  for: 5m
  expr: avg without(instance)(up{job="node"}) < 0.5
  labels:
    severity: page
  annotations:
    summary: 'More than half of instances are down.'
    description: >
      Down instances: {{ range query "up{job=\"node\"} == 0" }}
        {{ .Labels.instance }}
      {{ end }}
```

要素の値は.、つまり1個のドットに格納される。そのため、.Labelsは、インスタントベクトルの現在のサンプルのラベルであり、.Labels.instanceはそのサンプルのインスタンスラベルの値である。rangeループ内の.Valueには、サンプルの値が格納されている。

アラートルールによるアラートは、評価サイクルのたびに独立してテンプレートを評価する。数百ものアラートを生み出すルールにコストの高いテンプレートを使うと、パフォーマンス問題を起こす危険がある。

アノテーションでは、役に立つダッシュボードやドキュメントへのリンクのような静的な値も使える。

```
- alert: InstanceDown
  for: 5m
  expr: up{job="prometheus"} == 0
  labels:
    severity: page
  annotations:
    summary: 'Instance {{$labels.instance}} of {{$labels.job}} is down.'
    dashboard: http://some.grafana:3000/dashboard/db/prometheus
```

アラートですべてのデバッグ情報を提供しようとしても、処理が遅くなり、オンコール担当者を混乱させるだけである。しかも、単純な問題以外では役に立たない代物になってしまうだろう。アラートア

---

†10 printfという名前だが、出力を書き出すのではなく、戻り値として返すので、実際にはsprintfである。そのため、printfを使えば、query関数に渡されるクエリを組み立てることができる。

ノテーションと通知は、デバッグを始めるときに正しい方向を指し示す道標のようなものだと考えるべきだ。アラート通知の数行よりもダッシュボードの方がはるかに詳しく新しい情報を伝えられる。

テンプレートには、Alertmanagerで処理される通知テンプレート（「19.2.2.1　通知テンプレート」参照）というもうひとつの階層がある。何をどこに記入するかという点では、通知テンプレートは、記入が必要な空欄のあるメールのようなものだと考えるとよいだろう。Prometheusのアラートテンプレートは、それらの空欄の値を提供する。

たとえば、通知からリンクされているアラートのそれぞれに対して処理マニュアルを作った場合、マニュアルのウィキページにはアラートにちなんだ名前を付けるだろう。すべてのアラートに`wiki`アノテーションを追加してもよいが、すべてのアラートルールに同じアノテーションを追加していると感じるようなら、おそらくAlertmanagerの通知テンプレートを使うべきだ。Alertmanagerはすでにアラートの名前を知っているので、ウィキ名のデフォルトを`wiki.mycompany/Alertname`とすれば、アラートルールで設定を繰り返すことを避けられる。構成管理やモニタリングの多くのことに通じることだが、チームや会社全体で同じ約束事に従うようにすれば、仕事が楽になる。

アラートルールの`labels`も`annotations`と同じようにテンプレート化されているが、テンプレート機能が使われるのは高度なユースケースだけで、ほとんどの場合は単純で静的な値が使われている。`labels`でテンプレートを使うときには、評価サイクルごとにラベルの値が変わらないようにすることが大切だ。

18.1.4　優れたアラートとは何か

Nagiosスタイルのモニタリングでは、ロードアベレージやCPU使用率が高くなっているとか、プロセスが動作していないといった問題の兆候に対してアラートを発火させることが多い。これらはどれも問題を引き起こす**原因**になる可能性を秘めているが、かならずしもオンコール担当者を呼び出して急いで対処しなければならないほどの問題とは言えない。

システムが成長して複雑でダイナミックなものになると、問題を起こす危険性を持つあらゆる事象に対してアラートを発火させていたのでは、とても対応できなくなる。たとえなんとか対応できたとしても、偽陽性の数が多すぎてあなたとあなたのチームは燃え尽きてしまい、ノイズのなかに埋もれた本物の問題を見過ごしてしまうだろう。

目に見える**症状**に対してアラートを発火させるようにした方がアプローチとしてはよい。ロードアベレージが高くてもユーザは気にしないが、猫の動画がなかなかロードされなければ気にする。ユーザが感じるレイテンシやエラー[†11]などのメトリクスに基づいてアラートを発火させれば、問題の兆候を

†11　たとえば、社内サービスを実行しているような場合なども含まれるので、ユーザはあなたの会社の顧客であるとは限らない。

示しているかもしれないことではなく、本当に解決しなければならない問題があぶり出される。

たとえば、夜間のcronjobによってCPU使用率がスパイクを起こすかもしれないが、その時間帯のユーザは非常に少ないので、彼らに対するサービスの提供には何の問題もないだろう。一方、断続的なパケットロスは、直接アラートを送ろうとすると難しいが、レイテンシメトリクスによってかなりはっきりとわかる。ユーザとの間にSLA（サービスレベル契約）があれば、これらはアラートの基準として優れたメトリクスであり、しきい値を定めるためのよい出発点になる。クォータ（割り当て）やディスクスペースの使い切りといったリソース使用量の問題を把握するためのアラートやモニタリングが動作していることを保証するためのアラートもあるとよい。

理想とすべき目標は、オンコール担当者に対するすべての呼び出し、チケットとして登録されたすべてのアラートが、人間による知的な対処を必要とするものになることである。人間の知性がなくても解決できるアラートなら、真っ先に自動化の候補にすべきだ。自明ではないインシデントは、解決するために数時間かかることもあるので、1日に2件以上にならないようにしたい。チケットシステムに登録される緊急性の低いアラートについては、それほど厳格な方針を決める必要はないが、オンコール担当者への呼び出しよりも多過ぎるのは問題だろう。

「問題はなくなった」という内容の呼び出しがきたときには、そもそもアラートを発火させるべきでなかったということだ。アラートのしきい値を上げて発火しにくくするか、アラートを完全に削除することを検討した方がよい。

アラートやシステム管理の方法について深く知りたい場合には、Rob Ewaschukの“My Philsophy on Alerting”（http://bit.ly/2MClS1W）を読むことをお勧めする。Robは、『SRE サイトリライアビリティエンジニアリング』（オライリー、原書“Site Reliability Engineering” O'Reilly）の6章も書いており、ここにもシステム管理の方法についての全般的なアドバイスが含まれている。

18.2 Alertmanagerの設定

Prometheusとやり取りするAlertmanagerのリストは、8章で説明したサービスディスカバリの設定とまったく同じもので設定する。たとえば、1台のローカルのAlertmanagerを設定するには、次のようなprometheus.ymlを使う。

```
global:
  scrape_interval: 10s
  evaluation_interval: 10s
alerting:
  alertmanagers:
   - static_configs:
      - targets: ['localhost:9093']
rule_files:
 - rules.yml
scrape_configs:
```

```
  - job_name: node
    static_configs:
     - targets:
       - localhost:9100
  - job_name: prometheus
    static_configs:
     - targets:
       - localhost:9090
```

このなかのalertmanagersフィールドは、スクレイプ設定と同じように機能するが、job_nameはなく、アラートを送るAlertmanagerを探すときにはターゲットラベルの概念がないので、リラベルのラベル出力には何の効果もない。そこで、リラベルは一般にdrop、keepアクションだけで使われる。

「20.5.1 Alertmanagerのクラスタリング」で詳しく説明するように、複数のAlertmanagerとやり取りできる。Prometheusは、設定されたすべてのAlertmanagerにすべてのアラートを送る。

alertingフィールドには、alert_relabel_configsも含まれる。これは「8.2 リラベル」で説明したリラベルだが、アラートラベルに適用される。アラートラベルの修正だけでなく、アラートを捨てるためにも使える。たとえば、Prometheusの外には送られないinfoアラートを持ちたい場合、次のようにする。

```
alerting:
  alertmanagers:
   - static_configs:
      - targets: ['localhost:9093']
  alert_relabel_configs:
   - source_labels: [severity]
     regex: info
     action: drop
```

これを使えば、すべてのアラートにenv、regionラベルを追加して作業を楽にできるが、これらのラベルの追加には、external_labelsというもっとよい手段がある。

18.2.1 外部ラベル

外部ラベル（external label）とは、PrometheusがAlertmanager、フェデレーション、リモート読み出し、リモート書き込みなどの外部システムとやり取りするときにデフォルトで適用されるラベルだが[†12]、HTTPクエリAPIでは使われない。外部ラベルはPrometheusのアイデンティティであり、社内のすべてのPrometheusには、一意な外部ラベルを持たせるようにすべきである。external_labelsは、prometheus.ymlのglobalセクションに含まれる。

```
global:
  scrape_interval: 10s
```

† 12 「20.2 フェデレーションでグローバルへ」と「20.3 長期記憶ストレージ」で説明する。

```
    evaluation_interval: 10s
    external_labels:
      region: eu-west-1
      env: prod
      team: frontend
  alerting:
    alertmanagers:
     - static_configs:
        - targets: ['localhost:9093']
```

external_labelsには、regionなどのラベルを置くとよい。すると、スクレイプされるすべてのターゲットにラベルを追加したり、PromQLを書くときにラベルのことを考えたり、Prometheus内のすべてのアラートルールに追加したりしなくて済むようになる。時間と労力の節約になり、ひとつの環境やひとつの会社に縛られなくなるので、異なるPrometheusサーバの間でレコーディングルールやアラートルールを共有しやすくなる。ひとつのPrometheusのなかで外部ラベル候補の値が変わるようなら、それはおそらくターゲットラベルにすべきだ。

外部ラベルはアラートルールが評価されたあとで適用されるため[†13]、アラートテンプレートでは使えない。アラートは、自分がどのPrometheusサーバに評価されるかを考慮してはならないので、それでよい。Alertmanagerは、自分の通知テンプレートではほかのラベルと同じように外部ラベルにアクセスする。そのため、外部ラベルの操作には通知テンプレートが適している。

外部ラベルはデフォルトに過ぎない。時系列データにすでに同名のラベルがある場合には、外部ラベルは適用されない。そこで、ターゲットには、外部ラベルと同じ名前のラベルを持たせないようにすることをお勧めする。

これでPrometheusで役に立つアラートを評価、発火させる方法はわかった。次のステップは、Alertmanagerを設定してアラートを通知に変換することだ。これが次章のテーマとなる。

---

†13 alert_relabel_configsは、external_labelsのあとで処理される。

19章 Alertmanager

18章では、Prometheusでアラートルールをどのように定義するかを学んだ。アラートルールは、Alertmanagerにアラートを送り込む。Alertmanagerの仕事は、すべてのPrometheusサーバからすべてのアラートを取り込み、アラートをメール、チャットメッセージ、オンコール呼び出しなどの通知に変換することである。Alertmanagerの使い方の初歩は**2章**で簡単に説明したが、この章では、Alertmanagerを設定し、フルパワーを引き出す方法を学ぶ。

19.1 通知パイプライン

Alertmanagerは、ただ一対一でアラートを通知に変換する以上のことを行う。理想を言えば、ひとつの本番インシデントに対してひとつの通知が送られてくるようにしたい。Alertmanagerは、そこまでではないものの、通知に変換する過程でアラートをどのように処理するかを制御できるパイプラインを提供して、理想に近づく努力をしている。そして、Prometheus本体でラベルが中心的な役割を果たしているのと同じように、Alertmanagerでもラベルが重要な役割を担う。

抑止 (inhibition)

症状に基づくアラートを使っていても、もっと深刻なアラートが発火しているようなときには、アラートを通知に変換するのを止めたい場合がある。たとえば、サービスが実行されているデータセンタが障害を起こし、トラフィックも受け付けない状態になっているような場合である。これは**抑止**の役割である。

サイレンス (silencing)

問題があることをすでに知っている場合や、メンテナンスのためにサービスを落としている場合には、それについての情報を送ってオンコール担当者を呼び出しても無意味である。**サイレンス**を使えば、特定のアラートをしばらくの間無視できる。サイレンスはAlertmanagerのウェブインタフェイスを介して追加できる。

ルーティング（routing）

Alertmanagerはひとつの会社でひとつ実行するように作られているが、すべての通知を1か所に送れば済むわけではない。チームが異なれば異なる場所に通知を送りたいと思うだろう。それどころか、同じチームのなかでも、本番環境のアラートと開発環境のアラートは別々に処理したいはずだ。Alertmanagerは、**ルーティングツリー**を使って送り先（ルート：route）を設定できるようにしている。

グルーピング（grouping）

あなたのチームで処理しなければならない本番環境のアラートは、特定のルートに送られるようになった。しかし、同じラック[†1]のなかの1つひとつのマシンについて個別に通知が送られてきたのではスパムめいてしまう。そこで、Alertmanagerにアラートをグルーピングさせて、通信できないマシンについての通知をラックごとにひとつ、あるいはデータセンタごとにひとつ、さらにはグローバルにひとつだけに絞ることができる。

スロットリング（throttling）と再送（repetition）

複数のマシンがラックごとダウンしたために発火したアラートをひとつにまとめたが、通知送信後もラックのマシンに対するアラートが届いている。グループから新しいアラートが届くたびに新しい通知を送っていたのでは、グルーピングした意味がなくなってしまう。そこで、Alertmanagerは、同じグループのための通知をスロットリングする（絞り込む）ことができる。すべての通知がすぐに処理されれば理想的だが、実際には、オンコールやその他のシステムによって問題が漏れ落ちてしまうことがある。Alertmanagerは、通知が長い間ほったらかしにならないように、通知を再送できる。

通知（notification）

抑止、サイレンス、ルーティング、グルーピング、スロットリングの過程を経たアラートは、通知として**レシーバ**（receiver）を介して外部に送られる。通知はテンプレート化されており、内容をカスタマイズしたり、重要な細部を強調したりできる。

19.2 設定ファイル

今までに見てきた設定ファイルと同じように、AlertmanagerもYAMLファイルで設定される。このファイルには、alertmanager.ymlという名前を付けることが多い。Prometheusと同様に、設定ファイルはSIGHUPを送るか、/-/reloadエンドポイントにHTTP POSTを送ればリロードできる。amtool

†1 データセンタでは、マシンは一般にラックにまとめて並べられる。電源やネットワークスイッチはラックごとに設けられている。そのため、電源やスイッチの問題により、ラック全体がまとめてシステムから消えることがよくある。

check-configコマンドを使えば、実際に使う前に問題のある設定ファイルを見分けられる[†2]。

たとえば、ローカルのSMTPサーバを使ってすべてをひとつのメールアドレスに送る最小限の設定ファイルは、次のようなものになる。

```
global:
  smtp_smarthost: 'localhost:25'
  smtp_from: 'youraddress@example.org'

route:
  receiver: example-email

receivers:
 - name: example-email
   email_configs:
    - to: 'youraddress@example.org'
```

少なくともひとつのルートとひとつのレシーバが必須である。グローバルな設定にはさまざまなものがあるが、それらはほとんどさまざまなタイプのレシーバのデフォルトを提供しているだけである。ここでは、設定ファイルのほかの部分を説明していく。GitHubには、この章の例をひとつにまとめた完全なalertmanager.ymlがある（https://raw.githubusercontent.com/prometheus-up-and-running/examples/master/19/combined-alertmanager.yml）。

19.2.1 ルーティングツリー

routeフィールドは、トップレベルルートを指定する。トップレベルルートは、**フォールバック**（fallback）ルート、あるいは**デフォルト**（default）ルートとも呼ばれる。ルートはツリー（木）構造を形成しており、通常はその下に複数のルートを作ることができ、実際作ることになるだろう。routeフィールドは、たとえば次のような設定になる。

```
route:
  receiver: fallback-pager
  routes:
   - match:
       severity: page
     receiver: team-pager
   - match:
       severity: ticket
     receiver: team-ticket
```

アラートが届くと、Alertmanagerはデフォルトルートからスタートし、最初の**子ルート**（child route）とのマッチを試みる。子ルートは、（おそらく空の）routesフィールドのなかで定義される。アラートにseverity="page"というラベルがあれば、アラートはこのルートにマッチし、そこでマッチン

†2　amtoolはアラートのクエリ、サイレンスの操作にも使える。

グは終わる。それはこのルートにさらに考慮すべき子がないからである。

アラートにseverity="page"ラベルがなければ、デフォルトルートの次の子ルートがチェックされる。この場合は、severity="ticket"ラベルである。アラートがこの子ルートにマッチすれば、やはりマッチングは終わる。まだマッチングしない場合、すべての子ルートがマッチしなかったということであり、マッチングは木構造の上位に戻り、デフォルトルートにマッチする。これは木構造の**帰りがけ順走査**（post-order transversal）と呼ばれるもので、親よりも先に子がチェックされ、最初にマッチしたものが勝つ。

matchフィールドのほかに、ラベルが正規表現にマッチするかどうかをチェックするmatch_reフィールドもある。ほかのほぼ[†3]すべての部分と同様に、正規表現は完全にアンカリングされているものとして扱われる。正規表現については、**8章**のコラム「正規表現」で詳しく説明している。

同じ目的のために少しずつ異なる複数のラベル値が使われているときにはmatch_reを使えばよい。たとえば、同じ目的のためにticketを使っているチームとissueを使っているチームがあり、さらに通知の送り先としてメールは不適切だということをまだ理解できていなくてemailを使っているチームもある場合だ。そのような場合には、次のようにする。

```
route:
  receiver: fallback-pager
  routes:
   - match:
       severity: page
     receiver: team-pager
   - match_re:
       severity: (ticket|issue|email)
     receiver: team-ticket
```

matchとmatch_reは同じルートのなかで併用でき、アラートはすべてのマッチ条件を満たさなければならない。

すべてのアラートは何らかのルートにマッチしなければならず、トップレベルルートは最後にチェックされるルートになるので、トップレベルルートは、すべてのアラートがマッチするフォールバックルートとして機能する。そのため、デフォルトルートでmatchやmatch_reを使ってはならない。

Alertmanagerを使っているチームがひとつだけということはまずないだろう。そして、チームが異なれば、それぞれ別のルートにアラートを送りたいと思うはずだ。そこで、アラートのオーナーを区別するために、会社全体でteamとかserviceといった標準ラベルを設けているのではないだろうか。こ

†3 アラート、通知テンプレートのreReplaceAll関数は、アンカリングされていないが、それはアンカリングされていたら目的を達することができないからである。

のラベルは通常external_labelsで指定されるが、いつもそうだとは限らない(「18.2.1 外部ラベル」参照)。この種のラベルを使えば、チームごとにroutesフィールドを設け、その下にそれぞれのルートを設定できる。

```
route:
  receiver: fallback-pager
  routes:
   # フロントエンドチーム
   - match:
       team: frontend
     receiver: frontend-pager
     routes:
      - match:
          severity: page
        receiver: frontend-pager
      - match:
          severity: ticket
        receiver: frontend-ticket
   # バックエンドチーム
   - match:
       team: backend
     receiver: backend-pager
     routes:
      - match:
          severity: page
          env: dev
        receiver: backend-ticket
      - match:
          severity: page
        receiver: backend-pager
      - match:
          severity: ticket
        receiver: backend-ticket
```

フロントエンド(frontend)チームは、pageがオンコール呼び出し、ticketがチケットシステム、それ以外の想定外のseverity値がオンコール呼び出しという単純な設定を使っている。

それに対し、バックエンド(backend)チームは設定を少しカスタマイズしている。開発環境からのpageはbackend-ticketに送られるが、これはオンコール呼び出しではなくただのチケットに格下げになっているということだ[†4]。このように、Alertmanagerでは、異なる環境からのアラートを別々のルートに送ることができ、環境ごとにアラートルールをカスタマイズしなくても済むようになっている。このアプローチのおかげで、ほとんどの場合は、external_labelsを操作するだけで対応できる。

† 4 レシーバの名前は慣習に過ぎないが、backend-ticketレシーバがチケットを作らないような設定をすれば、誤解を招くだろう。

既存のルーティングツリー、特に標準的な構造に従っていないものを理解するのは少し大変である。Prometheusのサイトには、木構造を図示し、アラートがたどるルートを示すことができるビジュアルルーティングツリーエディタ(https://prometheus.io/webtools/alerting/routing-tree-editor/)がある。

この種の設定はチーム数が増えると大きくなるので、小さなファイルに収められたルーティングツリーの断片をひとつにまとめるユーティリティがほしくなるところだ。YAMLはすぐに使えるアンマーシャラ(unmarshaller)とマーシャラ(marshaller)を備えた標準形式なので、このようなユーティリティは簡単に書ける。

ルーティングに関しては、continueという設定についても触れておかなければならない。通常は最初にマッチしたルートがそのまま使われるが、continue: trueが指定されている場合には、マッチしてもルートの探索は終了しない。マッチしたcontinueルートにはマッチした上で、ルートをさらに探し続ける。こうすると、ひとつのアラートで複数のルートに通知を送れる。continueは、主としてほかのシステムですべてのアラートをロギングするために使われる。

```
route:
  receiver: fallback-pager
  routes:
   # すべてのアラートのログを取る
   - receiver: log-alerts
     continue: true
   # フロントエンドチーム
   - match:
       team: frontend
     receiver: frontend-pager
```

ルートが決まったアラートと同じルートにマッチしたその他すべてのアラートには、そのルートのグルーピング、スロットリング、再送、レシーバが適用される。親ルートのすべての設定は、continueを除き、デフォルトとして子ルートに継承される。

19.2.1.1 グルーピング

アラートはルートに到達した。デフォルトでは、Alertmanagerはひとつのルートに送られたすべてのアラートをひとつのグループにまとめる。つまり、ひとつの大きな通知が送られるということである。それでよい場合もあるが、通常なら通知はもっと食べやすいサイズに縮小したいところだ。

group_byフィールドを指定すれば、ラベルのリストによってアラートをグルーピングできる。これは、アグリゲータのby句と同じように機能する(「14.1.2 by」参照)。一般に、アラートはアラート名、環境、場所などでグルーピングしたいところだ。

本番環境の問題が開発環境の問題と関係していることはまずないだろうし、異なるデータセンタの問題が関係しているかどうかはアラート次第で異なる。「18.1.4 優れたアラートとは何か」に従い、原因ではなく症状によってアラートを送っている場合、異なるアラートは異なるインシデントを示している可能性が高い[†5]。

実際にこれを使うと、設定は次のようなものになる。

```
route:
  receiver: fallback-pager
  group_by: [team]
  routes:
   # フロントエンドチーム
   - match:
       team: frontend
     group_by: [region, env]
     receiver: frontend-pager
     routes:
      - match:
          severity: page
        receiver: frontend-pager
      - match:
          severity: ticket
        group_by: [region, env, alertname]
        receiver: frontend-ticket
```

この設定では、デフォルトルートがteamラベルでアラートをグルーピングするので、routesフィールドを持たないチームも別々に扱うことができる。フロントエンドチームは、region、envラベルでアラートをグルーピングすることを選んでいる。このgroup_byは子ルートに継承されるので、子ルートのチケット、オンコール呼び出しも、region、envによってグルーピングされる。

一般にinstanceラベルによるグルーピングはあまりよくないものとされているが、それはアプリケーション全体に影響を及ぼす問題があるときにスパム化してしまうからである。しかし、チケットを作って人間のオペレータに調査させるために、落ちているマシンのアラートを送る場合、調査のワークフロー次第では、instanceでグルーピングするのがよい場合もある。

Alertmanagerでは、group_byですべてのラベルをリストアップする以外にグルーピングを無効にすることはできない。グルーピングは、通知をスパム化しにくくし、焦点を絞り込んだインシデント対応を可能にするのでよいことである。百回ものオンコール呼び出しよりも数回のオンコール呼び出しの方が、新しいインシデントについての通知を見落とす危険性はずっと低い[†6]。
あなたの組織がすでにAlertmanagerの役割を果たすものを使っていてグルーピングを無効にしたい場合には、Alertmanagerを使わず、代わりにPrometheusから送られるアラートを直接操作した方がよい。

†5 一方、REDメソッドに従った場合、高いエラー率と高いレイテンシがいっしょに発生することがある。しかし、実際には片方がもう片方よりもずっと前に発生するのが普通で、問題を緩和したり、感じないようにしたりするための時間は十分にある。

†6 百回のオンコール呼び出しは、かなりのボリュームである。

19.2.1.2 スロットリングと再送

グルーピング後のグループに通知を送るとき、発火したアラートの種類が変わるたびに新しい通知を送るようなことをすればスパム化してしまうので、それは避けたいところだろう。かと言って、新たなアラートが発火してから何時間もたって初めてそのことを知るというのも困る。

Alertmanagerがグルーピング後の通知をどのように絞り込むかは、group_waitとgroup_intervalのふたつの設定で加減できる。

それまでアラートのなかったグループで新しいアラートが次々に発生し始めると、それら新しいアラートは完全に同時に発火することはまずない。スクレイプはスクレイプインターバル全体に分散して行われるため、たとえばマシンラック全体が落ちたときには、マシンによって落ちたという通知が送られてくるスクレイプインターバルがずれることがある。そのような場合、最初の通知を少し遅らせて、まだほかにアラートが発火しないかどうかをチェックした方がよい。group_waitはまさにそれを行う。デフォルトでは、Alertmanagerは、最初の通知を送る前に30秒待つ。それではインシデント対応が遅れるのではないかと思われるかもしれないが、その30秒が重要な意味を持つなら、人間に対処させるのではなく、自動的に対処できるようにすることを検討すべきだ。

グループのための最初の通知が送られたあと、そのグループで対処すべき別のアラートが新たに発火し始めることがある。Alertmanagerは、これら新しいアラートのための新たな通知をいつ送るべきだろうか。このタイミングを決めるのがgroup_intervalで、デフォルトでは5分となっている。最初の通知のあとに新たに発火したアラートがあれば、グループインターバルが経過するごとに新しい通知が送られる。グループ内で新たなアラートが発火しなければ、新たな通知が送られることはない。

グループ全体でアラートの発火が止まり、1インターバルが経過すると、状態はリセットされ、再びgroup_waitが適用される。スロットリングはグループごとに独立しているので、regionでグルーピングしている場合、あるリージョンでアラートが発火しても、ほかのリージョンでアラートが新たに発火したときに待つのはgroup_intervalではなく、group_waitだけである。

異なるタイミングで4つのアラートが発火したときの例を見てみよう。

```
t=  0  アラートの発火{x="foo"}
t= 25  アラートの発火{x="bar"}
t= 30  {x="foo"}と{x="bar"}の通知
t=120  アラートの発火{x="baz"}
t=330  {x="foo"}と{x="bar"}、{x="baz"}の通知
t=400  アラートの解決{x="foo"}
t=700  アラートの発火{x="quu"}
t=930  {x="bar"}と{x="baz"}、{x="quu"}の通知
```

最初のアラートが発生すると、group_waitのカウントダウンが始まり、待機中に第2のアラートが届く。30秒後に送られる通知には、fooとbarの両アラートが含まれる。すると今度はgroup_intervalのカウントダウンが始まる。最初のインターバルにbazの新しいアラートが発火したため、最

初の通知から300秒（1グループインターバル）後、現在発火中の3つのアラートを含む第2の通知が送られる。次のグループインターバルでは、1個のアラートが解決するが、新しいアラートはないので、t=630では通知はない。その後、quuで第4のアラートが発火したので、次のグループインターバルが経過すると、その時点で発火中の3つのアラートを含む第3の通知が送られる。

ひとつのグループインターバルのなかでアラートが発火、解決、再発火した場合、アラートは発火したままだったかのように扱われる。同様に、ひとつのグループインターバルのなかでアラートが解決、発火、再解決した場合も、アラートは発火しなかったかのように扱われる。これは実践上気にすべきことではない。

人間、機械はともに完全に信頼できるものではない。オンコール担当者に呼び出しをかけ、確認が取れた場合でも、もっと切迫したインシデントが起きれば、そのアラートのことを忘れるかもしれない。チケットシステムの場合でも、ある問題を解決済みとしてクローズしても、アラートがまだ発火するようなら再オープンすることになる。

このようなときには、デフォルトで4時間のrepeat_intervalが役に立つ。発火しているアラートを抱えるグループに通知を送ってから再送インターバルが経過すると、新しい通知が送られる。グループインターバルの経過によって通知が送られると、それによって再送インターバルのタイマがリセットされるという形である。group_intervalよりも短いrepeat_intervalは無意味だ。

通知が送られてくる頻度が高すぎるときには、repeat_intervalではなく、group_intervalを操作すべきだ。おそらく原因は再送インターバル（通常長時間に設定される）が経過したからではなく、アラートがフラッピングしているからである。

これらの設定のデフォルトは、どれも一般に良識的なものだが、若干調整したい場合はあるだろう。たとえば、いかに複雑な障害でも、4時間以内にはコントロールできている場合が多い。そのため、それだけの時間がたってもアラートがまだ発火するようなら、オンコール担当者がアラートをサイレンスにするのを忘れたか、問題のことを忘れたのだろう。再送通知はスパム的にはならない。チケットシステムの場合、チケットを作って忘れていないか確認を促すのは1日に1回で十分なので、group_intervalとrepeat_intervalをともに1日にしてよい。Alertmanagerは通知に失敗すると数回再試行するので、それだけを理由にrepeat_intervalを短縮する必要はない。しかし、状況によっては、オンコール呼び出しの回数を減らすためにgroup_waitとgroup_intervalを増やした方がよい場合がある。

これらの設定はすべてルートごとに変えられ、デフォルトとして子ルートに継承される。これらを使った設定例を示そう。

```
route:
  receiver: fallback-pager
  group_by: [team]
  routes:
   # フロントエンドチーム
   - match:
       team: frontend
     group_by: [region, env]
     group_interval: 10m
     receiver: frontend-pager
     routes:
      - match:
          severity: page
        receiver: frontend-pager
        group_wait: 1m
      - match:
          severity: ticket
        receiver: frontend-ticket
        group_by: [region, env, alertname]
        group_interval: 1d
        repeat_interval: 1d
```

19.2.2 レシーバ

レシーバは、グルーピングされたアラートから通知を作成する。レシーバにはNotifier（通知器）が含まれており、これが実際の通知を行う。Alertmanager0.15.0の段階では、サポートされているNotifierは、メール、HiChat、PagerDuty、Pushover、Slack、OpsGenie、VictorOps、WeChat、webhookである[†7]。サービスディスカバリの汎用的なメカニズムとしてファイルSDがあるのと同じように、デフォルトでサポートされていないシステムに通知を送れるようにするためのNotifierとしてwebhookが用意されている。

スクレイプ設定でのレシーバのレイアウトは、サービスディスカバリのレイアウトとよく似ている。すべてのレシーバは一意な名前を持たなければならない。そして、任意の数のNotifierを持つことができる。もっとも単純な場合には、レシーバのNotifierはひとつだけとなる。

```
receivers:
 - name: fallback-pager
   pagerduty_configs:
    - service_key: XXXXXXXX
```

PagerDutyは、サービスキーを指定するだけで動作するので、Notifierのなかでも比較的単純な方である。すべてのNotifierには、通知をどこに送るかを指示する必要がある。送り先は、チャットチャンネル、メールアドレス、その他システムが使っている識別子である。ほとんどのNotifierは商用

†7　監訳注：2019年2月時点で最新のv0.16.1でも変更はない。

SaaSを対象としているので、それぞれのUIとドキュメントに基づき、個々のユーザに固有なさまざまなキー、識別子、URL、トークンなどを入手し、通知をどこに送るのかを指定しなければならない。NotifierとSaaS UIは絶えず変化しているので、ここではそれらを完全に説明するつもりはない。

ひとつのレシーバに複数の通知を送らせる場合もある。たとえば、frontend-pagerレシーバにPagerDutyサービスとSlackチャンネルに通知を送らせるような場合である[†8]。

```
receivers:
 - name: frontend-pager
   pagerduty_configs:
    - service_key: XXXXXXXX
   slack_configs:
    - api_url: https://hooks.slack.com/services/XXXXXXXX
      channel: '#pages'
```

一部のNotifierは、使うときにかならず同じにしなければならない設定を持っている。たとえば、VictorOpsのAPIキーがそうだ。個々のレシーバでそれらを指定してもかまわないが、Alertmanagerにはこのような設定のためのglobalセクションがある。そこで、VictorOpsの場合、Notifier自体ではルーティングキーだけを指定すればよい。

```
global:
  victorops_api_key: XXXX-XXXX-XXXX-XXXX-XXXXXXXXXXXX

receivers:
 - name: backend-pager
   victorops_configs:
    - routing_key: a_route_name
```

victorops_configsなどの個々のフィールドはリストなので、複数のHipChatルームのように、同じタイプの複数の異なるNotifierにまとめて通知を送ることができる[†9]。

```
global:
  opsgenie_api_key: XXXXXXXX
  hipchat_auth_token: XXXXXXXX

receivers:
 - name: backend-pager
   opsgenie_configs:
    - teams: backendTeam   # カンマ区切りのリスト
   hipchat_configs:
    - room_id: XXX
    - room_id: YYY
```

†8 PagerDutyにはSlack連携機能もあり、Slackから直接アラートの受信確認（acknowledgement）が行える。この種の連携は便利であり、Alertmanager以外のソースからPagerDutyに送られるオンコール呼び出しにも対応できる。

†9 continueよりも堅牢であり、複数のルートの同期を取る必要がないので、continueではなくこちらを使った方がよい。

レシーバを一切指定しなくてもよい。そうすると、通知は送られない。

```
receivers:
 - name: null
```

可能であれば、アラートを捨てるだけのためにAlertmanagerのリソースを使うよりも、最初からAlertmanagerにアラートを送らないようにした方がよい。

webhook Notifierは、すでにセットアップできている場合を含め、既存のオンコール呼び出し、メッセージングシステムに直接通知を送るわけではないところがほかのNotifierとは異なる。代わりに、Alertmanagerがアラートグループについて持っているすべての情報をJSON HTTPメッセージという形で送り、その処理を受信側に委ねる。これを使えば、アラートをログとして記録したり、何らかの自動処理を行ったり、Alertmanagerが直接サポートしていないシステムを介して通知を送ったりできる。webhook NotifierからのHTTP POSTを受け付けるHTTPエンドポイントを**webhookレシーバ**(webhook receiver)と呼ぶ。

コードを実行するためにwebhookを大々的に使いたい気持ちになるかもしれないが、制御ループはできる限り小さく保つ方がよい。たとえば、exporterからPrometheus、Alertmanager、webhookレシーバの順でスタックしたプロセスを再起動するよりも、全体を1台のマシンの範囲内に収め、SupervisordやMonitといったスーパーバイザを使う方がよい。この方が応答が早く、可動部品が少ないので一般により堅牢である。

webhook Notifierの設定は、ほかのNotifierの設定と似ているが、通知の送り先としてURLを受け付けるところが異なる。すべてのアラートのログを取るつもりなら、最初のルートでcontinueを使い、そのルートのレシーバとしてwebhookを指定すればよい。

```
route:
  receiver: fallback-pager
  routes:
   - receiver: log-alerts
     continue: true
   # ここにはその他のルーティング設定が入る

receivers:
 - name: log-alerts
   webhook_configs:
    - url: http://localhost:1234/log
```

例19-1のようなPython 3スクリプトを使えば、この種の通知を受け取り、なかのアラートを処理できる。

例19-1 Python 3で書いた単純なwebhookレシーバ

```
import json
from http.server import BaseHTTPRequestHandler
from http.server import HTTPServer

class LogHandler(BaseHTTPRequestHandler):
    def do_POST(self):
        self.send_response(200)
        self.end_headers()
        length = int(self.headers['Content-Length'])
        data = json.loads(self.rfile.read(length).decode('utf-8'))
        for alert in data["alerts"]:
            print(alert)

if __name__ == '__main__':
   httpd = HTTPServer(('', 1234), LogHandler)
   httpd.serve_forever()
```

すべてのHTTPベースのレシーバは、`http_config`というフィールドを持っており、「8.3　スクレイプの方法」で説明した`scrape_configs`の設定と同様に、`proxy_url`、HTTPベーシック認証、TLS設定、その他のHTTP関連の設定をできる。

19.2.2.1　通知テンプレート

さまざまなNotifierから送られてくるメッセージのレイアウトは、最初のうちは使える感じがするものの、システムが成熟してくると、おそらくカスタマイズしたいと思うようになるだろう。webhookを除くすべてのNotifier[†10]は、「18.1.3　アノテーションとテンプレート」のアラートルールで使っていたのと同じGoテンプレート（https://golang.org/pkg/text/template/）を使ったテンプレート化を認めている。しかし、ひとつのアラートではなく、アラートのグループを操作することになるので、使えるデータと関数にはわずかな違いがある。

たとえば、Slack通知では、`region`、`env`ラベルをテンプレート化したいところだろう。

```
receivers:
 - name: frontend-pager
   slack_configs:
    - api_url: https://hooks.slack.com/services/XXXXXXXX
      channel: '#pages'
      title: 'Alerts in {{ .GroupLabels.region }} {{ .GroupLabels.env }}!'
```

この設定からは、**図19-1**のような通知が生成される。

† 10　webhookの場合、webhookレシーバは送られてきたJSONメッセージを処理するように作られているため、メッセージのテンプレート化は不要である。それどころか、通知テンプレートが裏で使っているデータ構造は、実際にはJSON形式である。

図19-1 リージョンと環境が表示されているSlackメッセージ

GroupLabelsは、テンプレートでアクセスできるトップレベルフィールドのひとつだが、トップレベルフィールドにはほかのものもある。

GroupLabels

GroupLabelsは、通知のグループラベルであり、このグループを形成したルートのgroup_byに含まれるすべてのラベルである。

CommonLabels

CommonLabelsは、通知に含まれるすべてのアラートに共通するすべてのラベルである。GroupLabelsのすべてのラベルのほか、たまたま共通になっているラベルが含まれる。アラートの偶発的な類似性を活用したいときに役立つ。たとえば、リージョンとエラーを起こしたマシンのラックでグルーピングをしている場合、すべてのダウンインスタンスのアラートには、CommonLabelsでアクセスできる共通のrackラベルがあるだろう。しかし、ほかのラックのマシンが1台落ちたときには、CommonLabelsに同じrackラベルはないはずだ。

CommonAnnotations

CommonAnnotationsはCommonLabelsと似ているが、対象がアノテーションだというところが異なる。これが役に立つときは非常に限られている。アノテーションはテンプレート化されていることが多く、そうすると、値が共通になることはまずない。しかし、アノテーションとして単純な文字列を使っている場合には、ここに含まれる場合がある。

ExternalURL

ExternalURLは、このAlertmanagerの**外部URL**（external URL）を格納しており、これを使えば、サイレンスを作るためにこのAlertmanagerに簡単にアクセスできるようになる。また、Alertmanagerをクラスタリングしている場合には、どのAlertmanagerが通知を送ってきたかを調べるために使うこともできる。外部URLについては、「20.4.3　ネットワークと認証」で詳しく説明する。

Status

通知内に少なくともひとつ発火しているアラートがあれば、Statusはfiringになる。すべてのアラートが解決済みなら、resolvedになる。解決の通知については、「19.2.2.2　解決の通知」で説明する。

Receiver

レシーバの名前。先ほどの例では、`frontend-pager`がこれに当たる。

GroupKey

グループの一意な識別子となっている意味不明な文字列。人間にとっては使いようがないが、チケット、オンコール呼び出しシステムにとっては、グループ内の通知と過去の通知を結びつけるために役立つ。また、同じグループからすでにチケットがオープンされているのに、チケットシステムが新しいチケットをオープンするのを防ぐためにも役立つ。

Alerts

`Alerts`は通知に含まれるすべてのアラートのリストであり、通知のなかでもっとも重要な部分である。

`Alerts`リストの個々のアラートのなかにも、複数のフィールドがある。

Labels

名前の通り、アラートのラベルが含まれている。

Annotations

当然ながら、ここにはアラートのアノテーションが含まれている。

Status

アラートが発火していれば`firing`、そうでなければ`resolved`になる。

StartsAt

Goの`time.Time`オブジェクトの形式でアラートが発火した時刻を示している。Prometheusとアラートプロトコルの性質上、この値はかならずしもアラート条件が初めて満たされた時刻だとは限らない。実際にはあまり使えない。

EndsAt

アラートが発火状態でなくなる時刻、または発火状態でなくなった時刻である。発火しているアラートでは役に立たないが、解決したアラートがいつ解決したかはわかる。

GeneratorURL

Prometheusからのアラート[†11]の場合、Prometheusのウェブインタフェイス上のアラート

---

†11　ほかのシステムでは、アラートを生成するものに対するリンクである。

ルールへのリンクであり、デバッグで役に立つ。私にとってこのフィールドの本当の存在意義は、特定のソースからのアラートを破棄できるようにするというAlertmanagerが将来サポートする機能にある。たとえば、壊れたPrometheusがあり、そのPrometheusからAlertmanagerに対する不適切なアラートの送信を止められないときに、この機能が役に立つ。

テンプレートのなかでは、これらのフィールドを適宜使うことができる。たとえば、すべての通知にすべてのラベル、ウィキへのリンク、ダッシュボードへのリンクを組み込みたいものとする。

```
receivers:
 - name: frontend-pager
   slack_configs:
    - api_url: https://hooks.slack.com/services/XXXXXXXX
      channel: '#pages'
      title: 'Alerts in {{ .GroupLabels.region }} {{ .GroupLabels.env }}!'
      text: >
        {{ .Alerts | len }} alerts:
        {{ range .Alerts }}
        {{ range .Labels.SortedPairs }}{{ .Name }}={{ .Value }} {{ end }}
        {{ if eq .Annotations.wiki "" -}}
        Wiki: http://wiki.mycompany/{{ .Labels.alertname }}
        {{- else -}}
        Wiki: http://wiki.mycompany/{{ .Annotations.wiki }}
        {{- end }}
        {{ if ne .Annotations.dashboard "" -}}
        Dashboard: {{ .Annotations.dashboard }}&region={{ .Labels.region }}
        {{- end }}

        {{ end }}
```

数行ずつに分割して説明しよう。

```
{{ .Alerts | len }} alerts:
```

`.Alerts`はリストであり、Goテンプレート組み込みの`len`関数は、リスト内に何個のアラートがあるかを数える。Goテンプレートには算術演算子がないので、テンプレートでできる計算はほとんどこれに尽きる。そのため、数値を計算してきれいにレンダリングするためには、「18.1.3　アノテーションとテンプレート」で説明したPrometheusのアラートテンプレートを使わなければならない。

```
{{ range .Alerts }}
{{ range .Labels.SortedPairs }}{{ .Name }}={{ .Value }} {{ end }}
```

この部分は、アラートを反復処理し、各アラート内でソート済みラベルを反復処理する。

Goテンプレートの`range`は`.`をイテレータとして再利用しているため、もともとの`.`は、イテレーションのなかにいる間はシャドウイングされる（隠される）[†12]。ラベルのキーバリューペアはGoのいつもの

†12　この動作を回避するには、`{{ $dot := . }}`のような変数を設定してこの`$dot`にアクセスすればよい。

方法で反復処理できるが、順序はまちまちである。さまざまなラベル、アノテーションフィールドのSortedPairsメソッドを使えば、ラベル名でソートされ、反復処理に適したリストが返される

```
{{ if eq .Annotations.wiki "" -}}
Wiki: http://wiki.mycompany/{{ .Labels.alertname }}
{{- else -}}
Wiki: http://wiki.mycompany/{{ .Annotations.wiki }}
{{- end }}
```

空ラベルはラベルなしと同じなので、この部分はwikiアノテーションがあるかどうかをチェックしている。アノテーションがあれば、それをリンクするウィキページの名前として使い、そうでなければアラート名をウィキページの名前として使う。こうすれば、妥当なデフォルトを用意して、すべてのアラートルールにwikiアノテーションを追加しなくても済む一方で、一部のアラートでデフォルトを上書きしたいときにはwikiアノテーションでカスタマイズできる。{{-と-}}は、GOテンプレートに対し、波かっこの前後の空白文字を無視せよと指示する。こうすれば、出力に余分な空白を入れずに、テンプレートを複数行に分割して読みやすくできる。

```
{{ if ne .Annotations.dashboard "" -}}
Dashboard: {{ .Annotations.dashboard }}&region={{ .Labels.region }}
{{- end }}
```

dashboardアノテーションがある場合、それは通知に追加され、さらにURLパラメータとしてリージョンが追加される。この名前のGrafanaテンプレート変数があれば、その変数に正しい値を設定できる。「18.2.1　外部ラベル」で説明したように、アラートルールは外部ラベル（一般に、regionなどを格納する）にはアクセスできないので、アラートルールにアプリケーションがどのようにデプロイされるかを意識させずに通知にアーキテクチャの詳細情報を追加するためにこのような方法を使っている。

この設定からは、**図19-2**に示すような通知が作られる。チャット系のNotifierやオンコール呼び出しでは、コンピュータやスマホの画面がアラートの詳細を表示しきれず、何が起きているかについての基本事項が伝わりにくくなることを防ぐために、通知は簡潔にまとめた方がよい。このような通知では、通知自体に使えそうな情報をやみくもにダンプしようとせずに、詳細な情報がわかるダッシュボードや処理マニュアルを示してデバッグを始められるようにしよう。

テキストフィールドだけでなく、通知の送り先もテンプレート化できる。通常、各チームはルーティングツリーのなかに専用の部分を持ち、それに対応するレシーバを持つことになるだろう。ほかのチームがあなたのチームにアラートを送りたいときには、ルーティングツリーのあなたのチームの部分を使うようにラベルを設定する。サービスを提供する場合、特に相手が外部の顧客である場合には、アラートの送付先になる可能性のあるすべての場所のためにレシーバを定義しなければならないのでは、少し大変である[†13]。

†13　ラベル構造はたびたび変化するものではないので、Alertmanagerの設定が変わるのはまれなはずだが、アラートルールは細かく書き換えられることが多い。

図19-2　カスタマイズされたSlackメッセージ

PromQL、ラベル、通知送付先のテンプレート化の力を組み合わせると、メトリクスで顧客ごとのしきい値と通知送付先を定義して、Alertmanagerにその送付先に通知を送らせるようなことまでできる。そのための第1歩は、アラートに送付先のラベルを追加することである。

```
groups:
 - name: example
   rules:
    - record: latency_too_high_threshold
      expr: 0.5
      labels:
        email_to: foo@example.com
        owner: foo
    - record: latency_too_high_threshold
      expr: 0.7
      labels:
        email_to: bar@example.com
        owner: bar
    - alert: LatencyTooHigh
      expr: |
        # オーナーごとのしきい値で変わるアラート
          owner:latency:mean5m
        > on (owner) group_left(email_to)
          latency_too_high_threshold
```

この設定では、オーナーにはメトリクスに基づいて異なるしきい値が与えられている。このメトリクスはemail_toラベルも提供する。ルールファイルに自分のlatency_too_high_thresholdを追加できる内部ユーザならこの設定でよい。外部ユーザについては、データベースからしきい値と送付先を開示するexporterが必要になるだろう。

Alertmanagerでは、email_toラベルに基づいて通知の送付先を設定できる。

```
global:
  smtp_smarthost: 'localhost:25'
  smtp_from: 'youraddress@example.org'

route:
  group_by: [email_to, alertname]
  receiver: customer_email

receivers:
- name: customer_email
  email_configs:
   - to: '{{ .GroupLabels.email_to }}'
     headers:
      subject: 'Alert: {{ .GroupLabels.alertname }}'
```

送付先ごとに専用のアラートグループが必要なので、group_byには送付先を指定するためのemail_toラベルを含めなければならない。ほかのNotifierでも同じアプローチが使える。ラベルは誰からも見られるものなので、PrometheusやAlertmanagerにアクセスできる人なら誰でも送付先が見られることに注意していただきたい。送付先が機密情報になる可能性がある場合、これは問題である。

19.2.2.2　解決の通知

すべてのNotifierはsend_resolvedフィールドを持っており、デフォルト値はまちまちである。このフィールドがtrueになっている場合、アラートが発火したときに通知が送られてくるだけでなく、アラートが発火状態でなくなり解決したという通知も送られてくるようになる。具体的には、PrometheusがAlertmanagerにアラートが解決したことを知らせると[†14]、send_resolvedが有効になっているNotifierは、次の通知にこのアラートを含める。ほかに発火しているアラートがなければ、アラートの解決だけを知らせる通知を送る。

アラートが解決したことがわかればとても便利な感じがするだろうが、アラートが発火状態でなくなったからといって、もともとの問題が解決されたとは限らないので、この機能を使うときには十分な注意が必要だと言っておきたい。「18.1.4　優れたアラートとは何か」で触れたように、「問題はなくなった」というアラートが送られてくるということは、そもそもそんなアラートを発火させるべきではなかったことを示す兆候かもしれない。解決の通知が送られて来るということは、状況の改善を示している場合もあるが、オンコール担当者としては、それでもなお問題を掘り下げ、もう解決されて再発しないことを確認しなければならない。アラートが発火状態でなくなったからといってインシデントの処理を止めてしまうのでは、ただ「インシデントは消えた」と言っているのと同じである。しかし、Alertmanagerはインシデントではなくアラートを処理しているので、アラートが発火状態でなくなったからと言ってインシデントが解決したと考えるのはまずい。

---

†14　解決のアラートには、最後に発火状態だったときのアノテーションが含められる。

たとえば、マシンがダウンしたというアラートが解決したのは、Prometheusを実行しているマシンが落ちただけかもしれない。そのため、障害の状態は悪化しているのに、それについてのアラートはもう届かなくなっているのである[†15]。

アラート解決の通知には、スパムになるかもしれないという問題もある。メールやSlackのNotifierで解決通知を有効にすると、メッセージ量が倍になり、SN比（信号対雑音比）が半分になる。**18章**のコラム「アラートはオーナーを必要とする」でも述べたように、メールによる通知にはそもそも問題があるのに、ノイズが増えたのでは、さらに問題に拍車をかけることになる。

send_resolvedを有効にしたNotifierがあるということは、通知テンプレートの.Alertsには、発火と解決の両方のアラートが混在している場合があるということである。アラートのStatusフィールドを使って自分でアラートをフィルタリングしてもよいが、.Alert.Firingを使えば発火しているアラートだけのリスト、.Alert.Resolvedを使えば解決済みアラートだけのリストが得られる。

19.2.3 抑止

抑止とは、ほかのアラートが発火しているときに一部のアラートを発火していないものとして扱えるようにする機能である。たとえば、あるデータセンタ全体が問題を抱えていたとしても、ユーザトラフィックが別のデータセンタに流れているなら、そのデータセンタについてのアラートを送ってもあまり意味はない。

現在のところ[†16]、抑止はalertmanager.ymlのトップレベルで定義されている。検索するアラート、止めるアラート、アラートを止めるために両者の間で一致しなければならないラベルを指定しなければならない。

```
inhibit_rules:
 - source_match:
     severity: 'page-regionfail'
   target_match:
     severity: 'page'
   equal: ['region']
```

この設定では、severityラベルがpage-regionfailのアラートが発火しているときには、regionラベルが同じでseverityラベルがpageのアラートを止める[†17]。

---

†15　このような状況を検出するためのアラートの方法は、「20.5.2　メタモニタリングとクロスモニタリング」で説明するが、ここで強調しておきたいのは、アラートが発火し始めたら、かならず調査するという体制を作らなければならないということである。

†16　将来のいつかの時点で抑止の定義はルートレベルに移されるかもしれない（グローバル設定にしておくと、抑止によって当初の意図以上にアラートが止められてしまう危険性があるので）。（監訳注：2019年2月時点で最新のv0.16.1でもトップレベルで定義されている。）

†17　ルート内でmatch_reを使えば、ひとつのルートですべてのオンコール呼び出しを処理しながら、このような細かいseverityを設けることが容易になる。ソースアラートが通知を目的としたものでなければ、「19.2.2　レシーバ」で説明したnullレシーバが役に立つ。

source_matchとtarget_matchに重なり合う部分があると、わかりにくく、メンテナンスしにくくなるので、そのようなことは避けるべきだ。severityラベルの値を変えれば、重なり合いを防ぐための手段になる。重なり合いがあるときには、source_matchにマッチするアラートは止まらない。

この機能を使うのは控え目にすることをお勧めする。症状ベースのアラートを設計すれば（「18.1.4 優れたアラートとは何か」参照）、アラート間に依存関係を持ち込む必要はあまりなくなるはずだ。抑止ルールは、データセンタの障害などの大規模な問題だけで使うようにすべきである。

19.3　Alertmanagerのウェブインタフェイス

「2.4　アラート」で説明したように、Alertmanagerは、現在発火しているアラートを表示したり、それをグルーピング、フィルタリングしたりできるようになっている。**図19-3**は、alertnameで分類された複数のアラートを表示しているAlertmanagerの画面を示している。alertname以外のラベルもすべて表示されている。

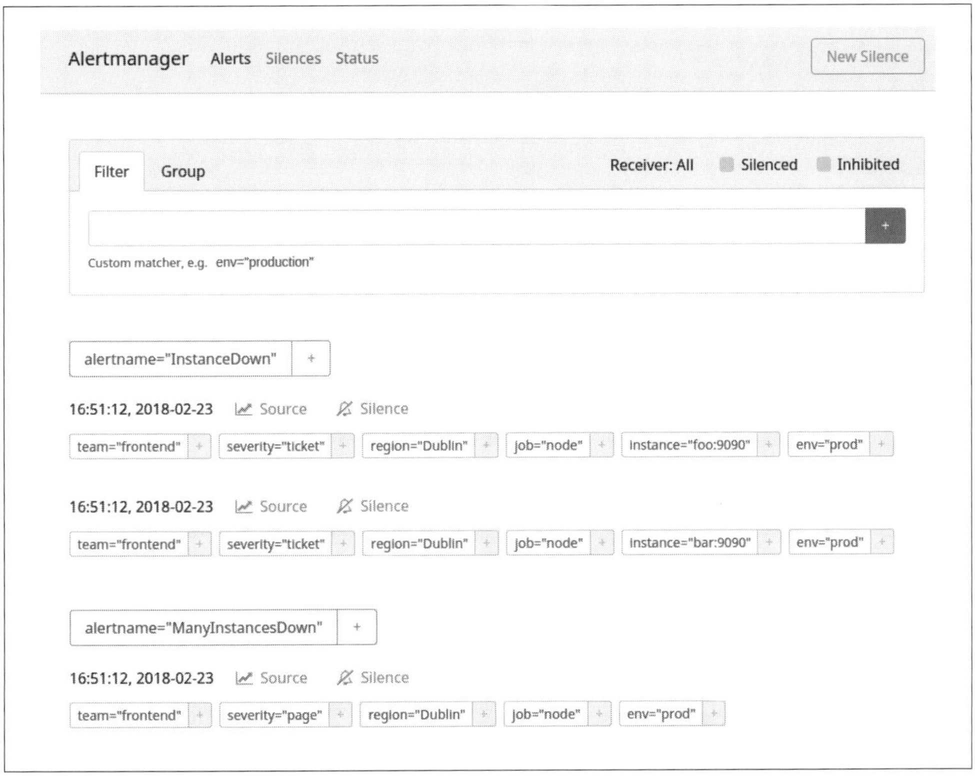

図19-3　Alertmanagerのステータスページに表示されたアラート

ステータスページのNew Silenceをクリックすると、新しいサイレンスをゼロから作ることができる。また、Silenceリンクをクリックすれば、アラートのラベルを使ってフィールドをあらかじめ埋めておいたフォームを作り、それをもとにしてサイレンスの条件を指定できる。既存のアラートを操作するときには、一般にそのひとつのアラート以上のものに対応できるように一部のラベルを取り除くことになるだろう。サイレンスを探しやすくするために、自分の名前とサイレンスについてのコメントも入力しなければならない。最後に**図19-4**のようにサイレンスをプレビューして、範囲が広くなり過ぎていないことを確認してからサイレンスを作る。

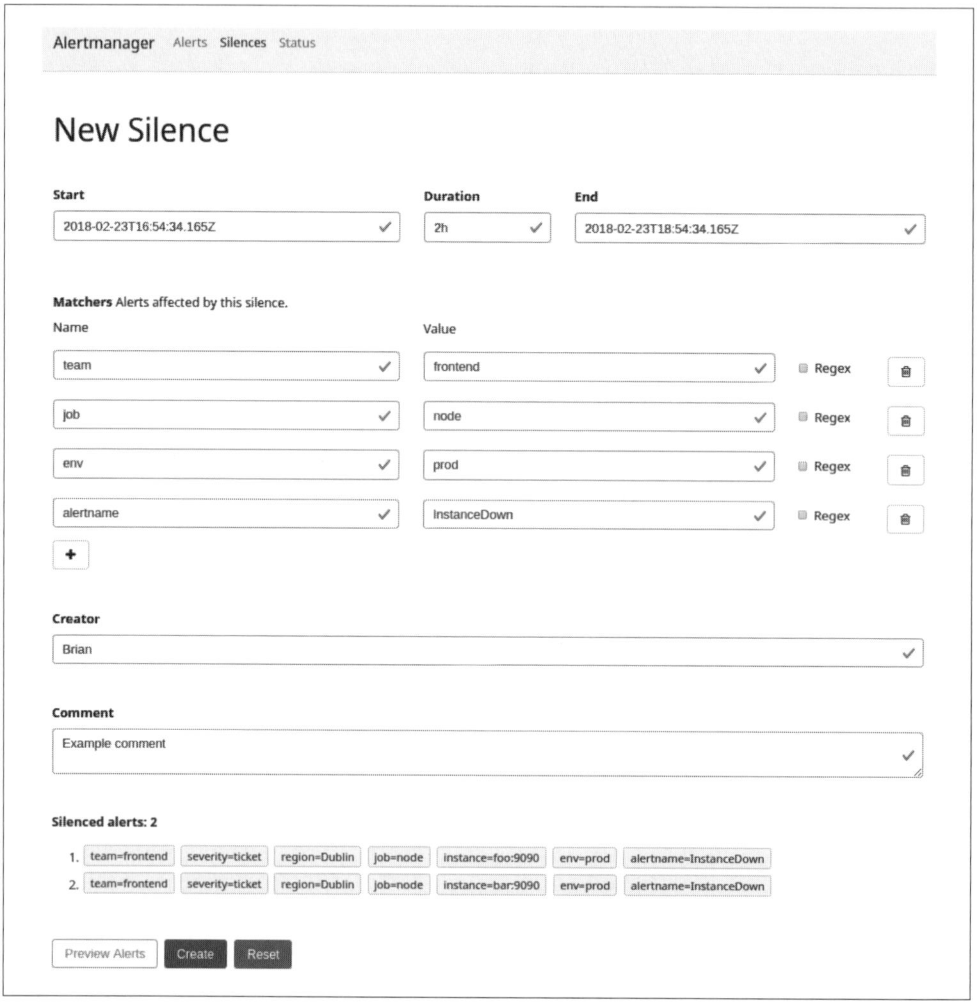

図19-4　作成前のサイレンスのプレビュー

Silencesページに行くと、現在有効になっているサイレンス、まだ適用されていないサイレンス、無効になったサイレンスが表示される（**図19-5**参照）。このページでは、もう使わないサイレンスを無効にしたり、無効になったサイレンスを復活させたりできる。

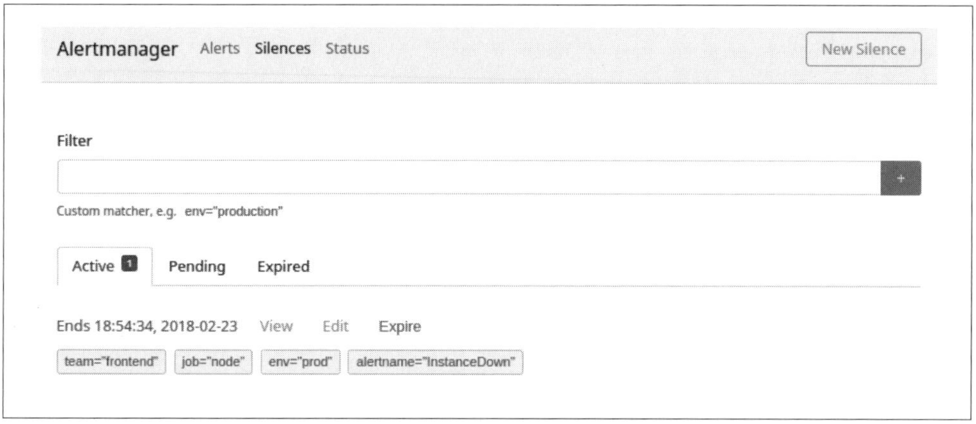

図19-5　アクティブなサイレンスを表示しているAlertmanagerのSilencesページ

サイレンスは、通知対象として考慮すべきアラートから指定したラベルのアラートを外す。たとえば、メンテナンスが行われることがわかっており、無駄にオンコール呼び出しをしたくないときなどには、前もってサイレンスを作っておくとよい。また、オンコールを担当しているときに、すでに把握しているアラートで調査が邪魔されるのを防ぐために、サイレンスを使ってそれらをしばらく止めておくこともできる。サイレンスは、目覚まし時計のスヌーズボタンのようなものだと考えることができるだろう。

毎日決められた時間にアラートを止めたいときには、サイレンスを使うのではなく、「18.1　アラートルール」で説明したように、アラートにhour関数の戻り値に基づく条件を追加するようにすべきである。

これでPrometheusの重要な構成要素はすべて網羅した。次は、これらの構成要素がどのように組み合わさるかを広い視野で見てみよう。次章では、Prometheusをデプロイするためのプランの立て方を学ぶ。

第Ⅵ部
デプロイ

自分のマシンでPrometheusをいじってみるのと稼働している本番システムにPrometheusをデプロイするのはまったく別のことだ。20章では、本番システムでPrometheusを実行するときに実際に直面する問題やロールアウトのためのアプローチについて考えていく。

20章 本番システムへのデプロイ

今までの章では、インストルメンテーション、ダッシュボード、サービスディスカバリ、exporter、PromQL、アラート、Alertmanagerというプロメテウスのすべての構成要素を1つひとつ取り上げて学んできた。この最終章では、これらの構成要素をひとつにまとめ上げてPrometheusシステムを構築し、将来に渡ってメンテナンスしていく方法について学ぶ。

20.1 ロールアウトのプランの立て方

新しいテクノロジを導入するときには、半端な知識で最初から完全なロールアウトを目指したりせずに、まず大して労力のかからない小さなものをロールアウトするに限る。既存システムへのPrometheusの導入では、Node exporter[†1]とPrometheusの組み合わせから始めるとよい。これらはどちらもすでに**2章**で実行したものである。

Node exporterは、**7章**で説明したように、ほかのモニタリングシステムでも使えるマシンレベルのメトリクスを全面的にサポートする上に、それ以外のメトリクスも豊富にサポートしている。この段階でも、わずかな労力をかけるだけでさまざまなメトリクスを手に入れられる。目標はPrometheusに慣れることであり、ダッシュボードをいくつかセットアップし、アラートにも少し手を付けてみるとよい。

次の段階では、使っているサードパーティシステムは何か、そのシステムのためのexporterはどれかを調べ、それらのデプロイに手を付けよう。**10章**で示したように、たとえばネットワークデバイスがあればSNMP exporterが使える。Kafka、Cassandraといった Java仮想マシンベースのアプリケーションがあればJMX exporterが使える。そして、ブラックボックスモニタリングをしたければBlackbox exporterが使える。この段階の目標は、できる限りわずかな労力でシステムのできる限り多くの部分のメトリクスを手に入れることだ。

この頃にはPrometheusを使うことにも慣れ、**8章**で取り上げたサービスディスカバリなどの問題に

†1 Windowsの場合は、Node exporterではなく、WMI exporterを使う。

対するアプローチの方法も見えてきているだろう。次の段階では、**3章**で説明したような方法であなたの組織自身によるアプリケーションのインストルメンテーションに進む。ロールアウトの今までの部分は、その気になればあなたひとりでもやれるが、ここからは周りの人々にも参加を求め、モニタリングのために時間を使ってもらわなければならないだろう。あなたがそれまでにセットアップしたモニタリングとダッシュボード[†2]（exporterを使ったもの）を見せられるので、ほかの人々にPrometheusのよさを理解してもらうための苦労はかなり軽減されるはずだ。最初からすべてのコードをインストルメンテーションしようとしても、まわりはなかなか支持してくれない。

これまでに述べたように、インストルメンテーションを追加するときには、もっとも効果の大きいメトリクスから始めよう。トラフィックのかなりの部分が通過するアプリケーションの急所を探すのだ。たとえば、社内のすべてのアプリケーションが相互間の通信のために使っている共通のHTTPライブラリがある場合、それを「3.7.1.1　サービスのインストルメンテーション」で説明した基本的なREDメトリクスでインストルメンテーションすれば、このひとつの変更だけで、オンラインサービスの広い範囲の部分をカバーする主要なパフォーマンスメトリクスが手に入る。

ほかのモニタリングシステムですでにインストルメンテーションを行っている場合、**11章**で取り上げたStatsDやGraphiteのexporterのような連携機能をデプロイすれば、既存のものを活用できる。この段階では、全体をPrometheusインストルメンテーションに移行していくとともに、アプリケーションのインストルメンテーションをさらに進めていくことを検討しよう。

Prometheusでまかなうモニタリングの度合いが増え、メトリクスベースのモニタリングのニーズが高くなってきたら、不要になったほかのモニタリングシステムの廃止を始めよう。企業は時間をかけて10種類以上もの異なるモニタリングシステムを導入していることが珍しくないので、現実的な部分でそれらを統合すればかならずメリットがある。

以上は一般的なガイドラインであり、状況に合わせて修正してよいし、そうすべきだ。たとえば、あなたが開発者なら、自分のアプリケーションのインストルメンテーションにすぐに取り掛かってもよい。CPU使用率やガベージコレクションなどのPrometheusが最初からサポートしているメトリクスを利用するために、まだ一切インストルメンテーションしていないアプリケーションにクライアントライブラリを追加してもよい。

20.1.1 Prometheusの成長

通常はデータセンタごとにひとつのPrometheusサーバを置くところから始める。Prometheusは、モニタリングの対象と同じネットワークで実行することを想定して作られているが、それはエラーが発生する経路が絞られ、障害ドメインが揃えられ、スクレイプするターゲットに対してレイテンシが低く

†2　ダッシュボードに表示されているメトリクスがどのように役に立つかといったことよりも、ダッシュボードの見栄えがいかに人を引き込む力を持つかにはいつも驚かされる。ほかの人々にPrometheusの導入を説得するときには、このことを過小評価してはならない。

帯域幅の広いネットワークアクセスが得られるからである[†3]。

単独のPrometheusは効率がよいので、思ったよりも長い間、データセンタのモニタリングニーズをひとつのPrometheusでまかなうことができるだろう。しかし、時間がたつうちに、運用のオーバーヘッド、パフォーマンス、あるいは単なる社内的な配慮のために、それまで1台でまかなってきた作業の一部を別のPrometheusサーバに切り分けることを検討するようになるだろう。たとえば、ネットワーク、インフラストラクチャ、アプリケーションでPrometheusサーバを分割するのはよくあることだ。これは**垂直シャーディング**（vertical sharding）と呼ばれ、Prometheusのスケーリングの方法としてはもっとも優れている。

長期的には、すべてのチームがそれぞれのPrometheusサーバを実行するようになり、それぞれのチームに適したターゲットラベルやスクレイプインターバルを選ぶ権限を与える（**8章**参照）ようになるだろう。複数のチームのために共有サービスという形でサーバ群を実行する方法もある。ただし、それらのチームがラベルの設定に夢中になりすぎないように対策を練る必要がある。

私が何度も見たパターンがある。最初のうちは、自らのコードのインストルメンテーションを行い、exporterをデプロイすべきだということを各チームに納得してもらうのに苦労する。しかし、ある時点でそれらのチームがインストルメンテーションのよさに気付き、さらにラベルの威力を理解する。一部のメトリクスでカーディナリティがメトリクスベースのモニタリングシステムで合理的に使える範囲を越えて、Prometheusサーバのパフォーマンス障害が起きる（「5.6.1　カーディナリティ」で説明したように）のはあっという間だ。共有サービスとしてPrometheusを実行した場合、メトリクスを使うのがオンコール呼び出しを受けるチームでなければ、カーディナリティの削減が必要だと言ってもなかなか納得してくれないだろう。しかし、各チームが専用のPrometheusを運用し、午前3時にオンコール呼び出しを受けるようになれば、メトリクスベースのモニタリングシステムとログベースのシステムの違いについて現実的な考え方をするようになるだろう。

チームが担当するシステムが特別に大規模なものであれば、ひとつのデータセンタで複数のPrometheusサーバを実行することになる場合もある。インフラストラクチャチームは、Node exporterでひとつ、リバースプロキシでひとつ、その他すべてでひとつのPrometheusサーバを運用することになる場合がある。管理を楽にするために、クラスタの外からモニタリングするのではなく、個々のKubernetesクラスタのなかでPrometheusサーバを実行するのが普通だ。

大小さまざまなシステム構成のなかのどこからスタートし、どこで落ち着くかは、組織の規模と文化によって決まる。私の経験では、パフォーマンスに関して問題が起きる前に、社内的な要因[†4]によって

---

†3　データセンタなどの障害ドメインの境界を越えてモニタリングすることは不可能ではないが、ネットワーク関連の故障モードが多数発生する。マシンがわずかしかない小さなデータセンタが数百ある場合、ひとつのリージョン、大陸ごとにひとつのPrometheusを実行してもよいかもしれない。

†4　たとえば、ターゲットラベルの階層はひとつだけにすることが健全である。リージョンについてあるチームだけがほかのすべてのチームと異なる考え方をしているなら、そのチームは独自のPrometheusを実行すべきだ。

Prometheusサーバが分割されるのが普通だ。

20.2 フェデレーションでグローバルへ

データセンタごとにひとつのPrometheusを配置した場合、グローバルな集計はどのようにすればよいのだろうか。

信頼性は優れたモニタリングシステムの重要な性質であり、Prometheusが特に大切にしている価値である。グラフの作成やアラートでは、可動部品はできる限り少なくしたい。信頼性の高いシステムは、単純なシステムだ。あるデータセンタのアプリケーションレイテンシのグラフを描きたければ、そのデータセンタのそのアプリケーションをスクレイプしているPrometheusとGrafanaを通信させればよい。同じことが、データセンタごとのアプリケーションレイテンシに基づくアラートにも言える。

しかし、グローバルレイテンシの場合はそうはいかない。データセンタごとのPrometheusサーバは、データの一部しか持っていないのだ。**フェデレーション**（federation）の出番がやってくるのはこのような場面である。フェデレーションを行えば、**図20-1**に示すように、データセンタごとのPrometheusサーバから集計されたメトリクスをプルするグローバルなPrometheusを設けることができる。

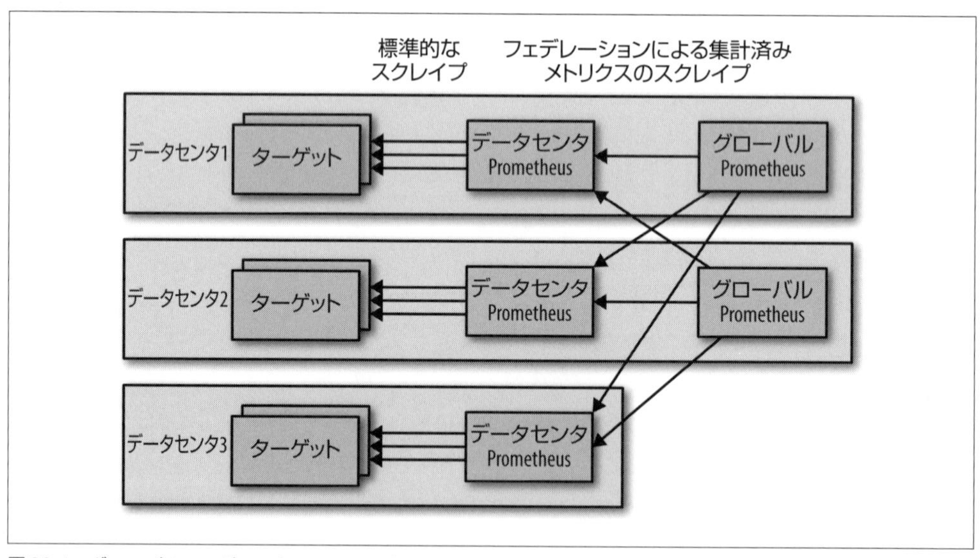

図20-1　グローバルフェデレーションのアーキテクチャ

たとえば、ジョブレベルで集計されたすべてのメトリクスをプルするには、次のようなprometheus.ymlを用意する。

```
scrape_configs:
 - job_name: 'federate'
```

```
    honor_labels: true
    metrics_path: '/federate'
    params:
      'match[]':
        - '{__name__=~"job:.*"}'
    static_configs:
      - targets:
        - 'prometheus-dublin:9090'
        - 'prometheus-berlin:9090'
        - 'prometheus-new-york:9090'
```

HTTPの/federateエンドポイントは、match[]というURLパラメータでセレクタ（「13.2　セレクタ」参照）のリストを受け付ける。そして、「13.2.2　インスタントベクトル」で説明した陳腐化の概念を持つインスタントベクトルセレクタのセマンティクスに従ってマッチしたすべての時系列データを返す。複数のmatch[]パラメータを指定した場合、どれかにマッチしたサンプルが返される。集計されたメトリクスがPrometheusターゲットのインスタンスラベルを持たないようにするために、honor_labels（「8.3.2　ラベルの衝突とhonor_labels」参照）が使われる[†5]。フェデレーションメトリクスにはPrometheusの外部ラベル（「18.2.1　外部ラベル」参照）も追加されるので、個々の時系列データがどこから得られたものかも見分けられる。

残念ながら、集計済みメトリクスのプル以外の目的でフェデレーションを使うユーザがいる。この罠に陥らないためには、次のことを理解しなければならない。

フェデレーションは、すべてのPrometheusサーバの内容をコピーするためのものではない。
フェデレーションはひとつのPrometheusにほかのPrometheusのプロキシをさせるためのものではない。
instanceラベルを持つメトリクスのプルのためにフェデレーションを使ってはならない。

フェデレーションを意図されたユースケース以外で使ってはならない理由を説明しておこう。まず第1に、信頼性を確保するために、可動部品は現実的な範囲内に抑えたい。インターネット越しにすべてのメトリクスをグローバルPrometheusにプルして、そこからグラフを作ったりアラートを生成したりすると、データセンタごとのモニタリングを機能させるために、ほかのデータセンタに対するインターネット接続が必要不可欠な条件になってしまう。一般に、障害ドメインを揃え、ほかのデータセンタが稼働していることが、データセンタのグラフ作成とアラート生成の必要不可欠な条件にならないようにしたい。つまり、実現可能な範囲で、一連のターゲットをスクレイプするPrometheusが、そのターゲットのアラートを送るようにしたい。ネットワークに障害や分断があるときには、このことが特に重要に

†5　/federateエンドポイントは、Pushgateway（「4.4　Pushgateway」参照）と同じように、ラベルを持たないメトリクスのために、自動的に出力に空のインスタンスラベルを組み込む。

なる。

第2の問題はスケーリングである。信頼性を確保するために、個々のPrometheusはスタンドアローンで、ひとつのマシンで実行される。そのため、どの程度のデータを処理できるかは、Prometheusサーバのマシンサイズによって制限される。Prometheusは効率的にできているので、1台のマシンに制限されていても、ひとつのPrometheusサーバでデータセンタ全体をモニタリングさせることは十分に可能である。データセンタを追加するたびに、ひとつずつPrometheusサーバを増やしていくだけでよい。集計済みのメトリクスだけをプルするグローバルPrometheusは、データセンタPrometheusサーバよりも扱うデータのカーディナリティが大幅に削減されているので[†6]、ボトルネックになることを避けられる。しかし、グローバルPrometheusがデータセンタPrometheusからすべてのメトリクスをプルすれば、グローバルPrometheusはボトルネックになり、スケーラビリティを大きく損ねることになるだろう。つまり、フェデレーションのスケーラビリティを確保するためには、「17.2.1 カーディナリティの削減」でダッシュボードについて説明したのと同じアプローチが必要になるのだ。

第3に、Prometheusは数千個の中小規模のターゲットを多数スクレイプするように設計されている[†7]。Prometheusは、スクレイプインターバル全体にスクレイプを分散させることによって、均等な負荷でデータ量を維持できるのだ。しかし、膨大な数の時系列データ（たとえば、巨大なフェデレーションエンドポイント）を抱える少数のターゲットをスクレイプさせると、負荷のスパイクが発生し、Prometheusは次のスクレイプが始まる時刻までにひとつの巨大なスクレイプを完了できない可能性がある。

第4の問題はセマンティクスである。追加のPrometheusを経由してすべてのデータを渡すと、新たな競合が増える。グラフにはノイズが増え、陳腐化処理のセマンティクスのメリットが得られなくなる。

このアーキテクチャには、すべてのメトリクスがひとつのPrometheusに収まりきらなければ、あるメトリクスがどのPrometheusに含まれているかわからなくなるという反論があるが、これが実際に問題になることはない。Prometheusサーバは、全体のアーキテクチャに従う傾向があるので、どのPrometheusがどのターゲットをモニタリングしているかは一般に自明であり、どのPrometheusがどのメトリクスを持っているかも自明である。たとえば、DublinのNode exporterのメトリクスは、DublinインフラストラクチャのPrometheusに集まる。Grafanaは、データソースのテンプレート化と異なるデータソースから得たメトリクスによるグラフ作成をサポートしているので、ダッシュボードでもこれが問題になることはない。

通常、フェデレーションの階層は、データセンタPrometheusとグローバルPrometheusの2レベル

---

†6 100個のインスタンスを持つアプリケーションから得られたすべてのメトリクスを集計し、グローバルPrometheusはこの集計済みメトリクスをプルするものとする。その場合、グローバルPrometheusは、データセンタPrometheusと同じだけのリソースを使って、100のデータセンタからのメトリクスをフェデレートできるだろう。実際には、すべてのメトリクスが集計されるとは限らないので、グローバルPrometheusはもっと多くのメトリクスをフェデレートできる。

†7 正確な数は示されていない、私は時系列データが1万個を越えると大規模だと考えてよいと思う。

だけになる。グローバルPrometheusは、低レベルPrometheusではできないPromQL計算(たとえば、グローバルな受信トラフィック量)を実行する。

しかし、さらにレベルを追加する羽目になることもあり得るだろう。たとえば、Kubernetesクラスタの内部でPrometheusをひとつ実行するのはよく見られる形である。データセンタに複数のKubernetesクラスタがある場合には、クラスタごとの集計済みメトリクスをデータセンタPrometheusでフェデレートしてから、グローバルPrometheusでその結果をフェデレートするようにすればよい。

フェデレーションは、ほかのチームのPrometheusから限られた集計済みメトリクスをプルするためにも使われる。最初は礼儀正しく要請をすることになるだろう。そして、このような形が一般的なもの、正式なものになれば、「17.2.3 APIのためのルール」で説明したことが当てはまるはずだ。しかし、ダッシュボードだけの目的なら、Grafanaがダッシュボードやパネルで複数のデータソースを使えるようにしているのでこのようなことをする必要はない。

20.3 長期記憶ストレージ

「1.1 モニタリングとは何か」では、モニタリングとはアラート、デバッグ、トレンド調査、部品提供だと言った。アラート、デバッグ、部品提供の大半の仕事では、数日から数週間分のデータがあれば、通常は十分以上である[†8]。しかし、キャパシティプランニングなどのためのトレンド調査では、数年分のデータが必要になるのが普通である。

長期記憶ストレージへのアプローチとしては、Prometheusを古くからのデータベースのように扱い、エラーが起きたときのために定期的にバックアップを取って復元できるようにするというものがある。1秒に1万サンプルをインジェストし、サンプルあたりのサイズが2バイトという控え目な数字なら、毎年600GB未満のディスクスペースしか使わないので、最近のマシンなら対応できるだろう。

バックアップは、/api/v1/admin/tsdb/snapshotエンドポイントにHTTP POSTを送れば取れる。このリクエストからは、Prometheusのストレージディレクトリのもとに作られたスナップショットの名前が返される。これはハードリンクを使っており、データはスナップショットとPrometheus自身のデータベースの間で1度だけしか格納されないので、追加で消費するディスクスペースはそれほど多くない。スナップショットが不要になったら、必要以上にディスクスペースを使わないように削除すべきだ。スナップショットからの復元は、Prometheusストレージディレクトリをスナップショットに置き換えればよい。

長期的なトレンド調査のために役に立つのは、メトリクス全体のごく一部だけだろう。通常、それは集計済みのメトリクスだ。あらゆるメトリクスを永遠に保存しておく意味はない。そこで、グローバル

---

†8 実際、さまざまなモニタリングシステムが、メトリクスデータの約90%は最初の24時間以降には使われないと報告している。もちろん、問題はどの90%が再び必要になることがないデータかをあらかじめ知ることである。

Prometheusのメトリクスだけを長期保存し[†9]、集計されていないメトリクスは一定時間内に削除するようにすれば、ストレージを大きく節約できる。/api/v1/admin/tsdb/deleteエンドポイントは、URLパラメータのmatch[][†10]としてセレクタを取り、時間を一定範囲に制限するstart、endパラメータも取る。データは次のコンパクションでディスクから削除される。古いデータは、たとえば月に1度ずつ削除するのが合理的だろう。

セキュリティ上の理由から、スナップショットAPIと削除APIは、Prometheusに--web.enable-admin-apiフラグを指定しなければ有効にならない。

長期記憶ストレージのアプローチとしては、何らかの形でクラスタリングされ、多数のマシンのリソースを使えるストレージシステムにPrometheusからサンプルを送る方法もある。ほかのシステムにインジェストされるようにリモート書き込みはサンプルを送る。リモート読み出しでは、ほかのシステムからのサンプルがまるでPrometheusのローカルに格納されているかのように、透過的にPromQLを使うことを可能にする。これらはどちらもprometheus.ymlのトップレベルで設定される。

```
remote_write:
   - url: http://localhost:1234/write
remote_read:
   - url: http://localhost:1234/read
```

リモート書き込みは、write_relabel_configsを使ったリラベルをサポートする。write_relabel_configsは、「8.3.1　metric_relabel_configs」で説明したmetric_relabel_configsと同じように動作する。この機能は、主としてどのメトリクスをリモート書き込みエンドポイントに送るかを制限するために使われることになるだろう。リモート書き込みできる量はコストによって制限される。帯域幅とメモリという観点では、リモート読み出しで長期間の膨大な時系列データをプルするときに注意が必要だ。リモート書き込みを使うときには、個々のPrometheusが一意な外部ラベルを使い、異なるPrometheusサーバから送られてきたメトリクスが衝突を起こさないようにすることが大切だ。

リモート書き込みとリモート読み出しには、Prometheusを大きな1次キャッシュと考え、リモートストレージをメインストレージと考える使い方がある[†11]。データストアが空のままでPrometheusが再起動されたときには、リモート読み出しで履歴データを得る。そのような再起動のときでもアラートを復元できるようにする設計も考えられる。アラートに回復力を持たせるのはよいことだ。

Prometheusのための長期記憶ストレージ（LTS）は、比較的新しく、急成長を遂げている分野である。Prometheusのリモート読み書きサポートと連携できる企業やプロジェクトは複数あるが、ここで

---

†9　「20.2　フェデレーションでグローバルへ」でも説明したように、グローバルPrometheusは、集計済みのメトリクスしか持たないはずだ。

†10　これはフェデレーションのURLパラメータ、match[]と同じように機能する。

†11　通常、複数週分のキャッシュになる。

具体的な推奨ができるほどの運用経験はまだない[†12]。

さまざまな構成を評価するときには、単一のPrometheusサーバでは軽いと考えられるような負荷でも、多数のマシンを間にはさんで実行されているほかのシステムでは処理できない場合があることを忘れないようにしよう。システムが異なれば、設計時に念頭にあったデータモデルやアクセスパターンも異なるので、記事の見出しに書かれている数値ではなく、実際のユースケースに基づいてシステムの負荷をテストすべきだ。単純なソリューションの方がパフォーマンスが高く、運用しやすいものだ。クラスタリングされているからといって、それが自動的にそうでないものよりもよいというわけではない。

クラスタリングされたストレージシステムは、同じ負荷の同等のPrometheusと比べてコストが少なくとも5倍になると考えるべきだ。これは、ほとんどのシステムがデータを3回レプリケートし、さらにそれを取り込んでデータ全体を処理しなければならないからである。そのため、どのメトリクスをローカルに留め、どのメトリクスをクラスタリングされたストレージに送るかを適切に判断しなければならない。

20.4 Prometheusの実行

いざPrometheusサーバを実行しようというときには、ハードウェア、構成管理、ネットワークのセットアップについて考えなければならない。

20.4.1 ハードウェア

Prometheusを実行することになったときに最初に知りたいのはどのようなハードウェアが必要かだろう。Prometheusは、SSD上で実行するとよいが、小規模な構成ではかならずしもそうでなくてもよい。ストレージ容量は、意識しなければならない主要リソースのひとつである。どれだけの容量が必要かを推計するためには、どれだけのデータをインジェストすることになるかを知らなければならない。既存のPrometheusでは[†13]、PromQLクエリを実行すれば、1秒にインジェストされるサンプルを確認できる。

```
rate(prometheus_tsdb_head_samples_appended_total[5m])
```

Prometheusは、本番環境でサンプルあたり1.3バイトに圧縮できるが、私は、推計では控え目にサンプルあたり2倍という数字を使う。Prometheusのデフォルトデータ保持期間は15日なので、1

---

†12 監訳注：オープンソースのプロジェクトでは、Thanos（https://github.com/improbable-eng/thanos）やCortex（https://github.com/cortexproject/cortex）、M3（https://github.com/m3db/m3）などがある。そのなかでCortexは、CNCFサンドボックスプロジェクトでもある。

†13 Prometheus 1.xでは、代わりに`prometheus_local_storage_ingested_samples_total`を使うこと。

秒あたり100,000サンプルなら、15日で240GBほどになる[†14]。データ保持期間は`--storage.tsdb.retention`フラグ[†15]で延長でき、Prometheusがどこにデータを格納するかは`--storage.tsdb.path`フラグで指定できる。Prometheusで使うために必須とされていたり推奨されていたりするファイルシステムはないが、多くのユーザは、AmazonのEBSなどのネットワークブロックデバイスを使って成功を収めてきている。しかし、AmazonのEFSを含むNFSは、Prometheusでは明示的にサポート外になっている。これは、PrometheusがPOSIXファイルシステムを必要とするのに対し、正確なPOSIXセマンティクスを提供するとされるNFS実装はないからである。個々のPrometheusは、専用のストレージディレクトリを必要とする。ネットワーク経由でひとつのストレージを共有することはできない。

次の問題は、どれだけのRAMが必要かである。Prometheus 2.xのストレージは、2時間ごとに書き込まれ、その後もっと長い間隔でコンパクションされるブロックで動作する。ストレージエンジンは内部でキャッシングを行わず、カーネルのページキャッシュを使う。そのため、ブロックを保持するのに十分なRAMとオーバーヘッド、またクエリの実行中に使われるRAMが必要になる。出発点としては、12時間分のサンプルをインジェストできればよい。それは、1秒あたり10万サンプルなら、約8GBになる。

Prometheusは比較的CPUに負担をかけない。私のマシン（i7-3770k CPUを搭載している）で手軽に行ったベンチマークでは、1秒に10万サンプルをインジェストするために0.25CPUしか使っていないということだった。しかし、これはインジェストだけの話である。クエリやレコーディングルールのためにもっとCPUパワーがほしいところだ。GoのガベージコレクションによるCPUスパイクがあるので、自分で必要だと思う数よりも少なくともひとつ多くのコアを持つようにすべきだ。

ネットワーク帯域幅はまた別の問題である。Prometheus 2.xは1秒あたり数百万個のサンプルのインジェストに対応できるが、これは、ほかの同じようなシステムのマシン1台のときの上限と大差ない。Prometheusは、スクレイプするときに圧縮を使うので、サンプルをひとつ転送するために20バイト前後のネットワークトラフィックを使う。1秒百万サンプルなら、これは160Mbpsである。ギガビットネットワークカードがあれば、ラックに置いてあるマシン全体の通信需要をまかなえる。

忘れてならないもうひとつのリソースといえば、ファイルディスクリプタである。ここで方程式と係数を示してもよいのだが、今どきファイルディスクリプタは希少なリソースではないので、`ulimit`でファイルの上限を100万に設定すれば、ファイルディスクリプタのことは忘れてよい。

---

†14 監訳注：Prometheus 2.7.0で、ディスク容量ベースで保持期間を指定できる`--storage.tsdb.retention.size`フラグが実験的（experimental）にサポートされた。

†15 監訳注：Prometheus 2.7.0で、`--storage.tsdb.retention`フラグは廃止予定となり、代わりに`--storage.tsdb.retention.time`フラグを使う必要がある。`--storage.tsdb.retention`フラグは、3.0で削除される予定となっている。

ファイルディスクリプタの上限変更には、サービスをどのように起動したかによっては、適用されないという悩ましい癖がある。Prometheusは、起動時にファイル数の上限をログに書く。また、/metricsで`process_max_fds`をチェックする方法でもファイル数の上限はわかる。

これらの数値は、ほんの出発点に過ぎない。自分の構成でベンチマークを取り、数値をチェックしよう。私は一般にリソース使用量を倍にできるだけの余裕を持つことをお勧めしている。そうすれば、システムの成長に合わせて新しいハードウェアを入手するための時間を確保できるし、急激なカーディナリティの増加に対処するためのクッションを設けられる。

20.4.2 構成管理

Prometheusが行うのはメトリクスベースのモニタリングというひとつのことであり、それを見事にこなす。構成管理、機密情報管理、サービスデータベースなどの役割を果たしはしない。Prometheusに固有な構成管理の癖について学び、それを回避する必要がない程度には、Prometheusはユーザの邪魔をせず、標準的な構成管理アプローチを使えるようにしている。

あなたがまだ構成管理ツールを使っていないのなら、比較的古いタイプの環境ではAnsibleを使うことをお勧めする。Kubernetesではksonnet（https://ksonnet.io/）が期待できそうだが、この分野には数十種のツールがある[†16]。

Prometheusでは標準的なアプローチが使えるからといって、Prometheusがあなたの環境で自動的に完璧に動くというわけではない。一般的であるということは、プラットフォーム固有の微妙な差違を満たすという誘惑を回避する。成熟したセットアップをしているなら、Prometheusは簡単にデプロイできるはずだ。Prometheusは予想通りに動作する標準的なUnixバイナリであるため、Prometheusを構成管理の成熟度テストとみなすことができる。SIGTERM、SIGHUPを受け付け、標準エラーにログを出力し、設定のために単純なテキストファイルを使う[†17]。

たとえば、Prometheusルールファイル（**17章参照**）は、ディスク上のファイルからしか供給できない。しかし、ルールを更新できるAPIがほしい人は、標準YAML形式でルールファイルを出力するそのようなシステムを作ればよい。Prometheusは、再起動直後にルールを確実に設定できるように、そのようなAPIを提供していない。Prometheusがディスク上のファイルのみをサポートしているおかげで、あなたはPrometheusがどの入力によって動作しているのかを正確に知ることができ、デバッグが単純になっている。構成が単純なシステムの方が構成管理の入り組んだコンセプトについて考えずに済む。

---

†16 監訳注：残念ながら、ksonnetを開発したHeptio社は、2019年2月にこのプロジェクトを中止することを発表している（https://blogs.vmware.com/cloudnative/2019/02/05/welcoming-heptio-open-source-projects-to-vmware/）。

†17 Windowsユーザは SIGTERM、SIGHUPの代わりにHTTPを使うことができる。その場合、`--web.enable-lifecycle`フラグを指定する必要がある。

そして、奇抜なことをしたい人には、何でもしたいことができるインタフェイスが用意されている。つまり、より複雑で非標準的な構成を作るためのコストはそのような構成を必要とする人だけが払い、ほかの人々にはそのようなコストはかからないのだ。

より単純な構成では、静的なprometheus.ymlファイルだけでしのげる。しかし、構成が大きくなると、Prometheus自体は構成ファイルのテンプレート化機能を持っていないので、構成管理システムを使ってテンプレート化しなければならなくなる。少なくともPrometheusごとに異なる`external_labels`を指定しなければならない。まだ構成管理システムを持つところまで進んだシステムになっていない場合でも[†18]、一部のランタイム環境は、その環境のもとで実行されるアプリケーションに環境変数を提供できる。`sed`、`envsubst`[†19]などのツールを使えば、初歩的なテンプレート化をサポートできる。逆に洗練をきわめ、CoreOSのPrometheus Operatorのようなツール（**9章**で簡単に触れた）を使っているなら、Prometheus Operatorが設定ファイルだけでなく、Kubernetesで実行されているPrometheusサーバも完璧に管理してくれる。

10章では、exporterは、メトリクスを取り出すアプリケーションのすぐそばに置くべきだということを説明した。ファイルサービスディスカバリ（「8.1.2　ファイル」参照）に使用するようなPrometheusの設定データを提供するデーモンでも、同じアプローチを取るべきだ。そのようなデーモンを個々のPrometheusのそばで実行していれば、Prometheusを実行しているマシンが障害を起こしたときに影響を受けるだけで、主要機能を提供しているほかのマシンの障害の影響は受けない。

Prometheusの設定変更をテストしたいときには、新しい設定のもとで気軽にテスト用のPrometheusを実行してよい。Prometheusはプルベースなので、ターゲットは自分をモニタリングしているものについて注意したり知っていたりする必要はない。ただし、このようなテストをするときには、Alertmanagerやリモート書き込みエンドポイントなどは設定ファイルから取り除いておいた方がよいだろう。

20.4.3　ネットワークと認証

Prometheusは、モニタリングしているターゲットと同じネットワークに置いてあり、HTTPを介して直接ターゲットにアクセスし、メトリクスを要求できるという考え方のもとに設計されている。これはプルベースのモニタリングと呼ばれているもので、`up`でスクレイプできているかどうかを知らせられたり、メトリクスをプッシュするようにいちいちターゲットを設定しなくてもテスト用のPrometheusを実行できたり、突発的な負荷増大に対してうまい戦術を持てたりする（「20.6　パフォーマンスの管理」参照）メリットがある。

ネットワーク構成がNATやファイアウォールが介在するものなら、Prometheusがターゲットに直

---

†18　混乱を避けるために言っておくが、Docker、Docker Compose、Kubernetesといったシステムは、構成管理システムではない。これらは構成管理システムの出力候補である。

†19　gettextライブラリの一部

接アクセスできるように、Prometheusサーバはその影響を受けない位置で実行すべきだ。PushProx (https://github.com/RobustPerception/PushProx)、SSHトンネル、`proxy_url`設定フィールドを使ってPrometheusでプロキシを利用するといった方法もある。

Pushgatewayを使ってネットワークアーキテクチャの影響を取り除こうとしてはならない。より一般的に、Prometheusをプッシュベースシステムに転換させようとしてはならない。

「4.4 Pushgateway」ですでに説明したように、Pushgatewayは、サービスレベルバッチジョブが終了直前に1度だけメトリクスをプッシュするためのものだ。アプリケーションインスタンスが定期的にメトリクスをプッシュするためのものではないので、`instance`ラベルを持つようなメトリクスをPushgatewayにプッシュしてはならない。このような形でPushgatewayを使おうとすると、ボトルネックができ[†20]、サンプルのタイムスタンプが正しくなくなり（グラフを描くと不自然なものになる）、`up`メトリクスが失われてプロセスが自分で終了したのかエラーによって終了したのかを区別しにくくなる。

Pushgatewayには、古いデータを有効期限切れにするロジックもない。サービスレベルバッチジョブでは、cronjobを最後に実行したのが1か月前でも、cronjobがプッシュした最後に処理が成功した時刻というメトリクスの有効性に変わりはないのだ。

プルはPrometheusの根幹であり、プルに逆らわず、順応しなければならない。

現在のところ、Prometheusのコンポーネントはサービスサイドセキュリティサポートを提供していない。つまり、すべての配信は、認証、認可、TLS暗号化のないプレーンHTTPで行われている。構成管理と同様に、セキュリティにはさまざまな方法があるため、Prometheusは仕事をするための基本的な方法を提供し、ユーザがそれをもとに自由にシステムを組み立てられるようにしているのである。サーバサイドセキュリティには、通常はnginxやApacheなどのリバースプロキシを使うことになるだろう。これらはともに広範囲のセキュリティ関連機能を提供している。管理エンドポイントやライフサイクルエンドポイントへのアクセスをブロックしてクロスサイトリクエストフォージェリ（XSRF）を防いだり、HTTPヘッダでクロスサイトスクリプティング（XSS）を防いだりすることも、リバースプロキシに任せることになるだろう。

リバースプロキシを間にはさんでPrometheusを実行するときには、`--web.external-url`フラグを使ってPrometheusにアクセスするためのURLをPrometheusに渡し、PrometheusのUIとアラート内のジェネレータのURLが正しく動作するようにしなければならない。リバースプロキシがPrometheusに送る前にHTTPパスを書き換える場合には、`--web.routeprefix`フラグで新しいパス

†20　同じ理由から、StatsD exporterは、データセンタごとにではなく、アプリケーションごとに実行すべきだ。

のプレフィックスを渡さなければならない。

Alertmanagerにも、Prometheusと同様に`--web.external-url`、`--web.route-prefix`フラグがある。

PrometheusとAlertmanagerは、配信のための認証をサポートしていないが、「8.3 スクレイプの方法」で説明したように、アラート、通知、ほとんどのサービスディスカバリメカニズム、リモート読み出し、リモート書き込み、スクレイプなどのためにほかのシステムと通信するときには認証をサポートしている。

20.5 障害対策

分散システムでは、障害は日常茶飯事だ。Prometheusは、マシンの障害対策のためにクラスタリングを組み込んだ設計を目指す方向には進まなかった。クラスタリングを組み込む設計は正しく動作させることが大変であり、クラスタリングされていないソリューションよりも人々が思っている以上に信頼性が低い。Prometheusは、スクレイプが失敗したときにデータをあとで取り出そうともしない。スクレイプが過負荷のために失敗したときに、負荷が少し下がったからといってデータを取り戻そうとすれば、再び過負荷になってしまう。モニタリングシステムの負荷は予想可能にすべきであり、障害を悪化させるようなことがあってはならない。

このような設計のため、スクレイプが失敗したときには、そのスクレイプでは`up`が`0`になり、時系列データには穴ができる。しかし、それは気にすべきことではない。メトリクスを収集してから1週間もたてば(それまでは無理でも)、穴も含めて大多数のサンプルはどうでもよくなっている。Prometheusは、100%正確なことよりも、モニタリングが一般に信頼でき、利用できることの方が大切だというスタンスを取っている。メトリクスベースのモニタリングでは、99.9%正確であれば、ほとんどの目的では十分である。レイテンシが101.2ミリ秒から101.3ミリ秒に増加したということよりも、1ミリ秒長くなったことがわかる方が役に立つ。「16.8.1 rate」で説明したように、範囲がスクレイプインターバルの4倍以上になっていれば、`rate`はときどきスクレイプ失敗が入っても影響を受けないように作られている。

信頼性を語るときに最初に問うべきことは、モニタリングにどの程度の信頼性が必要とされるかということだ。SLAが99.9%のシステムをモニタリングするために、時間と労力を使って99.9999%確実に使えるモニタリングシステムを設計、メンテナンスするのは無駄である。たとえそのようなシステムを構築できても、ユーザが使うインターネット接続やオンコール呼び出しを受ける人間が行う対策は、そこまで信頼性の高いものではないだろう。

具体例を話そう。ここアイルランドでは、オンコール呼び出しのためには一般に高速、安価で信頼性が高いSMSを使うのが一般的だ。しかし、年に数時間だけシステムが不安定になるときがある。国中の人々が互いに「あけましておめでとう」を言いたいときだ。そのため、年間を通じての信頼性は、高々99.95%になってしまう。この種のことに対処するために備えを設けることはできる。しかし、オンコール呼び出しの予備として第2オンコールを設けたとしても、その間に時間は刻々と過ぎていく。「18.1.1 for」で触れたように、5分以内に解決しなければならない問題があるなら、オンコール担当の技術者が時間内に処理できることを期待するよりも、対策を自動化した方がよい。

この流れのなかで信頼性の高いアラートについて話しておきたいことがある。Prometheusが何らかの理由で落ちたときには、自動的に再起動させ、forの状態のリセット（「18.1.1 for」参照）を越える中断を最小限に抑えるべきだ[†21]。しかし、Prometheusを実行しているマシンが落ちてPrometheusを再起動できない場合、代わりのマシンを準備するまでアラートは機能しない。Kubernetesなどのクラスタスケジューラを使っていれば、交換は瞬時に終わり、それで十分だろうが[†22]、交換のために手作業が必要なら困ったことになる。

しかし、単一障害点（SPOF）を取り除けば、アラートの信頼性は簡単に上げられる。ふたつのまったく同じPrometheusサーバを実行すれば、片方が動いている限り、アラートは有効だ。それに、これらは同じラベルを使うので、Alertmanagerはアラートの重複を自動的に取り除くだろう。

確かに、「18.2.1 外部ラベル」で述べたように、すべてのPrometheusは一意な外部ラベルを持つようにすべきだ。そこで、この条件に従いつつふたつのPrometheusのラベルを同じにするために、alert_relabel_configsを使う（「18.2 Alertmanagerの設定」参照）。

```
global:
  external_labels:
    region: dublin1
alerting:
  alertmanagers:
   - static_configs:
      - targets: ['localhost:9093']
  alert_relabel_configs:
    - source_labels: [region]
      regex: (.+)\d+
      target_label: region
```

こうすれば、Alertmanagerにアラートを送る前にdublin1の1は取り除かれる。もうひとつのPrometheusには、外部ラベルとしてdublin2という値のregionラベルを持たせる。

---

†21 このような理由から、きわめて重要なアラートは、1時間以内に（それより早くは無理でも）新しいPrometheusで起動し実行するように設計することをお勧めする。（監訳注：Prometheus 2.4.0からforの状態は再起動を伴っても保持されるようになっている。）

†22 Amazon Elastic Block Store（Amazon EBS）のようなネットワークストレージを使っていれば、Prometheusは、前の実行データを使い続けることさえできる。

外部ラベルはすべてのPrometheusサーバの間で一意にならなければならないということは、今までに何度か言ってきた。それは、今示したような構成で複数のPrometheusサーバがあり、それらからのリモート書き込みやフェデレーションを使っている場合、異なるPrometheusサーバからのメトリクスが衝突しないようにするためである。完璧な条件のもとでも、異なるPrometheusサーバはわずかに異なるデータを検出し、それがたとえばカウンタのリセットと誤解されることがあり得る。ネットワーク分断などの悪条件のもとでは、冗長性のために用意したPrometheusサーバがそれぞれ大きく異なる情報を検出する可能性がある。

こういうことを考えると、ダッシュボード、フェデレーション、リモート書き込みの信頼性が問題になる。異なるPrometheusサーバのデータから「正しい」データを自動的に合成する方法はない。そして、Grafanaやフェデレーション用にロードバランサを経由することは、不自然な結果の発生につながる。私としては、簡単な方法を取り、ダッシュボード、フェデレーション、リモート書き込みでは、それらのなかの1台のPrometheusサーバだけを使い、そのサーバが落ちたらデータに穴が空くという前提でシステムを設計することをお勧めしたい。どうしてもデータが必要なタイミングでそのような穴が空いたという稀なケースでは、ほかのPrometheusのデータを手作業でいつでも見ることができる。

「20.2　フェデレーションでグローバルへ」で取り上げたグローバルPrometheusサーバでは、トレードオフが少し異なる。グローバルPrometheusサーバは、独立して障害が起きる可能性がある複数のデータセンタを横断する形でモニタリングを行っているため、たとえばデータセンタで大規模な停電が起きると、グローバルサーバが数時間から数日ダウンすることは十分あり得る。データセンタPrometheusサーバなら、サーバだけでなくモニタリング対象も動作していないので問題ないが、グローバルサーバではそうはいかない。そこで、グローバルサーバは、異なるデータセンタで少なくともふたつ実行し、ダッシュボードでは、すべてのグローバルサーバのデータでグラフを作ることをお勧めする。リモート書き込みも同様だ[†23]。異なるソースからのデータの解釈は、ダッシュボードを使う人の責任で行うべきことだ。

20.5.1　Alertmanagerのクラスタリング

全員が1か所でアラートやサイレンスを見られるようにするとともに、アラートのグルーピングのメリットを最大限に引き出すために、Alertmanagerは組織全体でひとつという構成を使いたいところだが、システムがよほど小規模でない限り、Alertmanagerのクラスタリング機能を利用することになるだろう。この構成を図にすると、**図20-2**のようになる。

†23　グローバルPrometheusサーバはフェデレーション階層の最上位にあるので、一般にそこからのフェデレーションはない。

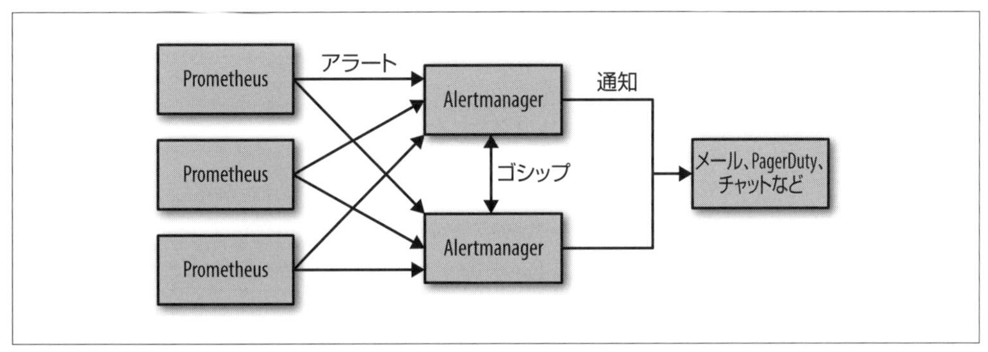

図20-2 クラスタリングされたAlertmanagerのアーキテクチャ

AlertmanagerはHashicorpのmemberlist（https://github.com/hashicorp/memberlist）[†24]を使って、通知やサイレンスについてのゴシップ（gossip）をやり取りしている[†25]。memberlistはコンセンサスベースの設計ではないため、Alertmanagerを奇数にする必要はない。この形は、いわゆるAP、すなわち可用性と分断耐性を重視した構成で、Prometheusが少なくともひとつAlertmanagerと通信できれば、通知が届くようになっている。ネットワーク分断のようなまれな障害が起きれば、重複する通知が送られてくることがあるが、通知が全然送られてこないことと比べればはるかによい。

クラスタリングを機能させるには、すべてのPrometheusがすべてのAlertmanagerにアラートを送らなければならない。それがどのように機能するかは、Alertmanager群が自律的に行っている。第1のAlertmanagerは通常と同じように通知を送り、成功したら通知を送ったというゴシップを送る。第2のAlertmanagerが通知を送るまでは、少し遅延が入る。第1のAlertmanagerが通知を送ったというゴシップを受けていなければ、第2のAlertmanagerも通知を送る。第3のAlertmanagerの遅延は第2のAlertmanagerの遅延よりもさらに長い。Alertmanager群のalertmanager.ymlはすべて同じでなければならないが、そうなっていなくても、最悪の場合で重複する通知が送られるだけである。

バージョン0.15.0のAlertmanagerを使って`foo`、`bar`の2台のマシンでクラスタリングを実行するには、Alertmanagerを次のように起動する。

```
# fooマシン上で実行
alertmanager --cluster.peer bar:9094

# barマシン上で実行
alertmanager --cluster.peer foo:9094
```

クラスタリングが効いているかどうかをもっとも手軽にテストするためには、片方のAlertmanager

†24 0.15.0以前のAlertmanagerは、Weaveworks Meshライブラリを使っていた。
†25 ゴシップのやり取りのほか、Alertmanagerはデータをローカルディスクに格納してもいる。そのため、クラスタリングされていなくても、Alertmanagerの再起動によって状態が失われることはない。

でサイレンスを作り、ほかのAlertmanagerにもそれが現れるかどうかをチェックすればよい。また、Alertmanagerのstatusページにはクラスタのすべてのメンバのリストが表示されるはずである。

20.5.2 メタモニタリングとクロスモニタリング

今までさまざまなタイプのシステムのモニタリングを取り上げてきたが、モニタリングシステムのモニタリングについてはまだ取り上げていない。個々のPrometheusサーバに自分自身をスクレイプさせるのはごく標準的なことだが、そのPrometheusに問題が発生したときにはこれでは役に立たない。モニタリングシステムのモニタリングは、**メタモニタリング**（metamonitoring）と呼ばれる。

メタモニタリングのための一般的なアプローチは、データセンタごとにひとつのPrometheusサーバを置き、同じデータセンタにある自分以外のすべてのPrometheusサーバをモニタリングするというものである。Prometheusをモニタリングするためにかかるコストは小さいので、そのPrometheusサーバはこの目的に専念する必要はない。また、各チームが自分のPrometheusサーバの実行に責任を負うという体制であっても、中央の共有サービスとしてメタモニタリングを提供するとよい。

グローバルPrometheusは、データセンタごとに配置されたメタモニタリングPrometheusサーバをすべてスクレイプし、/metricsに表示するとともに、社内のすべてのPrometheusサーバについての集計済みメトリクスをフェデレーションする。

しかし、この構成では、まだグローバルPrometheusサーバをどのようにモニタリングするのかという疑問が残る。通常のメタモニタリング階層とは異なり、同じ「レベル」のPrometheusサーバが互いに相手をモニタリングするメタモニタリングを**クロスモニタリング**（cross-monitoring）と呼ぶ。たとえば、通常なら、ふたつのグローバルPrometheusサーバに相手の/metricsをスクレイプさせ、そのPrometheusが落ちていればアラートを送る。しかし、データセンタPrometheusサーバにも、グローバルPrometheusサーバについてのアラートを送らせることができる[†26]。

メタモニタリングとクロスモニタリングを駆使しても、PrometheusがPrometheusをモニタリングすることに依存していることになる。最悪の場合、バグによってすべてのPrometheusサーバが同時に落ちてしまうことがあり得るので、それをキャッチできるアラートを用意しておきたい。たとえば、エンドツーエンドアラートテストという方法がある。常に発火状態のアラートを用意すると、オンコール呼び出しプロバイダを介して通知を継続的に発し、それはデッドマンスイッチ（操作者が死ぬような不測の事態のための安全装置）に送られる。デッドマンスイッチは、通知を受け取らなくなって一定期間を過ぎると、あなたにオンコール呼び出しを送る[†27]。こうすると、Prometheus、Alertmanager、オン

---

†26 グローバルPrometheusが落ちたときにこれらすべてのアラートを発火させられるようにした場合は、すべてが同じラベルを持ち、Alertmanagerで自動的に重複除去が行われるようにすべきだ。データセンタPrometheusのdatacenter外部ラベル（または、データセンタのラベルとして使用するもの）が適用されるのを防ぐために、datacenter: globalという明示的なアラートラベルを使うのは、そのための方法のひとつになり得る。

†27 できればいつも使っているプロバイダだけでなく複数のプロバイダを使いたい。普段のプロバイダが障害を起こすこともあり得る。

コール呼び出しプロバイダをテストできる。

メタモニタリングを設計するときには、Alertmanager、Blackbox/SNMPスタイルのexporterの/metricsなど、モニタリング関連のほかのコンポーネントもスクレイプすることを忘れないようにしよう。

20.6 パフォーマンスの管理

よほど小規模で変化のないシステムでない限り、パフォーマンス関連の問題は「もし発生したら」ではなく、「いつ発生するか」という問題である。「5.6.1 カーディナリティ」などでたびたび取り上げてきたように、パフォーマンス問題の主要因は、カーディナリティが高いメトリクスであることが多い。

「13.1.4 ヒストグラム」で触れたように、長期の範囲ベクトルを使ったクエリなど、過度にコストの高いクエリを使ったレコーディングルールやダッシュボードがパフォーマンスを下げることもある。コストの高いレコーディングルールは、**図17-1**で示したRulesステータスページを使って探すことができる。

20.6.1 問題の発見

Prometheusは、自分自身のパフォーマンスについてさまざまなメトリクスを開示しているので、パフォーマンス問題はダッシュボードの動きがぎこちなくなるまで発見できないというものではない。メトリクスの名前と意味はバージョンによって変わり得るし、実際に変わっているが、ひとつのメトリクスが完全に消えてしまうことはあまりない。次の説明はそのつもりで読んでいただきたい。

`prometheus_rule_group_iterations_missed_total`を使えば、時間がかかりすぎて評価できなくなっているルールグループを知らせることができる。`prometheus_rule_group_last_duration_seconds`と`prometheus_rule_group_interval_seconds`を比較すれば、どのグループに問題があり、それが最近のことかどうかがわかる。

`prometheus_notifications_dropped_total`を見ればAlertmanagerへの通信に問題があるかどうかがわかり、`prometheus_notifications_queue_length`が`prometheus_notifications_queue_capacity`に近付いてきたら、アラートが失われるかもしれないことに注意する必要がある。

個々のサービスディスカバリメカニズムは、`prometheus_sd_file_read_errors_total`や`prometheus_sd_ec2_refresh_failures_total`などの問題が起きたことを知らせるメトリクスを持っていることが多い。使っているSDメカニズムのカウンタには注目すべきだ。

`prometheus_rule_evaluation_failures_total`、`prometheus_tsdb_compactions_failed_total`、`prometheus_tsdb_wal_corruptions_total`は、ストレージ階層で何か問題が起きていることを知らせ

る。最悪の場合はPrometheusを停止し、ストレージディレクトリを削除して[†28]、改めてバックアップを開始すればよい。

20.6.2 コストが高いメトリクスとターゲットの発見

「14.1.2 by」で説明したように、カーディナリティの高いメトリクスは、次のようなクエリで見つけることができる。

```
topk(10, count by(__name__)({__name__=~".+"}))
```

jobごとの集計を使えば、もっとも多くの時系列データを生成しているアプリケーションがどれかもわかる。しかし、これらはすべての時系列データを参照するため、非常に高コストになり得るので、注意して実行する必要がある。

Prometheusは、すべてのターゲットスクレイプごとにup以外の3つのサンプルを追加する。scrape_samples_scrapedは、/metricsにあったサンプルの数である。これはターゲットあたりひとつの時系列データなので、先ほどのPromQL式よりもコストが大幅に低い。scrape_samples_post_metric_relabelingもよく似ているが、metric_relabel_configsによって省略されたサンプルを除外している。

第3のサンプルは、スクレイプにかかった時間を示すscrape_duration_secondsである。タイムアウト値との比較によりタイムアウトが発生しているかどうかをチェックしたり、ターゲットが過負荷になっているかどうかの兆候として活用したりすれば役に立つ。

20.6.2.1 hashmod

Prometheusがスクレイプで得たデータで過負荷になり、クエリを実行できなくなったときには、ターゲットのサブセットをスクレイプするという方法がある。これはhashmodという名前のリラベルアクションで、ラベルのハッシュを計算し、その剰余を取る。dropリラベルアクションと組み合わせれば、ターゲットの約10%だけをスクレイプできる。

```
scrape_configs:
 - job_name: my_job
   # Service discovery etc. goes here.
   relabel_configs:
    - source_labels: [__address__]
      modulus:       10
      target_label:  __tmp_hash
      action:        hashmod
    - source_labels: [__tmp_hash]
      regex:         0
      action:        keep
```

†28 または名前を変える。

ターゲットの10%だけをスクレイプするようにすれば、テスト用のPrometheusを立ち上げ、問題の原因になっているメトリクスを見つけられる。問題を起こしているのが一部のターゲットだけなら、regexを1から9まで順に変えていけば、スクレイプする10%のターゲットを変えられる。

20.6.3 負荷の軽減

コストがかかっているメトリクスがはっきりしたときにすべきことはいくつかある。まず試すべきは、ソースコードでメトリクスを修正し、カーディナリティを下げることである。

カーディナリティを下げるために試せる戦術がいくつかある。第1は、metric_relabel_configsでインジェスト時にメトリクスを減らすという方法である。

```
scrape_configs:
 - job_name: some_application
   static_configs:
    - targets:
      - localhost:1234
   metric_relabel_configs:
    - source_labels: [__name__]
      regex: expensive_metric_name
      action: drop
```

こうしてもメトリクスはネットワークを転送され、パースされるが、それをストレージ層にインジェストするよりコストは下がる[†29]。

特定のアプリケーションが問題を起こしている場合には、リラベルでそれらのターゲットを取り除くという方法が使える。

最後の方法は、Prometheusのscrape_intervalとevaluation_intervalを上げるというものである。こうすれば、少し息をつくことができるが、これらを2分以上に上げるのは現実的ではないことを頭に入れておこう。また、スクレイプインターバルが特定の値になっていることを前提としているPromQL式は、これらの値を変えると動作しなくなる場合がある。

スクレイプ設定には役に立つかもしれないオプションがあとひとつある。sample_limitだ。metric_relabel_configsをしたあとのサンプル数[†30]がsample_limitよりも多ければ、スクレイプは失敗し、サンプルはインジェストされない。sample_limitはデフォルトで無効化されているが、たとえば顧客IDをラベルとするメトリクスが追加されるなどして、あるターゲットのカーディナリティが爆発的に上がったときに緊急安全弁として使うことはできる。これはマイクロマネージメントのための設定ではな

† 29 JavaとPythonのクライアントは、/metrics?metric[]=process_cpu_seconds_totalのようなURLパラメータを使って特定の時系列データだけをフェッチする方法をサポートしている。カスタムコレクタではかならずしも使えるとは限らないが、必要なものが少数の特定のメトリクスだけなら、これを使えばスクレイプの両サイドで多くのリソースを節約できる。

† 30 scrape_samples_post_metric_relabelingの値とも言える。

いし、これを基礎として何らかの形のクォータシステムを作ることを意図したものでもない。sample_limitを使うときには、まずそれに達しない寛大な値を選ぶべきだ。

Prometheusには、カーディナリティやターゲットの若干の増加に耐えられるくらいの緩衝地帯を設けておくことをお勧めする。

20.6.4 水平シャーディング

インストルメンテーションラベルのカーディナリティではなく、instanceラベルのカーディナリティでスケーリング問題に悩んでいる場合には、「20.6.2.1 hashmod」で取り上げたhashmodリラベルアクションを使って水平シャーディングするという方法がある。Prometheusのスケーリングの方法としては、「20.1.1 Prometheusの成長」で説明した垂直シャーディングの方がはるかに単純なので、これが必要になるのは、同じタイプのアプリケーションで数千、数万のターゲットがあるような場合だけだ。

水平シャーディングでは、ひとつのマスタPrometheusと複数のスクレイプ用Prometheusサーバ（スクレイパ）を設ける。個々のスクレイパは、ターゲットのサブセットをスクレイプする。

```
global:
  external_labels:
    env: prod
    scraper: 2
scrape_configs:
 - job_name: my_job
   # サービスディスカバリなどがここに入る
   relabel_configs:
    - source_labels: [__address__]
      modulus:       4
      target_label:  __tmp_hash
      action:        hashmod
    - source_labels: [__tmp_hash]
      regex:         2 #これは第3スクレイパ
      action:        keep
```

modulusの値からスクレイパは4つあることがわかる。個々のスクレイパには一意な外部ラベルを与え、さらにマスタPrometheusに外部ラベルを持たせよう。そうすれば、マスタPrometheusは、Prometheus自身のリモート読み出しを使ってスクレイパから透過的にデータをプルできる。

```
global:
  external_labels:
    env: prod
remote_read:
 - url: http://scraper0:9090/api/v1/read
   read_recent: true
 - url: http://scraper1:9090/api/v1/read
   read_recent: true
 - url: http://scraper2:9090/api/v1/read
   read_recent: true
 - url: http://scraper3:9090/api/v1/read
   read_recent: true
```

リモート読み出しには、ローカルですでに持っているデータは読み出さないようにするという最適化機能がある。これは、リモート書き込みと併用して長期記憶ストレージシステムを操作するときには意味があるが、`read_recent: true`はそれを無効にする。外部ラベルにより、各スクレイパから送られてくるメトリクスには、どこから送られてきたかを示す`scraper`ラベルがある。

ここでは、「20.2　フェデレーションでグローバルへ」に含まれている注意書きがすべて同じように当てはまる。これは、すべてのPrometheusサーバに透過的にアクセスできるようにしてくれるひとつのPrometheusを作るための方法ではない。そのつもりでいると、ひとつのコストの高いクエリであなたのすべてのモニタリングを同時に破壊することになるだろう。これを使うときには、「17.2.1　カーディナリティの削減」に従い、マスタがスクレイパからプルする必要があるデータの量を削減するために、スクレイパ内でできる集計をしていくことが最善だ。

スクレイパの数は多めにして、増やさなければならなくなるのは数年ごとになるようにしよう。スクレイパを増やすときには、近い将来に再び数を増やさなければならなくなることを避けるために、少なくとも倍以上にすべきだ。

20.7 変更管理

時間がたつにつれて、システムのアーキテクチャの変化にともない、ターゲットラベルの構造の変更が必要になることがあるだろう。開発の自然な成り行きでアプリケーションが分割、合併されることにより、キャパシティプランニングのために使われるメトリクスをホスティングするアプリケーションも変わるはずだ。メトリクスは、リリースのたびに追加、廃止される。

`metric_relabel_configs`でメトリクス名を変え、新しい階層構造を既存のターゲットラベルに無理やり押し込むこともできないではないが、こういった操作が時間とともに蓄積していくと、無理に一貫性を追求したために、避けようとしたはずの混乱がかえって生まれる場合がある。

変化はシステムの発展の自然な一部として受け入れることをお勧めする。名前を変えたあとになってみれば、古い名前のことなど、失敗したスクレイプによって生まれた穴のように、あまり考えないようになるものだ。

しかし、キャパシティプランニングのような長期計画では、過去の歴史を意識する。少なくともメトリクス名の変更履歴は記録しておくべきであり、変更がひんぱん過ぎて手作業では管理できない場合には、「17.2.3　APIのためのルール」で説明したアプローチをグローバルPrometheusで使うことを検討すべきだろう。

この章では、Prometheusのデプロイの方法、Prometheusモニタリングを追加する順番、Prometheusのアーキテクチャの作り方とその運用方法、パフォーマンス問題が起きたときの対処方法などを学んだ。

20.8 困ったときの助けの求め方

ここまですべてを読んでも、まだ取り上げられていない疑問が残っているかもしれない。質問できる場所はいくつかある。Prometheusプロジェクトの主要なコミュニケーション手段はIRCであり、irc.freenode.netの`#prometheus`チャンネルは質問の場としてよい場所である。prometheus-usersメーリングリスト（https://groups.google.com/forum/#!forum/prometheus-users）も、ユーザの質問を受け付けている。非公式な質問の場としては、StackflowのPrometheusタグ（https://stackoverflow.com/questions/tagged/prometheus）とPrometheusMonitoring subreddit（https://www.reddit.com/r/PrometheusMonitoring/）もある。有料サポートを提供している業者（企業、個人）もいくつかあり、Prometheus公式サイトのコミュニティページ（https://prometheus.io/community/）に掲載されている。そのなかには、私の会社、Robust Perception（https://www.robustperception.io/）も含まれている。

私は、この情報と今までのすべての章が役に立ち、Prometheusがメトリクスベースのモニタリングを通じてあなたの暮らしを豊かにすることを期待している。

索引

記号・数字

A

B

C

D

E

F

G

H

I

J

K

L

M

T

U

V

W

Y

す

せ

た

ち

つ

て

と

な

に・ね・の

は

ひ

れ

ろ

●著者紹介

Brian Brazil（ブライアン・ブラジル）

Prometheus開発者、Robust Perception創設者で、生まれたばかりのスタートアップからフォーチュン500クラスの大企業までのさまざまな企業が抱えるモニタリングの問題に取り組んでいる。Prometheusコミュニティでは有名人であり、カンファレンスで無数の講演を行い、Robust Perceptionウェブサイトの自分のブログでPrometheusとモニタリングのさまざまなテーマについて論じている。

●監訳者紹介

須田 一輝（すだ かずき）

ヤフー株式会社所属。2015年からゼットラボ株式会社に出向し、Kubernetesを中心としたインフラ基盤の研究開発・技術支援に従事。近頃は、Kubernetesでの永続ストレージやステートフルアプリケーションの運用に関する調査や開発、技術支援を担当している。Cloud Native Ambassador、Kubernetes Meetup Tokyoの共同主催者であり、共著書に『Kubernetes実践入門』、『みんなのDocker/Kubernetes』（技術評論社）がある。TwitterとGitHubのアカウントはともに@superbrothersである。

●訳者紹介

長尾 高弘（ながお たかひろ）

1960年千葉県生まれ。東京大学教育学部卒、株式会社ロングテール（http://www.longtail.co.jp/）社長。訳書に『入門 Python3』、『scikit-learnとTensorFlowによる実践機械学習』、『Infrastructure as Code』（以上、オライリー・ジャパン）、『モブプログラミング・ベストプラクティス』、『CAREER SKILLS ソフトウェア開発者の完全キャリアガイド』（以上、日経BP社）、『Scalaスケーラブルプログラミング 第3版』（インプレス）、『The Art of Computer Programming Third Edition 日本語版』（KADOKAWA）、『AWSによるサーバーレスアーキテクチャ』（翔泳社）など。著書に『抒情詩試論？』（らんか社）など。

●表紙の説明

表紙の動物は、アフリカ、中東、インドに生息する猛禽類のソウゲンワシ（英名：tawny eagle、学名：Aquila rapax）。体長は約60～80センチメートル、幅は翼を広げると約160～190センチメートルほどで、他のイヌワシ属のワシよりも少し小柄である。tawny eagleは「黄褐色のワシ」を意味するが、体の上部が全体的に茶色で、尾にかけて濃い茶色であることに由来する。

一夫一婦で、高い木の上に1年に1～3個の卵を産む。腐肉、爬虫類、小型の哺乳類をエサとし、砂漠、草原、サバンナの乾燥した地域に暮らしている。生息地が広大なので、生存が脅かされている動物ではないが、西アフリカでは耕作地に侵入するために個体数が減っていると言われている。

入門 Prometheus
インフラとアプリケーションのパフォーマンスモニタリング

2019年5月17日　　初版第1刷発行

著　　者	Brian Brazil（ブライアン・ブラジル）
監 訳 者	須田 一輝（すだ かずき）
訳　　者	長尾 高弘（ながお たかひろ）
発 行 人	ティム・オライリー
制　　作	株式会社トップスタジオ
印刷・製本	株式会社平河工業社
発 行 所	株式会社オライリー・ジャパン 〒160-0002　東京都新宿区四谷坂町12番22号 Tel　(03)3356-5227 Fax　(03)3356-5263 電子メール　japan@oreilly.co.jp
発 売 元	株式会社オーム社 〒101-8460　東京都千代田区神田錦町3-1 Tel　(03)3233-0641（代表） Fax　(03)3233-3440

Printed in Japan（ISBN978-4-87311-877-2）
乱本、落丁の際はお取り替えいたします。